Matematica:
insegnamento e computer algebra

Springer

Milano
Berlin
Heidelberg
New York
Barcelona
Hong Kong
London
Paris
Singapore
Tokyo

M. Impedovo

Matematica: insegnamento e computer algebra

 Springer

MICHELE IMPEDOVO
Liceo Scientifico Galileo Ferraris
Varese

L'Autore desidera ringraziare **TEXAS INSTRUMENTS** per il supporto e l'aiuto nella realizzazione e promozione del volume

---

© Springer-Verlag Italia, Milano 1999

ISBN 88-470-0063-7

Quest'opera è protetta da diritto d'autore. Tutti i diritti, in particolare quelli relativi alla traduzione, alla ristampa, all'uso di figure e tabelle, alla citazione orale, alla trasmissione radiofonica o televisiva, alla riproduzione su microfilm, alla diversa riproduzione in qualsiasi altro modo e alla memorizzazione su impianti di elaborazione dati rimangono riservati anche nel caso di utilizzo parziale. Una riproduzione di quest'opera, oppure di parte di questa, è anche nel caso specifico solo ammessa nei limiti stabiliti dalla legge sul diritto d'autore, ed è soggetta all'autorizzazione dell'editore Springer. La violazione delle norme comporta sanzioni previste dalla legge.

La riproduzione di denominazioni generiche, di denominazioni registrate, marchi registrati, ecc. in quest'opera, anche in assenza di particolare indicazione, non consente di considerare tali denominazioni o marchi liberamente utilizzabili da chiunque ai sensi della legge sul marchio.

Progetto grafico della copertina: Simona Colombo, Milano
Fotocomposizione: Photolife, Milano
Stampa: Arti Grafiche E. Gajani, Rozzano (Mi)

SPIN: 10731514

Prefazione

Il secolo che si va chiudendo vede la scuola italiana in uno stato di grande incertezza. La riforma della secondaria superiore, più volte proclamata indifferibile, stenta a trovare un quadro normativo stabile; si assiste al moltiplicarsi di una pluralità di sperimentazioni che si inseriscono su un tronco sostanzialmente immutato da oltre un settantennio, cioè dall'epoca della riforma Gentile.

L'insegnamento delle scienze, e della matematica in particolare, soffre di questo stato di incertezza. Particolarmente travagliato il rapporto tra la matematica ed una disciplina che della matematica è, in un certo senso, figlia: l'informatica.

Proprio i progressi di quest'ultima rendono obsolete e delegabili al calcolatore molte tra le tecniche che in precedenza costituivano oggetto di insegnamento e questo sembra giustificare una riduzione degli spazi destinati all'insegnamento della matematica.

L'aspetto strumentale della matematica sembra prendere il sopravvento sull'aspetto concettuale, di cui fino a poco tempo fa non veniva posta in discussione la valenza formativa; da più parti si reclama l'insegnamento di una matematica "utile", riducendo drasticamente, se non proprio eliminando, ogni traccia di procedimento dimostrativo.

Lo stato di disagio degli insegnanti di matematica delle scuole superiori è evidente, ed è tanto più acuto quanto più essi sono intelligenti e non rassegnati a ripiegarsi sulla routine.

In questo quadro non entusiasmante va salutata con favore l'iniziativa recentemente presa dal Ministero della P.I. di sperimentare l'uso in classe delle calcolatrici scientifiche dotate di capacità grafiche e di calcolo simbolico. La sperimentazione Labclass (Laboratorio in classe), in atto al momento in cui vengono redatte le presenti note, ha consentito a 20 scuole superiori l'acquisizione di un numero sufficiente di calcolatrici TI-92 e dei relativi accessori, stimolando la sperimentazione di approcci innovativi all'insegnamento della matematica e della fisica.

Il presente volume costituisce un primo, prezioso, frutto di tale sperimentazione. Nato in classe, risultato dell'intelligente opera maieutica del docente, esso fornisce un ricco materiale che reca tracce indelebili di un'attività di scoperta guidata.

Esso non è, né credo intenda essere nelle intenzioni dell'Autore, una sorta di manuale per l'uso, che fornisce percorsi obbligati o rigide ricette; esso vuole piuttosto fornire l'esempio di un metodo con cui mettere a frutto le straordinarie possibilità offerte dalle calcolatrici grafico-simboliche, un modo per guidare l'uso della tecnologia, piuttosto che farsi guidare da essa.

Per questo credo che tutti coloro che hanno a cuore il progresso della scuola debbano essere grati a Michele Impedovo per questo suo lavoro, con l'auspicio che altri vogliano seguire il suo esempio.

Bologna, febbraio 1999   Prof. Giulio Cesare Barozzi

Indice

Introduzione 1

1. Equazioni e vecchi principi 5
    1.1. Equazioni e sistemi lineari 5
    1.2. Equazioni di secondo grado 10
    1.3. Equazioni esponenziali e logaritmiche 13
    1.4. Esiste una sola equazione? 15
    1.5. L'equazione $x^n = 2^x$ 21

2. Geometria analitica del piano 26
    2.1. La retta 26
    2.2. Angoli 29
    2.3. Il teorema di Eulero 31
    2.4. Parabole 34
    2.5. Circonferenze 36
    2.6. La libreria di funzioni 36

3. Trasformazioni geometriche nel piano 37
    3.1. Affinità 38
    3.2. Isometrie 41
    3.3. Omotetie e similitudini 44
    3.4. Isometrie e matrici 3×3 46

4. Geometria analitica dello spazio 57
    4.1. Punti e vettori 58
    4.2. Rette 59
    4.3. Piani 60
    4.4. Intersezioni 62
    4.5. Distanze 63
    4.6. Angoli 64

5. Isometrie e matrici nello spazio 67
    5.1. Isometrie che lasciano fissa l'origine 68
    5.2. Isometrie e matrici 4×4 76
    5.3. Classificazione delle isometrie nello spazio 85
    5.4. Autovalori e autovettori 86
    5.5. Assonometria 92

6. Colpire il bersaglio 97

7. Crescite lineari e crescite non lineari 107
  7.1. La retta di regressione lineare 107
  7.2. La retta tangente ad una parabola: primo approccio al calcolo infinitesimale 118
  7.3. Una crescita lineare non deterministica 125
  7.4. Il coefficiente di correlazione lineare e il coseno 127
  7.5. Una crescita non lineare: la terza legge di Keplero 131
  7.6. Una decrescita esponenziale 135
  7.7. Incrementi 139

8. Polinomi e interpolazione 143
  8.1. Un'applicazione del Teorema di Ruffini: la retta tangente ad una funzione polinomiale 145
  8.2. Principi (?) e teoremi 150
  8.3. Somme di potenze 151
  8.4. Interpolazione e polinomi 155
  8.5. Quella sinusoide è una parabola 169

9. Computer Algebra e calcolo infinitesimale 175
  9.1. Approssimazione della pendenza: funzioni algebriche 175
  9.2. La pendenza: funzioni trascendenti 182
  9.3. Approssimazione del numero e 184
  9.4. L'algoritmo di Newton 187
  9.5. I numeri complessi e il teorema fondamentale dell'algebra 192
  9.6. Arthur Cayley e il primo frattale 196
  9.7. Integrali e media di una funzione 200
  9.8. Integrazione numerica: il metodo di Simpson (o delle parabole) 212

10. Fenomeni periodici ed equazioni parametriche 215
  10.1. La velocità di un pianeta intorno al sole 222
  10.2. Dal grafico di $f(x)$ al grafico di $A \cdot f(B \cdot (x + C)) + D$ 226
  10.3. Un moto quasi armonico: la biella 230

11. Equazioni differenziali 235
  11.1. Modelli di popolazione 240
  11.2. Il falso isocronismo del pendolo 246

Conclusioni 255

Bibliografia essenziale 259

Indice analitico 261

Introduzione

> *Perché mai tante menti si rifiutano di capire la matematica? Non c'è qualcosa di paradossale in tutto questo? Ma come, ecco una scienza, la matematica, che fa appello solo ai principi fondamentali della logica (al principio di non contraddizione, ad esempio), a ciò che costituisce, per dir così, l'ossatura del nostro intelletto, a ciò di cui non potremmo spogliarci senza smettere di pensare, e ci sono persone che la trovano oscura! e sono addirittura la maggioranza! (...) Ecco un problema, di non facile soluzione, che deve imporsi all'attenzione di chiunque voglia dedicarsi all'insegnamento.*
> Henri Poincaré, da "Scienza e metodo"

La matematica è in forte crisi, in Italia e in tutto il mondo occidentale: l'ormai esiguo numero di iscritti ai corsi di laurea in matematica non giustifica più le spese di sostentamento di strutture universitarie abbondantemente sovradimensionate. Alcuni dipartimenti di matematica chiudono, in altri ci sono più docenti che studenti.

Lo spettro della cancellazione, o del forte ridimensionamento, della matematica nei programmi di studio secondari e universitari non è più solo una provocazione, potrebbe essere a breve termine una realtà.

Questa è la naturale conseguenza di una annosa tradizione: abbiamo continuato ad imporre un insegnamento fatto di teorie matematiche preconfezionate, dove tutto deve iniziare da un principio primo, in modo che la teoria sia rigorosa. Ciò che insegniamo (e non solo della matematica) è intessuto di quelle ricette di cucina di cui parlava Benedetto Croce. Troppo spesso mancano la passione per la soluzione di un problema, la ricchezza della sfida intellettuale, il ripercorrere la storia delle idee che ha prodotto una teoria.

Nell'insegnamento vige una sorta di spettro dell'impalcatura preliminare: gran parte della matematica che si insegna non ha un valore semantico in se stessa, ma *serve* per qualcos'altro che verrà più tardi; la matematica non ha bisogno di una epistemologia, essa si autogiustifica, si autoalimenta e si autocompiace del proprio distacco dal mondo.

In questa immagine (definizione?) della matematica vivono le speranze millenarie dell'uomo di staccarsi dalla natura e osservarla dall'esterno, di inventare una meta-esistenza che lo salvi dalla morte, di trovare un principio primo e assoluto che spieghi il mondo e lo renda oggettivo. In questa immagine della matematica vive eternato lo spirito euclideo degli *Elementi*, vivono ancora le illusioni dei cattivi discepoli di Hilbert di ridurre la matematica alla logica, e di spogliarla di ogni aspetto di intuizione.

Il Novecento, dopo i teoremi di incompletezza e di indecidibilità, ha mostrato un'immagine del tutto differente: se il gioco della matematica è abbastanza ricco da diventare piacevole, allora non è completo e non è decidibile, e le regole (comunque date) non sono sufficienti a determinare univocamente il gioco, né a stabilire chi vince e chi perde. Come dire che all'uomo non è concesso estraniarsi dagli oggetti della propria indagine, non è concesso sfuggire all'autoreferenza: la matematica è, come tutto il sapere, frutto della storia, delle passioni, delle opinioni, delle ideologie.

Tuttavia l'insegnamento tradizionale ha retto per secoli; si rivolgeva a poche persone, aveva l'ambizione di portare il discepolo sulle *spalle dei giganti* che l'avevano preceduto, per permettergli di vedere ancora più lontano. Oggi questo obiettivo è caduto irrimediabilmente. La scuola non si rivolge più a pochi, ma deve rivolgersi a tutti, deve comunicare qualcosa che sappia innescare curiosità e desiderio di sapere.

Il matematico che si occupa di iperquadrati non riemanniani (si legga il gustoso *L'esperienza matematica* di Davis e Hersch) non è più sulle spalle dei giganti, anzi è in una buca dalla quale non vede l'orizzonte. La costruzione di una epistemologia della matematica non è più solo un problema privato per matematici e filosofi: è un problema di ogni singolo insegnante e di ogni singola classe, che può configurarsi come una piccola comunità matematica che vede nelle definizioni degli oggetti matematici un punto di arrivo, non un punto di partenza. Perché non pensare ad un insegnamento in cui le tecniche operative siano un dettaglio, e le definizioni (e poi i teoremi) siano una sistemazione a posteriori di tentativi ed errori?

Ciò che spesso uccide la matematica è la prescrizione: "Per fare questo (un *questo* dai contorni semantici assai sfumati o addirittura assenti) si fa così". "Vuoi sommare due interi relativi? 1) se sono concordi allora... 2) se sono discordi allora..."

Non si impara così. Si impara a operare con gli oggetti della matematica operando con essi, più e più volte, senza paura di sbagliare; nello stesso modo si impara una lingua: parlandola, tuffandosi, muovendosi all'interno e non all'esterno di essa. Al bambino che impara a parlare non è concesso comprendere le definizioni: la sua conoscenza del significato dei vocaboli nascerà dal contesto. Nello stesso modo è il contesto a dare significato agli oggetti matematici. Quando il valore semantico sarà sufficientemente ricco allora è giunto il momento della definizione, e poi dei teoremi. Capovolgere questo processo, in una scuola che vuole rivolgersi a tutti, che non ha più la pretesa di "formare la futura classe dirigente" ma di formare il futuro cittadino (che statisticamente non si iscriverà al corso di laurea in matematica) è un errore didattico.

Si ha l'impressione che molti reiterati contenuti dell'insegnamento siano quasi tabù, sostenuti da un rigore apparente fondato solo sulla consuetudine. Basta consultare alcuni tra i più adottati libri di testo per rendersi conto di quanto pecchino di imprecisione, pressapochismo, scarsa visione d'insieme, mancanza di un progetto strutturato di insegnamento.

Purtroppo nella pratica di insegnamento della matematica sembra di scorgere un vizio antico, che consiste nel presentare gli oggetti matematici in modo impreciso, un po' ambiguo, a volte confuso, a volte incoerente. Tale imprecisione spesso va di pari passo con una pedante categoricità; si fingono precisione e sicurezza che sono solo fittizie, e che suscitano spesso nell'allievo la rinuncia al proprio senso critico.

La matematica è in forte crisi. Un modo per rallentare e forse invertire la sua decadenza è ridarle **senso, significato, valore semantico**. L'insegnamento della matematica ha bisogno di trattare problemi significativi per i quali occorra, e quindi abbia un senso, la padronanza dei procedimenti operativi.

Occorre rivedere con spirito critico la struttura didattica ed epistemologica della matematica, e farne partecipi gli studenti. Questo riguarda non solo la matematica, ma qualunque campo del sapere: è finito il tempo in cui la cultura si giustificava da sé, in cui il docente svolgeva il compito di riproduttore della cultura normale e lo studente quello di tazza vuota da riempire (e da svuotare).

L'avvento della *Computer Algebra* nella ricerca e nell'insegnamento, attraverso programmi e strumenti ormai di larghissimo uso (DERIVE, MAPLE, MATHEMATICA, MATLAB, la TI-92, la TI-89), prefigura una delle maggiori sfide per la didattica della matematica nei prossimi anni.

Ora che la computer algebra è disponibile su piccoli strumenti come la TI-92, oppure la più potente TI-89 che ha le dimensioni di una normale calcolatrice grafica, diventa non più prorogabile un radicale e profondo rinnovamento dei contenuti e dei metodi di insegnamento della matematica nella scuola e nell'università.

È possibile sfruttare le nuove tecnologie per rendere il proprio insegnamento più efficace: con esse si ha a disposizione una sorta di superlavagna che rende più vivi, più densi di significato, e anche più precisi gli oggetti della matematica. Non solo: il fatto stesso di utilizzare uno strumento automatico di calcolo rende in qualche modo più oggettivo il tema che si sta trattando, separa la matematica dalla autorità dell'insegnante, fa sì che gli allievi abbiano una sorta di controllo sulle lezioni e di padronanza dei propri errori.

Negli ultimi mesi del 1997 la Direzione Classica del Ministero della Pubblica Istruzione ha finanziato e avviato in 20 Licei Scientifici in tutta Italia una sperimentazione denominata **Labclass** (Laboratorio in classe) che prevede l'utilizzo in classe da parte degli alunni delle calcolatrici grafico-simboliche TI-92 dell'ultima generazione. La TI-92 è una "calcolatrice" (21×12 cm , schermo 239×103 pixel) che ha implementati una versione di DERIVE, una versione di CABRI, un ambiente di programmazione, un editor di funzioni (cartesiane, parametriche, polari, 3D, equazioni differenziali) con relativo ambiente grafico, un ambiente di tabulazione delle funzioni, un text editor, un ambiente per per la manipolazione di dati e matrici dotato delle principali funzioni statistiche.

Ogni alunno ha avuto a disposizione la propria calcolatrice, e in più occasioni ha potuto portarla a casa per esercitarsi. Durante l'anno ogni alunno ha implementato funzioni, programmi e figure, e ora ciascuno possiede una discreta libreria di strumenti che lui stesso si è costruito. Costruire da sé gli oggetti del proprio apprendimento: ecco un obiettivo forte in una scuola rinnovata.

Questo libro raccoglie una parte del materiale e delle riflessioni didattiche che sono scaturite dall'esperienza di lavoro in classe, in un triennio di liceo scientifico tradizionale. Vorrei qui tralasciare qualunque discorso generale sulla necessità di rinnovare i curricula di matematica e le relative prove di valutazione; i lavori presentati sono una proposta operativa in tal senso.

La sperimentazione è stata per me e per gli studenti una piacevole avventura: in classe sono nate (spesso spontaneamente) molte attività non-standard che vorrei raccontare. Particolarmente ricco è stato il contributo degli studenti: è capitato che la lezione deviasse improvvisamente su binari non preventivati, e che da domande e congetture degli allievi nascesse un lavoro di ricerca interessante.

Il libro racconta soprattutto di queste deviazioni dal percorso tradizionale, di esperimenti, di prove, tentativi, molti errori e qualche conquista.

1. Equazioni e vecchi principi

Uno dei tabù più radicati nell'insegnamento della matematica è quello che riguarda l'introduzione dei *principi di equivalenza* nella risoluzione delle equazioni lineari: *Sommando o sottraendo ad entrambi i membri di un'equazione..., Moltiplicando o dividendo entrambi i membri di un'equazione...*

Questo tabù resiste nel tempo a dispetto di una evidente obsolescenza e mancanza di struttura: non c'è nessun arcano principio che governa la risoluzione di un'equazione lineare, ci sono solo le proprietà delle operazioni di addizione e moltiplicazione in un **campo**, in particolare l'esistenza dell'opposto e dell'inverso (e quindi in definitiva la *reversibilità* di tali operazioni). Senza contare che quei principi sono immancabilmente seguiti dalle classiche ricette sul "portare di qua, portare di là" che tante misconcezioni ed errori hanno prodotto. È possibile proporre un semplice itinerario che tratti le equazioni e i sistemi lineari senza ricorrere a principi di autorità?

1.1. Equazioni e sistemi lineari

Utilizziamo il campo **R** dei numeri reali: non è necessario, dal punto di vista algebrico è sufficiente il campo **Q** dei numeri razionali. Tuttavia è innegabile che il ricorso a **R**, nella risoluzione di equazioni e nell'analisi delle funzioni sia indispensabile.

Con la TI-92 un'equazione è un oggetto matematico sul quale è possibile operare. Per esempio risolviamo l'equazione

$$5x + 7 = 2x - 5.$$

A differenza di Derive l'ambiente *Home* della TI-92 distingue tra *input* (che compare a sinistra del visore) e *output* (che compare semplificato a destra: la TI-92 non prevede il comando *simplify*).

Vogliamo sottrarre $2x$ ad entrambi i membri: digitiamo $-2x$. Quando si preme a inizio riga un simbolo di operazione binario la TI-92, anziché dare "syntax error" considera automaticamente come primo argomento l'ultimo output, indicato sul visore con ans(1) ("ans" sta per answer: gli output sono automaticamente memorizzati in ans(1), ans(2), ... a partire dall'ultimo). Se l'ultimo output è un'equazione, l'operazione verrà effettuata ad entrambi i membri.

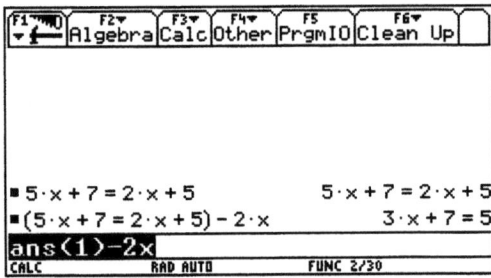

Proseguiamo sottraendo 7 e dividendo per 3.

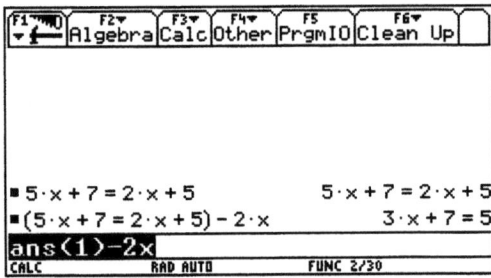

La soluzione è $-2/3$, nel senso che se un numero x soddisfa l'equazione $5x+7=2x+5$ allora soddisfa anche l'equazione $x=-2/3$, poiché le operazioni effettuate sono reversibili. Per convincersene possiamo operare a ritroso e ottenere di nuovo l'equazione iniziale.

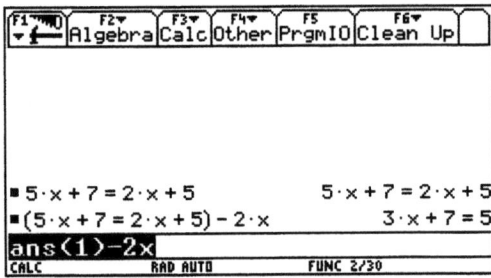

Dunque non si tratta di un *principio* ma di un *teorema di equivalenza*: un numero x soddisfa l'equazione $5x + 7 = 2x + 5$ se e solo se soddisfa l'equazione $x = -2/3$.

Questo dipende dal fatto che l'ambiente nel quale lavoriamo è un campo: se non lo fosse non sarebbero sempre reversibili le nostre manipolazioni.

Per esempio, vediamo un ambiente nel quale il *principio di equivalenza* non vale; consideriamo l'insieme $\mathbf{Z}_4$ delle classi resto modulo 4, strutturato rispetto alla somma e al prodotto tra classi di resto.

```
■ seq(seq(mod(a + b, 4), a, 0, 3), b, 0, 3)
         ⎡0  1  2  3⎤
         ⎢1  2  3  0⎥
         ⎢2  3  0  1⎥
         ⎣3  0  1  2⎦
seq(seq(mod(a+b,4),a,0,3),b,0...
```

```
         ⎡2  3  0  1⎤
         ⎣3  0  1  2⎦
■ seq(seq(mod(a·b, 4), a, 0, 3), b, 0, 3)
         ⎡0  0  0  0⎤
         ⎢0  1  2  3⎥
         ⎢0  2  0  2⎥
         ⎣0  3  2  1⎦
seq(seq(mod(a*b,4),a,0,3),b,0...
```

In questo ambiente (è un anello, e non un campo) se moltiplichiamo per 2 l'equazione

$$x + 2 = 3$$

(che ammette l'unica soluzione $x = 1$) otteniamo l'equazione

$$2x + 0 = 2$$

che ammette come soluzioni $x = 1$ e $x = 3$: dunque non otteniamo affatto un'equazione equivalente! La spiegazione risiede nel fatto che $\mathbf{Z}_4$ non è un campo, non tutti gli elementi possiedono inverso rispetto al prodotto; in particolare 2 non è invertibile (come si vede dalla tabella) e la moltiplicazione per 2 non è reversibile.

La risoluzione con la TI-92 delle equazioni lineari è fortemente strutturata e lo studente può accorgersi di ogni eventuale errore. Per esempio se tentasse di sottrarre 3 ad entrambi i membri dell'equazione $3x = -2$ non otterrebbe l'equazione che forse si aspetta.

8 M. Impedovo

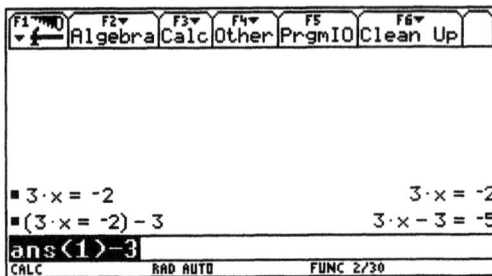

La risoluzione di un'equazione può dunque effettuarsi con la calcolatrice, anziché con carta e penna. I vantaggi non risiedono certo nella rapidità di calcolo, ma nella possibilità di controllare i passaggi e nel rafforzarsi di un solido metodo operativo.

In modo analogo si possono risolvere i sistemi lineari. Supponiamo di voler risolvere il sistema

$$\begin{cases} 2x - y = -4 \\ 3x + 2y = 1. \end{cases}$$

Digitiamo le due equazioni.

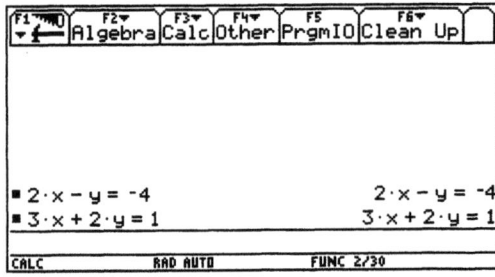

Ora l'ultima equazione è memorizzata come `ans(1)`, e la prima equazione come `ans(2)`. Per ottenere un'equazione nella sola x addizioniamo il doppio della prima equazione alla seconda: `2*ans(2)+ans(1)`.

Per ottenere il valore di y sostituiamo nella prima equazione il risultato appena ottenuto; usiamo il potente comando w i t h, che è indicato sulla calcolatrice da una sbarra verticale.

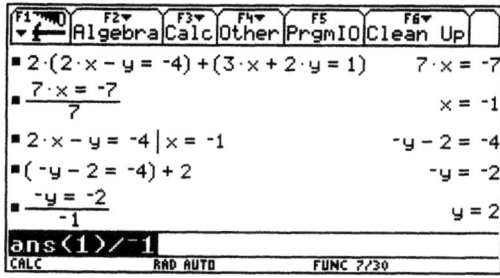

La soluzione è $x = -1$, $y = 2$.

Una curiosità: questa soluzione è comune a qualunque sistema lineare di due equazioni in due incognite in cui i coefficienti e il termine noto di ciascuna equazione costituiscano termini di una *progressione aritmetica*. Dimostriamolo. Digitiamo il generico sistema

$$\begin{cases} ax + (a+h)y = a + 2h \\ bx + (b+k)y = b + 2k \end{cases}$$

Ora si moltiplica la prima equazione per b, la seconda per a e si sottrae.

Dividiamo per il coefficiente di y (se è diverso da 0) e otteniamo la soluzione.

```
┌F1─┐┌F2▼─────┐┌F3▼┐┌F4▼─┐┌F5─────┐┌F6▼─────┐
│▼ƒ─││Algebra││Calc││Other││PrgmIO││Clean Up│
                              a·x+(a+h)·y = a+2·h
■ b·x+(b+k)·y = b+2·k
                              b·x+(b+k)·y = b+2·k
■ b·(a·x+(a+h)·y = a+2·h) - a·(b·x+(b+
                              (b·h - a·k)·y = 2·b·h - 2·a·k
■ (b·h - a·k)·y = 2·b·h - 2·a·k
   ─────────────────────────                    y = 2
         b·h - a·k
ans(1)/(b*h-a*k)
MAIN          RAD AUTO        DE     4/30
```

In modo analogo si ottiene la soluzione -1 per x.

1.2. Equazioni di secondo grado

Proviamo ora a risolvere le equazioni di secondo grado. Beninteso, la TI-92 possiede il comando `solve` per la risoluzione di equazioni.

```
┌F1─┐┌F2▼─────┐┌F3▼┐┌F4▼─┐┌F5─────┐┌F6▼─────┐
│▼ƒ─││Algebra││Calc││Other││PrgmIO││Clean Up│

■ solve(x² - x - 1 = 0, x)
                      x = (√5 + 1)/2   or   x = -(√5 - 1)/2
■ solve(x² - x + 1 = 0, x)                            false
solve(x^2-x+1=0,x)
CALC          RAD AUTO        FUNC   2/30
```

Si osservi anche in questo caso l'attenzione alla struttura: se si interpreta l'equazione come una proposizione logica (aperta) le soluzioni vengono fornite nello stesso formato, come proposizione logica: $x = ...$ **or** $x = ...$; se l'equazione non ammette soluzioni viene restituita la proposizione logica `false`.

Il comando `zeros` invece agisce su un'espressione (non su un'equazione) e restituisce un insieme, l'insieme delle soluzioni reali.

```
┌F1─┐┌F2▼─────┐┌F3▼┐┌F4▼─┐┌F5─────┐┌F6▼─────┐
│▼ƒ─││Algebra││Calc││Other││PrgmIO││Clean Up│

■ solve(x² - x - 1 = 0, x)
                      x = (√5 + 1)/2   or   x = -(√5 - 1)/2
■ solve(x² - x + 1 = 0, x)                            false
■ zeros(x² - x - 1, x)         { -(√5 - 1)/2 , (√5 + 1)/2 }
zeros(x^2-x-1,x)
CALC          RAD AUTO        FUNC   3/30
```

In una prima fase tuttavia è meglio non ricorrere al comando `solve`, per comprendere che cosa c'è di *irreversibile* nella risoluzione di un'equazione di secondo grado.

Per risolvere l'equazione
$$x^2 - 5x + 6 = 0$$
ricorriamo al classico metodo di *completamento del quadrato*.

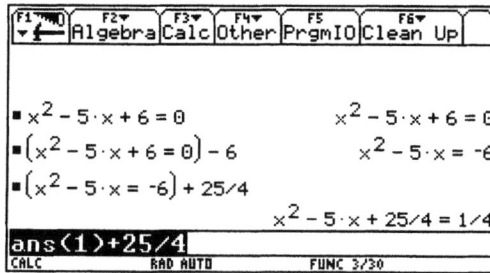

Il primo membro è il quadrato di $(x - 5/2)$.

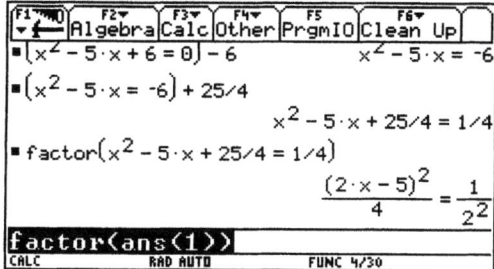

Moltiplicando per 4 si ottiene l'equazione $(2x-5)^2 = 1$. Entrambi i membri sono non negativi: possiamo estrarre la radice quadrata.

Si ottiene l'equazione $|2x - 5| = 1$, equivalente ai due sistemi

$$\begin{cases} x \geq \dfrac{5}{2} \\ 2x - 5 = 1 \end{cases} \qquad \begin{cases} x < \dfrac{5}{2} \\ -2x + 5 = 1 \end{cases}$$

che ammettono come soluzioni $x = 2$ o $x = 3$.

In un certo insegnamento tradizionale si passa dall'equazione $(2x - 5)^2 = 1$ alla *scrittura*

$$2x - 5 = \pm 1.$$

Si tratta di un classico errore didattico, commesso in nome di quella *economicità* che sacrifica alla rapidità di scrittura la comprensione e la trasparenza delle operazioni. Non a caso ai test d'ingresso in corsi di laurea scientifici un gran numero di studenti alla richiesta

$$\sqrt{b^2} =$$

risponde $\pm b$.

L'operazione di estrazione di radice in **R** non è in generale reversibile: per esempio l'equazione

$$x - 1 = -1$$

(che ammette come soluzione $x = 0$) *perde* una soluzione quando si estragga la radice ad entrambi i membri.

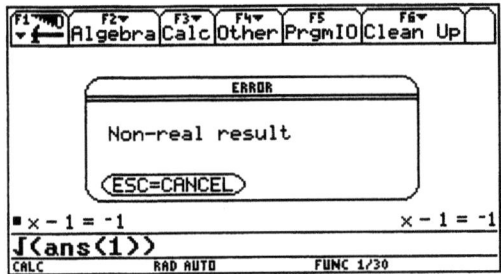

Viceversa elevando al quadrato entrambi i membri di un'equazione è possibile che si *acquistino* soluzioni da scartare.

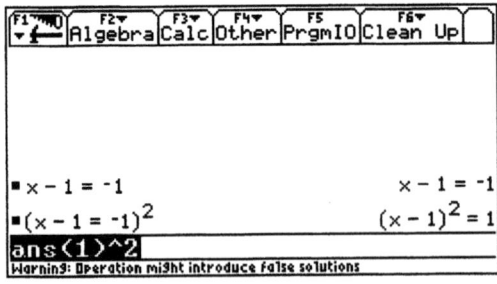

In questo caso la TI-92, correttamente, ci dà un avvertimento: *Warning: Operation might introduce false solutions*.

Nel caso delle equazioni di secondo grado non c'è rischio: se, applicando il metodo del completamento del quadrato, il secondo membro è negativo (ciò accade se e solo se l'equazione non ammette soluzioni reali) l'estrazione di radice quadrata segnala errore. In caso contrario l'estrazione di radice quadrata conduce a due equazioni lineari distinte.

1.3. Equazioni esponenziali e logaritmiche

Supponiamo di avere voler risolvere il seguente problema:

Vengono lanciati 100 dadi, e vengono tolti tutti i dadi che hanno dato come uscita 6. Con i dadi rimasti si ricomincia: si lanciano e si tolgono i 6. E così via. Presumibilmente, dopo quanti lanci saranno rimasti 5 dadi?

L'equazione che risolve il problema (è un tipico modello esponenziale) è

$$100 \left(\frac{5}{6}\right)^n = 5.$$

Per risolverla, innanzitutto dividiamo per 100.

```
F1    F2    F3    F4    F5    F6
  Algebra Calc Other PrgmIO Clean Up

■ 100·(5/6)^n = 5              100·(5/6)^n = 5
  100·(5/6)^n = 5
■ ─────────────                (5/6)^n = 1/20
       100
ans(1)/100
CALC        RAD AUTO    FUNC 2/30
```

Entrambi i membri sono positivi. Applichiamo all'equazione (cioè ad entrambi i membri) la funzione logaritmo naturale (perché non si invoca un analogo principio di equivalenza in questo caso?).

```
F1    F2    F3    F4    F5    F6
  Algebra Calc Other PrgmIO Clean Up

■ 100·(5/6)^n = 5              100·(5/6)^n = 5
  100·(5/6)^n = 5
■ ─────────────                (5/6)^n = 1/20
       100
■ ln((5/6)^n = 1/20)           n·ln(5/6) = ln(1/20)
ln(ans(1))
CALC        RAD AUTO    FUNC 3/30
```

La TI-92 esegue automaticamente la semplificazione che ci permette di risolvere l'equazione dividendo per ln(5/6).

14   M. Impedovo

```
┌F1─┐F2▼┐F3▼┐F4▼┐─F5──┐─F6──┐
│ ▼ f │Algebra│Calc│Other│PrgmIO│Clean Up│
├────┴───┴───┴───┴─────┴─────┤
│ ■ 100·(5/6)ⁿ = 5      (5/6)ⁿ = 1/20    │
│     ───────                            │
│       100                              │
│ ■ ln((5/6)ⁿ = 1/20)   n·ln(5/6) = ln(1/20)│
│ ■ n·ln(5/6) = ln(1/20)        -ln(20)  │
│   ──────────────          n = ─────── │
│       ln(5/6)                  ln(5/6) │
│      -ln(20)                           │
│ ■ n = ──────          n = 16.4310371534│
│       ln(5/6)                          │
├────────────────────────────────────────┤
│n=⁻ln(20)/(ln(5/6))                     │
│CALC       RAD AUTO    FUNC 5/30        │
└────────────────────────────────────────┘
```

Risolviamo ora un altro problema.

La benzina costava 120 Lire al litro nel 1968 e costa 1900 Lire oggi (1998). Qual è stato il tasso di inflazione *medio* negli ultimi 30 anni?

Questa volta l'incognita è il tasso i di inflazione, e non è ad esponente. L'equazione che risolve il problema è la seguente:

$$120 (1 + i)^{30} = 1900.$$

Dopo aver diviso per 120 possiamo elevare entrambi i membri alla 1/30. Se anziché premere il tasto [ENTER] si premono in successione i tasti [♦], [ENTER] si ottiene in output un risultato approssimato anziché in forma simbolica.

```
┌F1─┐F2▼┐F3▼┐F4▼┐─F5──┐─F6──┐
│ ▼ f │Algebra│Calc│Other│PrgmIO│Clean Up│
├────┴───┴───┴───┴─────┴─────┤
│ ■ 120·(1 + i)³⁰ = 1900   120·(1 + i)³⁰ = 1900│
│   120·(1 + i)³⁰ = 1900                       │
│ ■ ─────────────────       (i + 1)³⁰ = 95/6   │
│         120                                  │
│ ■ ((i + 1)³⁰ = 95/6)^(1/30)                  │
│                    |i + 1.| = 1.09644220706  │
├────────────────────────────────────────┤
│ans(1)^(1/30)                           │
│CALC       RAD AUTO    FUNC 3/30        │
└────────────────────────────────────────┘
```

Come si vede la calcolatrice esegue correttamente il calcolo restituendo a primo membro l'espressione $|1 + i|$. Aggiungiamo l'informazione $i > 0$ mediante il comando with (2nd k).

```
┌F1─┐F2▼┐F3▼┐F4▼┐─F5──┐─F6──┐
│ ▼ f │Algebra│Calc│Other│PrgmIO│Clean Up│
├────┴───┴───┴───┴─────┴─────┤
│   120·(1 + i)³⁰ = 1900                       │
│ ■ ─────────────────       (i + 1)³⁰ = 95/6   │
│         120                                  │
│ ■ ((i + 1)³⁰ = 95/6)^(1/30)                  │
│                    |i + 1.| = 1.09644220706  │
│ ■ |i + 1.| = 1.0964422070585 | i > 0         │
│                       i + 1. = 1.09644220706 │
├────────────────────────────────────────┤
│ans(1)|i>0                              │
│CALC       RAD AUTO    FUNC 4/30        │
└────────────────────────────────────────┘
```

L'espressione $|1 + i|$ viene rimpiazzata dall'espressione $1 + i$. Il tasso di inflazione medio negli ultimi 30 anni è stato del 9.6%.

1.4. Esiste una sola equazione?

Per secoli abbiamo dato per scontato, nella risoluzione di un problema, di avere a disposizione certi strumenti: carta e penna, riga e compasso. Perché non provare ad immaginare un futuro in cui si abbia a disposizione uno strumento che tracci il grafico di una funzione?

In questo caso qualunque equazione, posta nella forma $f(x) = 0$, si riduce alla ricerca delle intersezioni del grafico di $f(x)$ con l'asse x e qualunque disequazione, posta nella forma $f(x) > 0$, si riduce alla ricerca degli intervalli in cui il grafico di $f(x)$ è positivo.

Il grafico è un oggetto matematico di forte impatto semantico e di forte valenza didattica: risolvere un'equazione (e soprattutto una disequazione) *leggendo* il grafico di una funzione è certamente un obiettivo significativo nella preparazione secondaria. Perché dunque non abbandonare (per esempio) quei metodi di risoluzione delle disequazioni di secondo grado basati sulla fattorizzazione del trinomio di secondo grado? Noto il grafico di una funzione quadratica (meglio: noti gli zeri e il coefficiente direttivo) tutto il resto viene da sé, senza complicate e grottesche regole mnemoniche (chi non ricorda la famigerata regola del D.I.C.E., *"discordi interni concordi esterni"*?). Si può dire anzi che un modo di rivoluzionare l'insegnamento della matematica potrebbe essere quello di **bandire ogni prescrizione**, ogni *regola*. Fino a che il concetto non è diventato semanticamente evidente, è bene non ricorrere ad alcuna scorciatoia sintattica.

La risoluzione di equazioni e disequazioni è stato da sempre uno dei contenuti forti dell'insegnamento tradizionale, proprio perché ricco di rigide prescrizioni. Forse è giunta l'ora di ridimensionare questo tema, e di arricchirlo dal punto di vista strutturale:
1) chiarendo il ruolo fondamentale del campo **C** dei numeri complessi nelle equazioni algebriche: un'equazione polinomiale di grado n ammette esattamente n radici;
2) lavorando sempre più spesso con soluzioni in forma approssimata oltre che in forma simbolica: la probabilità che un'equazione algebrica abbia soluzioni esprimibili per radicali è nulla.

Costruiamo un'equazione polinomiale casuale, mediante il comando randPoly, che prende in ingresso la variabile e il grado di un polinomio $p(x)$, per esempio di terzo grado.

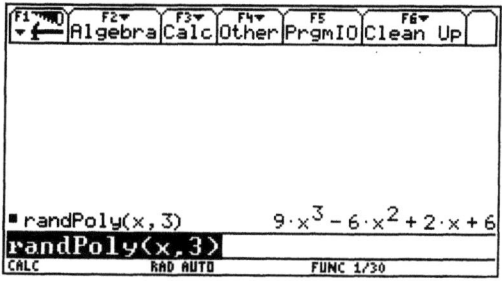

Tracciamo il grafico di $x \to p(x)$ nella finestra $[-5,5] \times [-5,5]$.

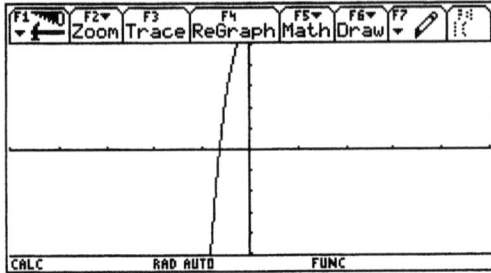

Non vediamo granché: c'è uno zero compreso tra −1 e 0, ma potrebbero esserci altri zeri esterni alla finestra di visualizzazione. Allarghiamo il nostro campo visivo alla finestra [−10,10] × [−10,10].

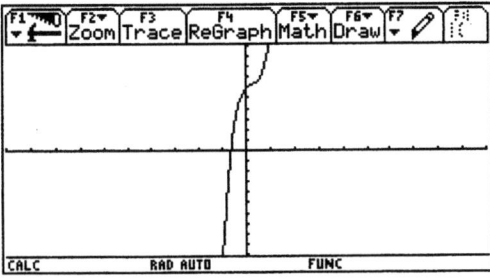

In effetti sembra di vedere una sola soluzione reale dell'equazione. Con F5 Math, Zero possiamo approssimarla direttamente dall'ambiente grafico.

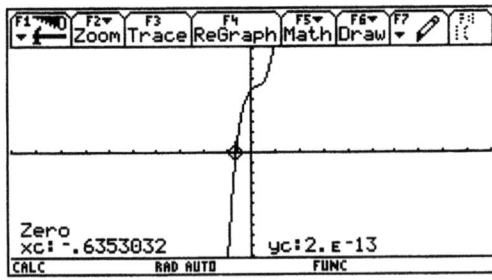

Nell'ambiente Home possiamo "confermare" questo risultato.

Se l'equazione

$$9x^3 - 6x^2 + 2x + 6 = 0$$

ammette una sola soluzione, la disequazione

$$9x^3 - 6x^2 + 2x + 6 > 0$$

è risolta da qualunque x maggiore di quell'unico zero.

In realtà dobbiamo dimostrare che non ci sono altri zeri, per esempio dimostrando (o *mostrando*, in una prima fase) che una funzione polinomiale p è, almeno definitivamente, monotona: esiste sempre un intervallo (a, b) tale che p è monotona (crescente? decrescente? dipende dal grado e dal coefficiente direttivo) in $(-\infty, a)$ e in $(b, +\infty)$.

Tuttavia è bene ricordarsi che **R** non è un campo *algebricamente chiuso* (equazioni polinomiali a coefficienti reali non ammettono in generale soluzioni reali), e non è quindi strutturato per quanto riguarda la soluzione delle equazioni algebriche. È bene non fidarsi troppo del comportamento di un *computer algebra system* (che adotta comunque **C** come ambiente naturale di calcolo) nella risoluzione delle equazioni in **R**. Cito per esempio la equazione

$$2^x - 1 = \log_2(x) + 1.$$

Nell'ambiente Y=Editor memorizziamo in y1(x) e y2(x) le funzioni $x \to 2^x - 1$ e $x \to \log_2(x) + 1$ e visualizziamo il grafico nel rettangolo $[-3,3] \times [-3,3]$.

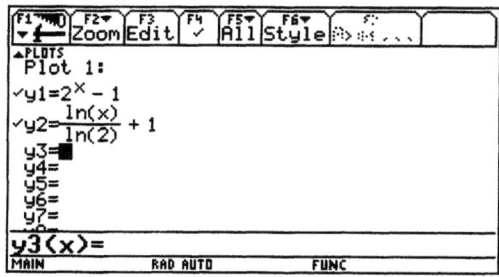

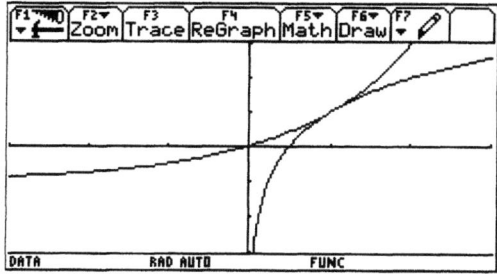

Sembra che le due curve siano tangenti nel punto $(1,1)$; in effetti y1(1)=y2(1). Il comando solve e il comando nsolve (che utilizza un algoritmo iterativo per la risoluzione numerica di equazioni ed è quindi più rapido di solve) confermano questa impressione.

18   M. Impedovo

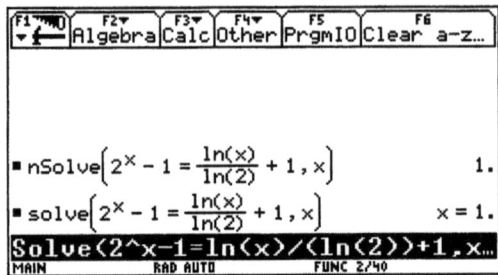

Anche ingrandendo con ZoomBox un rettangolo che contiene l'ipotetico punto di tangenza si "vede" una sola intersezione.

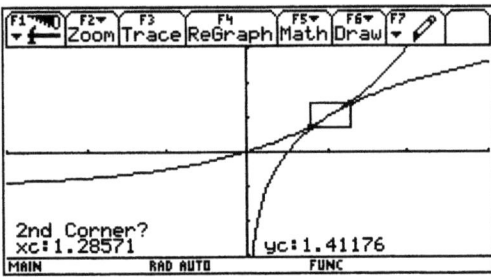

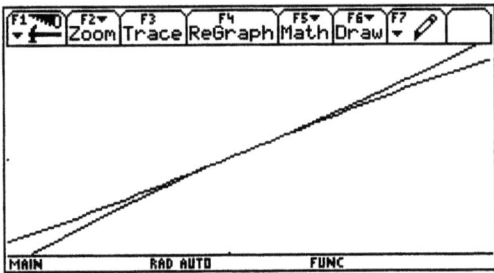

Possiamo analizzare il comportamento delle due funzioni vicino a 1 nell'ambiente Table, dove è possibile tabulare le funzioni definite in Y=Editor, a partire da un certo x_0 e con passo Δx stabiliti dall'utente.

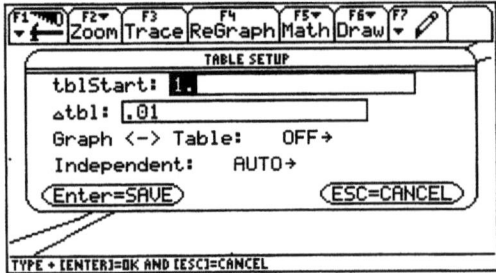

Ecco la sorpresa:

x	y1	y2
1.	1.	1.
1.01	1.01391	1.01436
1.02	1.02792	1.02857
1.03	1.04202	1.04264
1.04	1.05623	1.05658
1.05	1.07053	1.07039
1.06	1.08493	1.08406
1.07	1.09943	1.09761

x=1.

La funzione y1 interseca la y2, oltre che in 1, in un punto compreso tra 1.04 e 1.05.

Possiamo evidenziare ancora meglio questo fatto tabulando anche la differenza y1(x)-y2(x).

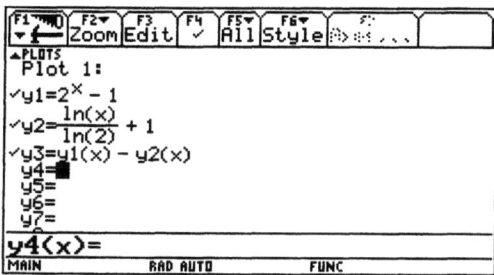

x	y1	y2	y3
1.	1.	1.	0.
1.01	1.01391	1.01436	-.000444
1.02	1.02792	1.02857	-.00065
1.03	1.04202	1.04264	-.00062
1.04	1.05623	1.05658	-.000356
1.05	1.07053	1.07039	.000141
1.06	1.08493	1.08406	.000867
1.07	1.09943	1.09761	.001823

x=1.

Vediamo il grafico di y1(x)-y2(x) nel rettangolo [0.9,1.1]×[−0.01,0.01].

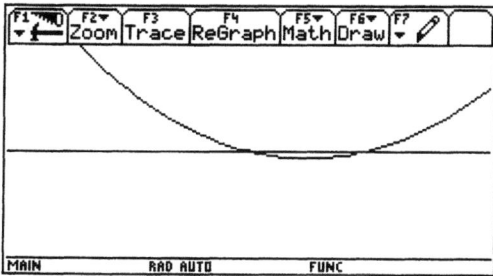

Le due curve non sono tangenti: si intersecano, oltre che in $x_1 = 1$, anche in $x_2 \cong 1.0476$. Possiamo ora usare il comando nsolve imponendo la condizione $x > 1$.

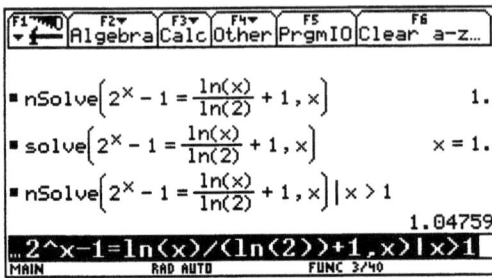

Per verificare che le due curve non sono tangenti in $x = 1$ è sufficiente approssimare la pendenza di ciascuna di esse in 1, per esempio con incremento 0.01.

Come si vede, la pendenza di y2 in 1 è maggiore della pendenza di y1 in $x = 1$, e questo conferma che nel punto (1,1) y2 diventa maggiore di y1.

L'attività di esplorazione del grafico è comunque molto utile, e lo è ancor di più se associata alla tabulazione delle funzioni: vedere un po' di numeri, ordinarli, confrontarli, leggere mediante essi il comportamento di una funzione non può che giovare alla preparazione di studenti la cui esperienza numerica va sempre più assottigliandosi. Dal punto di vista strutturale la ricerca del rettangolo di visualizzazione corrisponde alla determinazione di dominio e codominio della funzione. Vorrei ricordare che una funzione non è determinata soltanto dalla legge di corrispondenza, ma anche dal dominio e dal codominio in cui la si considera. Al variare del dominio possono mutare radicalmente le caratteristiche di una funzione. Per esempio la funzione

$$x \to x^2$$

non è né invertibile né crescente nell'intervallo $[-1,1]$, mentre lo è nell'intervallo $[0,1]$.

1.5. L'equazione $x^n = 2^x$

È noto che una funzione esponenziale cresce più rapidamente di una funzione polinomiale. Si può dunque dimostrare che, per qualunque n, 2^x è definitivamente maggiore di x^n.

La verifica sperimentale di questo fatto non è semplice. Se si prova a far tracciare dal calcolatore, per esempio, i grafici di $x \to x^{10}$ e $x \to 2^x$, si vede che x^{10} passa sopra 2^x poco oltre $x = 1$ e rimane inizialmente maggiore di 2^x.

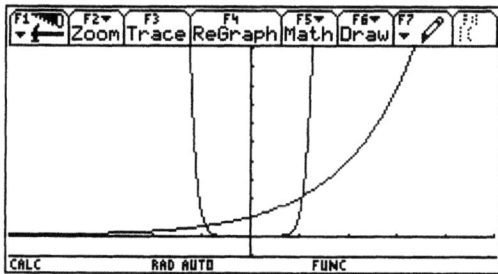

Il comando solve anche questa volta non ci aiuta:

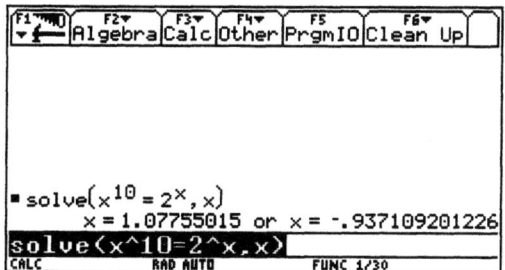

ci dà soltanto le due soluzioni vicine a –1 e a 1.

Come cercare nel grafico la terza soluzione dell'equazione $x^{10} = 2^x$? Non è facile: occorre provare e riprovare, e saper maneggiare numeri grandi. Una soluzione proposta da uno studente è la seguente: dato che stiamo cercando un numero positivo, è possibile *passare ai logaritmi*, cioè sostituire all'equazione

$$x^{10} = 2^x$$

l'equazione

$$\ln(x^{10}) = \ln(2^x).$$

Applicando note proprietà:

$$10 \ln(x) = \ln(2)\, x$$

$$\frac{\ln(x)}{x} = \frac{\ln(2)}{10}.$$

Dunque il numero che cerchiamo è uno zero della funzione

$$x \to \frac{\ln(x)}{x} - \frac{\ln(2)}{10}.$$

Ecco il grafico nel rettangolo [0,10]×[−1,1] e nel rettangolo [0,100]×[−0.3,0.3].

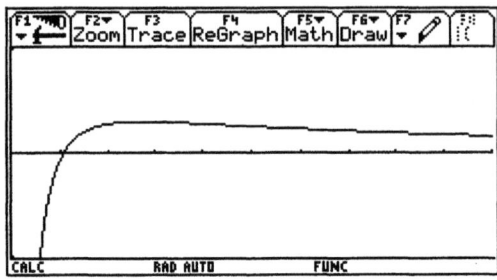

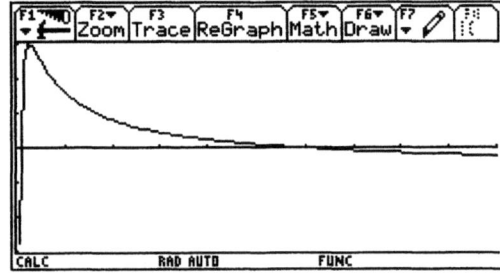

Lo zero cercato è vicino a $x = 60$. Ecco il grafico di 2^x e x^{10} nel rettangolo $[58,60] \times [2^{58}, 2^{60}]$.

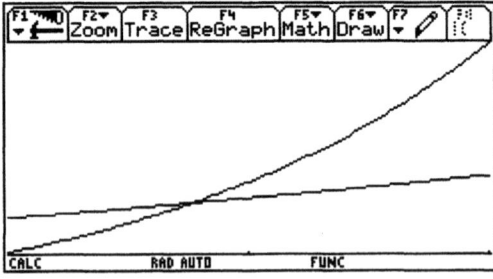

Per $x \cong 58.8$ il grafico di 2^x passa sopra il grafico di x^{10}. Da quel punto in poi 2^x resta maggiore di x^{10}; non solo: la differenza tra i due grafici aumenta senza limite.

Possiamo analizzare il comportamento delle due funzioni tra 58 e 60 in ambiente Table, dove è possibile tabulare funzioni definite in Y=Editor, a partire da un certo x_0 e con passo Δx stabiliti dall'utente.

Come si vede, tra 58.7 e 58.8 2^x diventa maggiore di x^{10}.
Possiamo usare ora solve imponendo che sia $x > 50$.

Se risolviamo l'equazione $x^n = 2^x$ per diversi valori di n otteniamo sperimentalmente quanto riportato in Tabella 1.

Tabella 1. Soluzioni dell'equazione $2^x = x^n$ al variare di n

n	Soluzione massima di $2^x = x^n$
2	4
3	9.9
5	22.4
10	58.8
20	143
50	439
100	996
200	2224
1000	13747

Ecco dunque una nuova funzione, *sperimentale*: è la funzione che assegna ad ogni numero intero (anzi, reale!) $n > 1$ la soluzione (quella positiva maggiore) dell'equazione $x^n = 2^x$. Non possiamo esprimere questa funzione in termini di funzioni elementari, ma non c'è dubbio che essa sia ben definita.

2. Geometria analitica del piano

La geometria analitica del piano (punti, rette, parallelismo e perpendicolarità, distanze, luoghi, coniche) costituisce da non molti decenni uno dei più importanti e consolidati argomenti di matematica.

Se si leggono i programmi ufficiali del liceo scientifico tradizionale (che risalgono sostanzialmente al 1923) si scopre con stupore che in essi la geometria analitica non è enfatizzata: si parla genericamente (in classe II) di "*Coordinate cartesiane ortogonali nel piano. Funzioni di una variabile e loro rappresentazione grafica; in particolare le funzioni ax + b, ax^2, a/x–x*". Non si fa cenno alle coniche, e nemmeno alla generica funzione quadratica. Come si vede i programmi che vengono effettivamente svolti non coincidono con le norme vigenti, e subiscono una sorta di evoluzione naturale, che al tempo stesso guida ed è guidata dai libri di testo maggiormente diffusi.

Poiché l'approccio al piano cartesiano costituisce comunque uno dei temi centrali in terza liceo scientifico, mi sono posto l'obiettivo di costruire, insieme agli allievi, una **libreria di funzioni** per la geometria analitica del piano, cercando da un lato di automatizzare i calcoli di routine e dall'altro di avvicinare gli alunni al concetto di algoritmo e ad alcuni semplici esempi di programmazione.

Abbiamo innanzitutto deciso di indicare in modo diverso, anche sintatticamente, **punti** e **vettori**; la TI-92 possiede due strutture dati distinte: le *liste* (con parentesi graffe) e le *matrici* (con parentesi quadre); i vettori non sono altro che matrici ad una sola riga. Rappresenteremo dunque i punti mediante liste {x,y}, e i vettori mediante matrici [x,y] ad una sola riga.

Per i vettori ho utilizzato in classe la notazione $\underline{AB}$, più semplice della notazione $\overrightarrow{AB}$.

Ecco per esempio definiti i punti $A(-2,-1)$, $B(4,3)$, $C(4,-3)$ e i vettori $\underline{AB}$ e $\underline{BC}$.

I comandi
`list▶mat` e `mat▶list`
consentono di trasformare liste in vettori e viceversa.

2.1. La retta

Tradizionalmente la retta viene definita algebricamente in forma cartesiana, mediante l'equazione $ax + by + c = 0$, oppure nella forma $y = mx + q$; è anche utile e interessante (e per certi scopi indispensabile: si pensi alla retta nello spazio) descrivere una retta in forma parametrica: la retta passante per il punto $A(x_0, y_0)$ avente la **direzione** del vettore $\mathbf{v} = [a,b]$ è definita come il luogo dei punti $P(x,y)$ del piano tali che il vettore $\underline{AP}$ è parallelo al vettore $\mathbf{v}$:

$$\underline{AP} = t\mathbf{v}$$
$$[x - x_0, y - y_0] = t[a,b]$$

da cui si ottengono le **equazioni parametriche**

$$\begin{cases} x = x_0 + at \\ y = y_0 + bt. \end{cases}$$

Tale rappresentazione (dalla quale, risolvendo rispetto a t, si può ricavare facilmente l'equazione cartesiana) ha il vantaggio di definire senza difficoltà rette, semirette, segmenti (di qualunque direzione): è sufficiente stabilire l'intervallo di variazione di t.

Per disegnare un segmento AB sul piano cartesiano si possono utilizzare le equazioni parametriche nella forma

$$x = x_A + (x_B - x_A)\,t$$
$$y = y_A + (y_B - y_A)\,t$$

con $0 \leq t \leq 1$.

Con la TI-92 si ha a disposizione l'ambiente *parametric* (`Mode`, `Graph`, `Parametric`) per i grafici. Tracciamo per esempio il triangolo avente per vertici i punti sopra definiti A, B, C, dopo aver impostato le equazioni parametriche in `Y=Editor` e dopo aver settato il parametro t nella finestra di `Window`.

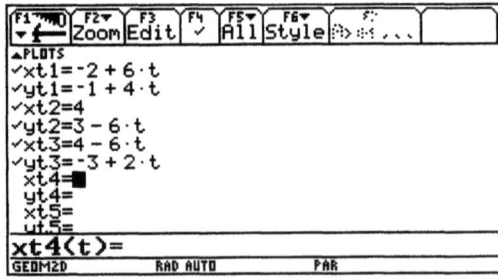

Geometria analitica del piano   27

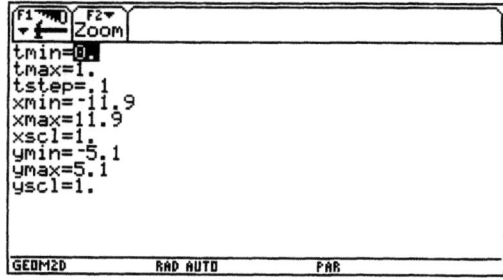

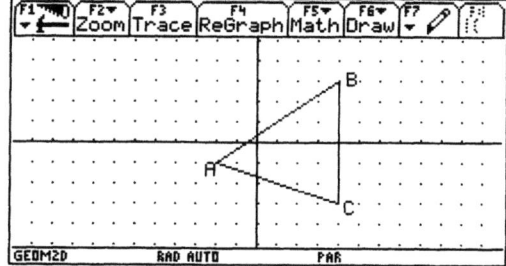

La **pendenza** (o coefficiente angolare) p di una retta non parallela all'asse y viene definita come il rapporto $p = b/a$ di un suo vettore direzione $[a,b]$. La retta AB è dunque il luogo dei punti $P(x,y)$ tali che

$$\text{pendenza } (\underline{AP}) = \text{pendenza } (\underline{AB})$$

$$\frac{y - y_A}{x - x_A} = \frac{y_B - y_A}{y_B - x_A}$$

$$\frac{y - y_A}{x - x_A} = p,$$

da cui si ottiene l'equazione cartesiana della retta:

$$y = p(x - x_A) + y_A.$$

Siamo pronti per costruire la prima funzione: definiamo la pendenza della retta per due punti. Trattandosi di una funzione molto semplice possiamo definirla direttamente dall'ambiente Home.

```
■ b[2] - a[2]
  ─────────── → pendenza(a,b)         Done
  b[1] - a[1]
■ pendenza(a,b)                        2/3
■ pendenza(b,c)                       undef
■ pendenza(c,a)                       -1/3
pendenza(c,a)
```

Come si vede, la TI-92 dà in uscita undef (indefinito) per la pendenza di una retta parallela all'asse y.

Possiamo ora definire l'equazione cartesiana della retta per due punti, nell'ambiente `Program Editor`.

Un aspetto interessante della programmazione, che qui e nel seguito ha impegnato non poco gli studenti, è stato quello di distinguere con la struttura

$$\text{IF...THEN...ELSE}$$

il comportamento delle rette parallele all'asse y.

```
retta(a,b)
Func
If a[1]=b[1] Then
x=a[1]
Else
y=pendenza(a,b)*(x-a[1])+a[2]
EndIf
EndFunc
```

Ecco le rette per i punti A, B, C, dell'esempio precedente.

F1	F2 Algebra	F3 Calc	F4 Other	F5 PrgmIO	F6 Clear a-z...
■ {-2 -1}→a					{-2 -1}
■ {4 3}→b					{4 3}
■ {4 -3}→c					{4 -3}
■ retta(a,b)					$y = \frac{2 \cdot x}{3} + 1/3$
■ retta(b,c)					$x = 4$
■ retta(c,a)					$y = \frac{-x}{3} - 5/3$
retta(c,a)					
GEOM2D	RAD AUTO		PAR	6/40	

Spesso però una retta è data, anziché mediante due punti, mediante un punto e la pendenza. Abbiamo allora cercato di generalizzare la funzione precedente, utilizzando il comando

$$\text{getType}$$

che distingue se una variabile contiene una lista (quindi è un punto) oppure un numero (la pendenza).

Ecco il programma più generale.

```
retta(a,b)
Func
©Dare due punti come liste {x,y}, oppure un punto e la pendenza.
If getType(a)="NUM" Then
   y=expand(a*(x-b[1])+b[2])
ElseIf getType(b)="NUM" Then
   y=expand(b*(x-a[1])+a[2])
```

```
ElseIf a[1]=b[1] Then
   x=a[1]
Else
   y=expand(pendenza(a,b)*(x-a[1])+a[2])
EndIf
EndFunc
```

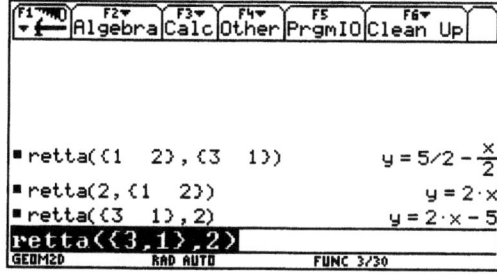

2.2. Angoli

Parlando di geometria analitica è di fondamentale importanza una osservazione spesso ignorata dai libri di testo: mentre il **parallelismo** è un invariante per quelle particolari affinità costituite dalle *dilatazioni* degli assi, cioè per trasformazioni del tipo $(x, y) \to (hx, ky)$, non lo è la **perpendicolarità**. Anzi, la definizione stessa di perpendicolarità esige un riferimento ortonormale, e in particolare la definizione di prodotto scalare tra vettori, che ci permette di parlare di lunghezze di vettori di differente direzione e di angoli.

Per i grafici della fisica (per esempio il classico grafico della legge oraria di un moto unidimensionale nel piano *s-t*) un sistema di riferimento ortonormale non ha alcun senso: *s* e *t* sono grandezze non omogenee, la distanza tra due punti in tale riferimento non ha alcun significato, e tanto meno l'angolo tra due rette. Ecco perché il termine "coefficiente angolare" è inadatto, e in definitiva errato: è molto più coerente parlare di "pendenza".

Su una calcolatrice grafica ha senso parlare di rette perpendicolari solo se si utilizza uno zoom monometrico. Per esempio, le rette di equazione $y = 2x + 1$ e $y = -x/2 + 1$ sono ortogonali in un riferimento ortonormale, ma in ZoomStd appaiono così:

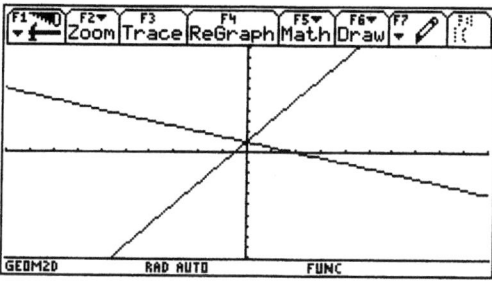

La TI-92 offre due possibilità per passare ad un grafico monometrico: la prima è lo zoom predefinito ZoomDec (*zoom decimal*), nel quale ad ogni pixel corrisponde $\Delta x = \Delta y = 0.1$.

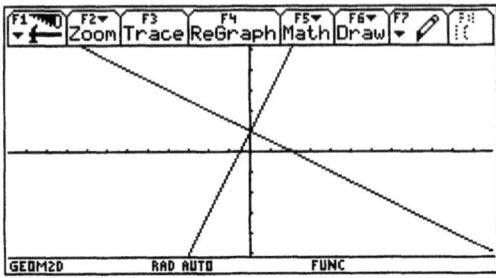

La seconda possibilità, molto utile, è ZoomSqr (*zoom square*) che trasforma il rettangolo di visualizzazione corrente, qualunque esso sia, in un riferimento monometrico che contiene tutte le informazioni grafiche del rettangolo precedente.

I due grafici seguenti rappresentano $\sin(x)$ dapprima nel rettangolo $[0, 2\pi] \times [-1, 1]$, e poi in ZoomSqr.

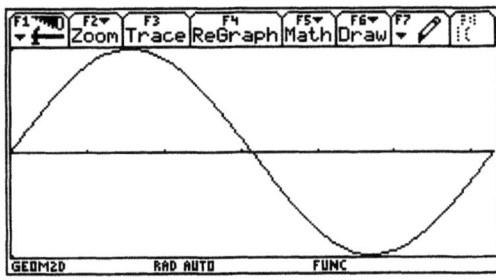

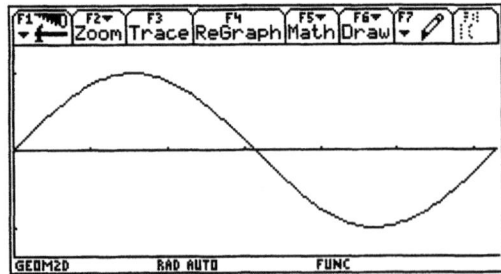

Attraverso il prodotto scalare tra due vettori $\mathbf{a} = [x_1, y_1]$, $\mathbf{b} = [x_2, y_2]$:

$$\mathbf{a} \cdot \mathbf{b} = [x_1, y_1] \cdot [x_2, y_2] = x_1 x_2 + y_1 y_2$$

è possibile definire nel modo più naturale l'ampiezza di un angolo, come **angolo convesso tra due vettori**: da

$$\mathbf{a} \cdot \mathbf{b} = \|\mathbf{a}\| \cdot \|\mathbf{b}\| \cdot \cos \alpha$$

Geometria analitica del piano   31

(dove α è l'angolo convesso tra **a** e **b**) ricaviamo

$$\cos\alpha = \frac{\mathbf{a}\cdot\mathbf{b}}{\|\mathbf{a}\|\cdot\|\mathbf{b}\|}.$$

La TI-92 mette a disposizione il comando `dotP` per il prodotto scalare di due vettori, e il comando `norm` per il modulo (la norma) di un vettore;

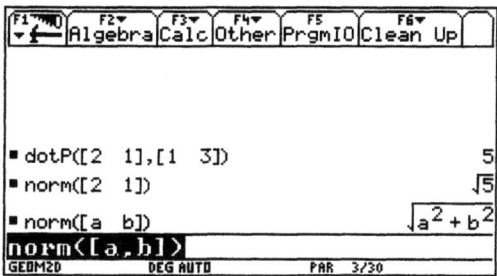

è possibile quindi definire le funzioni `ang2v` e `ang3p` che prendono in ingresso rispettivamente due vettori e tre punti, e danno in uscita l'ampiezza (in gradi) del relativo angolo convesso.

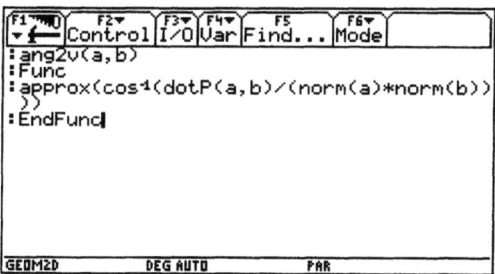

2.3. Il teorema di Eulero

Possiamo ora definire la funzione `altezza`, che prende in ingresso tre punti ordinati (i vertici del triangolo) e dà in uscita l'equazione dell'altezza passante per il primo punto e ortogonale al lato degli altri due.

```
altezza(a,b,c)
Func
If b[1]=c[1] Then
y=a[2]
ElseIf b[2]=c[2] Then
x=a[1]
Else
y=-1/(pendenza(b,c))*(x-a[1])+a[2]
EndIf
EndFunc
```

Ecco le equazioni delle tre altezze del triangolo precedente:

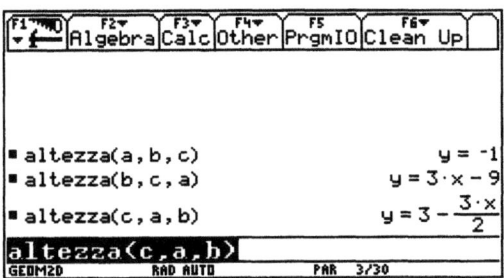

Una volta definito il punto medio tra due punti:
(a+b)/2→ptomedio(a,b)
è possibile ottenere le equazioni delle mediane (dando i tre vertici iniziando da quello appartenente alla mediana) mediante la funzione
retta(a,ptomedio(b,c))→mediana(a,b,c)

e l'equazione degli assi, mediante la funzione

```
asse(a,b)
Func
If a[2]=b[2] Then
x=(a[1]+b[1])/2
ElseIf a[1]=b[1] Then
y=(a[2]+b[2])/2
Else
retta(-1/(pendenza(a,b)),ptomedio(a,b))
EndIf
EndFunc
```

Geometria analitica del piano 33

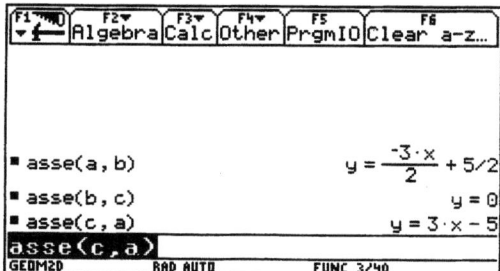

Un algoritmo interessante, abbastanza complesso, è quello che calcola il punto di intersezione tra due rette non parallele, date in ingresso come equazioni. La difficoltà consiste, come al solito, nel distinguere le rette parallele all'asse y: ciò avviene leggendo il primo membro dell'equazione (left). Il simbolo [|] (with), come abbiamo già visto, è molto importante: permette di sostituire ad una variabile il contenuto di un'altra variabile.

```
inters(rr1,rr2)
Func
Local xx,yy
If string(left(rr2))="x" Then
rr2→xx:
rr1|rr2→yy
ElseIf string(left(rr1))="x" Then
rr1→xx
rr2|rr1→yy
Else
solve(rr1|rr2,x)→xx
solve(rr1|xx,y)→yy
EndIf
{right(xx),right(yy)}
EndFunc
```

Possiamo ora determinare il circocentro, l'ortocentro e il baricentro del triangolo *ABC*.

Si può verificare facilmente il teorema di Eulero: il circocentro O, il baricentro G, l'ortocentro H di un triangolo sono allineati, e $\underline{OH} = 3\underline{OG}$.

```
┌─F1─┬─F2─┬─F3─┬─F4─┬─F5──┬──F6──┐
│ ▼ ┌│Algebra│Calc│Other│PrgmIO│Clean Up│
├────┴────┴────┴────┴─────┴──────┤
│■ inters(asse(a,b),asse(b,c)) → o│
│                        {5/3   0}│
│■ inters(altezza(a,b,c),altezza(b,c,a))▶│
│                        {8/3  -1}│
│■ inters(mediana(a,b,c),mediana(b,c,a))▶│
│                        {2   -1/3}│
│■ g - o                 {1/3  -1/3}│
│■ h - o                 {1    -1}│
│h-o                              │
│GEOM2D    RAD AUTO    PAR  5/30  │
└─────────────────────────────────┘
```

2.4. Parabole

Il lavoro può continuare in modo analogo per le parabole.

Per esempio risolviamo il problema di determinare l'equazione della parabola (ad asse parallelo all'asse y) per tre punti; si tratta di risolvere un sistema lineare di tre equazioni in tre incognite: i coefficienti a, b, c dell'equazione $y = ax^2 + bx + c$. Tale sistema è abbastanza laborioso da risolvere con carta e penna; è bene che lo studente cerchi di cogliere la struttura di quei calcoli, e quando è possibile, di implementarli sulla TI-92. Nel caso di un sistema lineare si può usare il comando

$$\text{simult(m,v)}$$

che prende in ingresso la matrice dei coefficienti e il vettore colonna dei termini noti, e restituisce (se esiste) la soluzione del sistema.

A titolo di esempio mostriamo il programma che calcola l'equazione della parabola per tre punti.

```
parabol3(a,b,c)
Func
Local mat
simult([[a[1]^2,a[1],1][b[1]^2,b[1],1][c[1]^2,c[1],1]],
[[a[2]][b[2]][c[2]]])→mat
mat▶list(mat)→mat
y=polyEval(mat,x)
EndFunc
```

Proviamo a calcolare l'equazione della parabola per i punti A, B, C usati in precedenza.

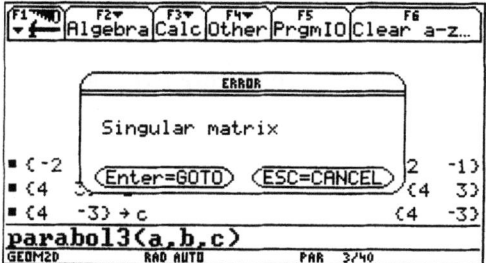

Per i tre punti A, B, C non passa alcuna parabola ad asse parallelo all'asse y, dato che B e C appartengono alla stessa retta $x = 4$. Cambiamo il punto C in $(0, -3)$.

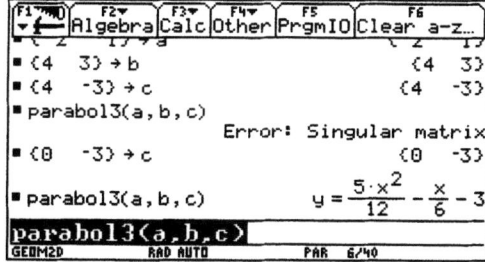

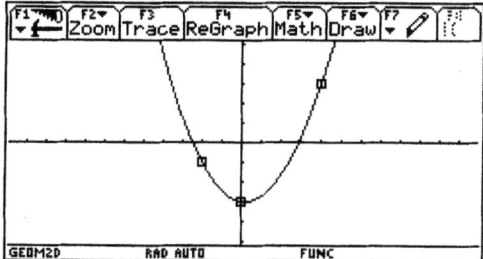

Si osservi nel programma il potente comando

polyEval

che prende in ingresso una lista (di $n+1$ elementi) e una variabile, e fornisce in uscita il polinomio di grado n nella variabile data che ha per coefficienti gli elementi della lista.

Il secondo elemento può essere un numero (nel qual caso il polinomio viene valutato), oppure un'espressione.

2.5. Circonferenze

Ecco un programma analogo per l'equazione della circonferenza passante per tre punti

```
circ3p(a,b,c)
Func
Local m
simult([[a[1],a[2],1][b[1],b[2],1][c[1],c[2],1]],[[-a[1]^2
-a[2]^2][-b[1]^2-b[2]^2][-c[1]^2-c[2]^2]])→m
x^2+y^2+m[1,1]*x+m[2,1]*y+m[3,1]=0
EndFunc
```

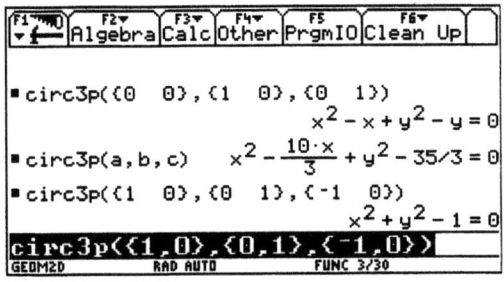

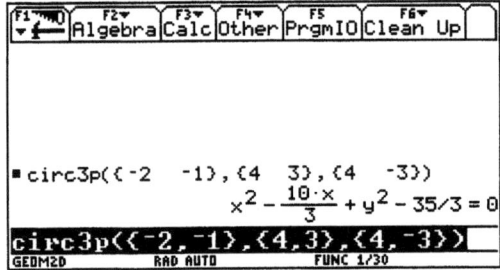

2.6. La libreria di funzioni

Questa attività di implementazione può proseguire a diversi livelli di approfondimento. L'obiettivo è duplice: da una parte padroneggiare sintatticamente uno strumento automatico di calcolo per implementare funzioni di routine (e imparare di conseguenza qualche semplice elemento di programmazione), dall'altra avere a disposizione rapidamente equazioni che richiederebbero un tempo di calcolo sufficiente a scoraggiare attività successive di ricerca.

Si osservi che in fase di programmazione si possono utilizzare tutti i comandi di cui dispone il catalogo della TI-92. La programmazione risulta quindi da un lato estremamente potente e dall'altro molto agile: la vecchia programmazione in Pascal risulta ora inutile e superata in un corso di matematica (non in un corso di informatica, forse).

3. Trasformazioni geometriche nel piano

Si può dire ormai che il tema delle trasformazioni geometriche nel piano sia largamente consolidato nell'insegnamento secondario, almeno dal punto di vista sintetico.

L'orientamento generale sembra quello di introdurre le trasformazioni dal punto di vista sintetico, e solo successivamente di trattarle dal punto di vista algebrico, identificando la trasformazione con una coppia di equazioni. Per esempio la riflessione di asse y viene identificata con le equazioni

$$\begin{cases} x' = -x \\ y' = y. \end{cases}$$

Potendo disporre di un ambiente grafico in cui è possibile tracciare equazioni parametriche è facile mostrare le prime proprietà delle riflessioni, delle rotazioni, delle simmetrie centrali, delle traslazioni.

Per esempio definiamo con equazioni parametriche il triangolo di vertici $A(1,-3)$, $B(5,2)$, $C(2,5)$: usando come vettore direzione il vettore che ha per estremi due vertici e variando il parametro t da 0 a 1 si ottiene il segmento che ha per estremi i due punti; possiamo utilizzare le prime tre equazioni per definire il triangolo (visualizziamo in ZoomDec). Definendo in modo opportuno le equazioni successive otteniamo in questo caso il triangolo simmetrico rispetto all'asse y.

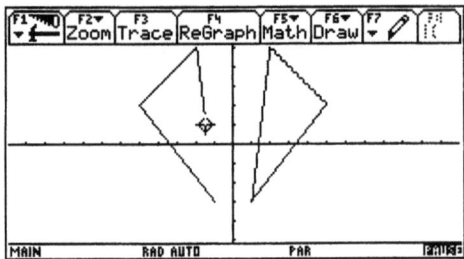

Scelta la modalità di tracciamento sequenziale delle curve (F1 Format, Graph Order, Seq con Leading Cursor ON) si può notare che il triangolo trasformato ha un'orientamento opposto rispetto al triangolo iniziale.

3.1. Affinità

La possibilità di tracciare una curva in forma parametrica ci consente di considerare la più generale trasformazione lineare (o *affinità*) del piano, di equazioni:

$$\begin{cases} x' = a_1 x + b_1 y + c_1 \\ y' = a_2 x + b_2 y + c_2 \end{cases}$$

che mutano il generico punto $P(x,y)$ del piano nel punto $P'(x',y')$:

$$(x,y) \to (a_1 x + b_1 y + c_1, a_2 x + b_2 y + c_2).$$

Essa è una trasformazione geometrica (cioè una applicazione biunivoca) se e solo se il determinante della matrice

$$\begin{bmatrix} a_1 & b_1 \\ a_2 & b_2 \end{bmatrix}$$

è diverso da 0. Infatti in questo caso, e solo in questo caso, il sistema

$$\begin{cases} a_1 x + b_1 y = x' - c_1 \\ a_2 x + b_2 y = y' - c_2 \end{cases}$$

ammette una ed una sola soluzione, ed è quindi possibile determinare la trasformazione inversa.

Le equazioni

$$\begin{cases} x' = a_1 x + b_1 y + c_1 \\ y' = a_2 x + b_2 y + c_2 \end{cases}$$

si possono esprimere nella più compatta forma matriciale

$$\begin{bmatrix} x' \\ y' \end{bmatrix} = \begin{bmatrix} a_1 & b_1 \\ a_2 & b_2 \end{bmatrix} \begin{bmatrix} x \\ y \end{bmatrix} + \begin{bmatrix} c_1 \\ c_2 \end{bmatrix}$$

cioè

$$\mathbf{v'} = \mathbf{M}\,\mathbf{v} + \mathbf{t}.$$

Il vettore colonna

$$\mathbf{t} = \begin{bmatrix} c_1 \\ c_2 \end{bmatrix}$$

indica la *traslazione* associata alla trasformazione. Quindi a meno della traslazione di vettore $[c_1, c_2]$, le caratteristiche della trasformazione sono racchiuse nella matrice dei coefficienti

$$\mathbf{M} = \begin{bmatrix} a_1 & b_1 \\ a_2 & b_2 \end{bmatrix},$$

che supporremo d'ora in poi avere determinante non nullo.

In ambiente Parametric è possibile rappresentare la più generica trasformazione lineare. Vediamo per esempio sul triangolo di vertici $A(2,1)$, $B(-1,4)$, $C(1,-3)$ come agisce la trasformazione lineare

$$\begin{cases} x' = x - y \\ y' = x + y \end{cases}$$

(che, come vedremo, è una similitudine, ottenuta componendo un'omotetia di centro l'origine e rapporto $\sqrt{2}$ con una rotazione di 45°)

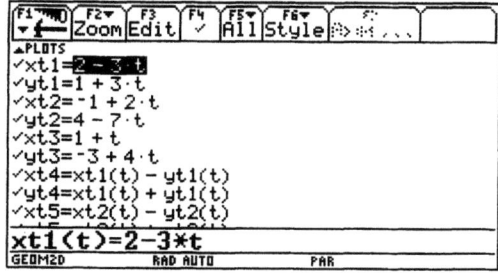

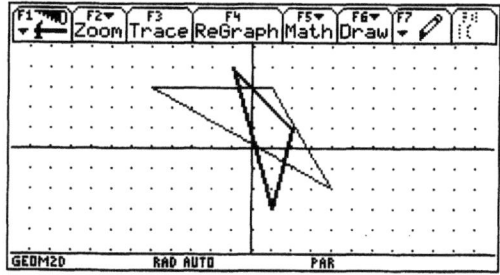

Più in generale è possibile applicare una trasformazione lineare ad una qualunque curva. Vediamo per esempio come agisce la trasformazione lineare

$$\begin{cases} x' = 2x - y + 1 \\ y' = x + y - 1 \end{cases}$$

sul cerchio di centro O e raggio 1,

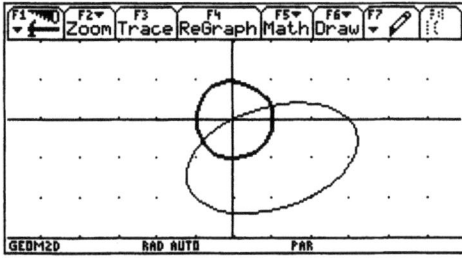

sulla parabola $x \to x^2$,

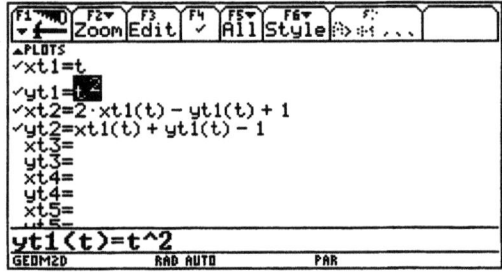

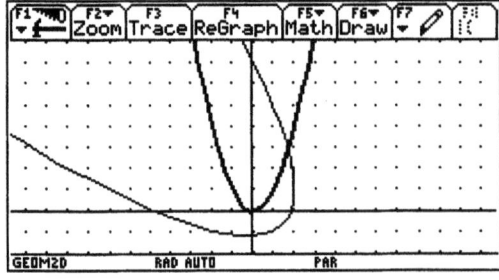

oppure sulla curva di equazioni parametriche $\{\sin(t), \sin(2t)\}$.

Trasformazioni geometriche nel piano 41

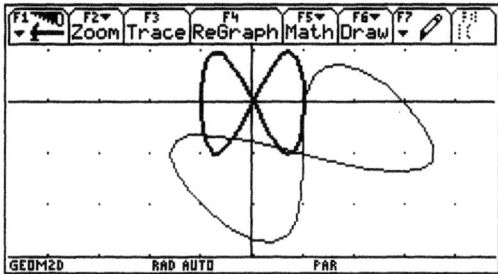

La trasformazione di equazioni parametriche

$$\begin{cases} x' = hx \\ y' = ky \end{cases}$$

è una dilatazione degli assi: muta il versore **i** = [1,0] in *h***i** e il versore **j** = [0,1] in *k***j**. È particolarmente utile, per esempio, per mostrare come un'ellisse di semiassi *h* e *k* si ottenga per dilatazione dalla circonferenza di centro *O* e raggio 1.

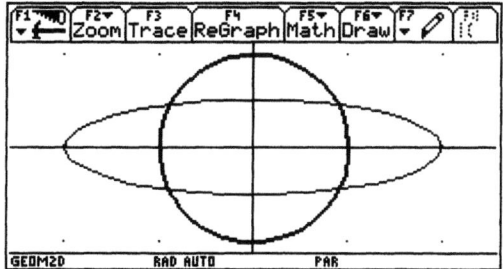

3.2. Isometrie

Consideriamo ora la trasformazione

$$\mathbf{v'} = \mathbf{M}\,\mathbf{v}$$

che lascia fisso il punto $O(0,0)$. In quali casi **M** rappresenta una isometria?

L'osservazione fondamentale è la seguente: i punti $A(1,0)$ e $B(0,1)$ vengono trasformati rispettivamente nei punti $A'(a_1,a_2)$ e $B'(b_1,b_2)$, cioè nei punti le cui coordinate sono le componenti dei **vettori colonna** della matrice **M**. In altri termini: la matrice

$$\begin{bmatrix} a_1 & b_1 \\ a_2 & b_2 \end{bmatrix}$$

trasforma il versore **i** = [1,0] nel vettore

$$\begin{bmatrix} a_1 & b_1 \\ a_2 & b_2 \end{bmatrix}\begin{bmatrix} 1 \\ 0 \end{bmatrix} = \begin{bmatrix} a_1 \\ a_2 \end{bmatrix},$$

e il versore **j** = [0,1] nel vettore

$$\begin{bmatrix} a_1 & b_1 \\ a_2 & b_2 \end{bmatrix} \begin{bmatrix} 0 \\ 1 \end{bmatrix} = \begin{bmatrix} b_1 \\ b_2 \end{bmatrix}.$$

Poiché una qualunque matrice 2×2 rappresenta una trasformazione lineare $f: \mathbf{R}^2 \to \mathbf{R}^2$, è sufficiente conoscere il destino della base canonica {**i**, **j**} (cioè i trasformati **i'** e **j'**) per conoscere il destino di qualunque vettore:

$$f(\mathbf{v}) = f([x, y]) = f(x\mathbf{i} + y\mathbf{j}) = xf(\mathbf{i}) + yf(\mathbf{j}) = x\mathbf{i'} + y\mathbf{j'}.$$

Così è possibile *leggere* una matrice mediante i trasformati dei vettori **i** e **j**. Per esempio la matrice

$$\begin{bmatrix} 0 & 1 \\ -1 & 0 \end{bmatrix}$$

trasforma **i** in $-\mathbf{j}$ e **j** in **i**: si tratta di una rotazione di $-90°$ intorno all'origine; la riflessione rispetto alla retta di equazione $y = -x$ muta **i** in $-\mathbf{j}$ e **j** in $-\mathbf{i}$, quindi la matrice associata è la seguente:

$$\begin{bmatrix} 0 & -1 \\ -1 & 0 \end{bmatrix}.$$

Affinché **M** rappresenti un'isometria **i'** e **j'** devono innanzitutto avere norma 1, cioè deve risultare

$$\|\mathbf{i'}\| = \mathbf{i'} \cdot \mathbf{i'} = a_1^2 + a_2^2 = 1$$
$$\|\mathbf{j'}\| = \mathbf{j'} \cdot \mathbf{j'} = b_1^2 + b_2^2 = 1$$

quindi deve esistere un angolo α tale che

$$a_1 = \cos\alpha, \quad a_2 = \sin\alpha,$$

ed un angolo β tale che

$$b_1 = \cos\beta, \quad b_2 = \sin\beta.$$

Inoltre affinché **M** sia un'isometria **i'** e **j'** devono essere tra loro ortogonali, cioè deve risultare

$$\beta = \alpha + 90° \quad \text{oppure} \quad \beta = \alpha - 90°.$$

Nel primo caso risulta $\cos\beta = -\sin\alpha$, $\sin\beta = \cos\alpha$, e la matrice **M** è del tipo

$$\begin{bmatrix} \cos\alpha & -\sin\alpha \\ \sin\alpha & \cos\alpha \end{bmatrix}.$$

Nel secondo caso risulta $\cos\beta = \sin\alpha$, $\sin\beta = -\cos\alpha$, e la matrice **M** è del tipo

$$\begin{bmatrix} \cos\alpha & \sin\alpha \\ \sin\alpha & -\cos\alpha \end{bmatrix}.$$

Nel primo caso il determinante è 1: si tratta di un'isometria diretta, e rappresenta la rotazione di angolo orientato α intorno all'origine. Infatti il versore **i** = [1,0] si muta nel versore

$$\mathbf{i}'=[\cos\alpha,\sin\alpha],$$

e il versore $\mathbf{j} = [0,1]$ nel versore

$$\mathbf{j}' = [-\sin\alpha,\cos\alpha] = [\cos(\alpha+90°), \sin(\alpha+90°)],$$

cioè ruotano entrambi di un angolo α.

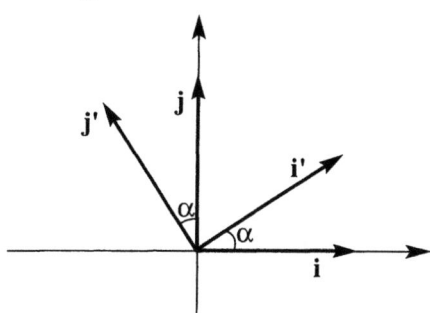

Nel secondo caso il determinante è -1: si tratta di un'isometria inversa, e rappresenta una riflessione (simmetria assiale) rispetto alla retta per O di coordinata angolare $\alpha/2$. Infatti il versore $\mathbf{i} = [1,0]$ si muta nel versore $\mathbf{i}' = [\cos\alpha,\sin\alpha]$, cioè ruota di un angolo α, e il versore $\mathbf{j} = [0,1]$ si muta nel versore $\mathbf{j}' =$
$= [\sin\alpha,-\cos\alpha] = [\cos(\alpha-90°),\sin(\alpha-90°)]$, cioè ruota di un angolo $-(180° - \alpha) =$
$= -2(90°-\alpha/2)$.

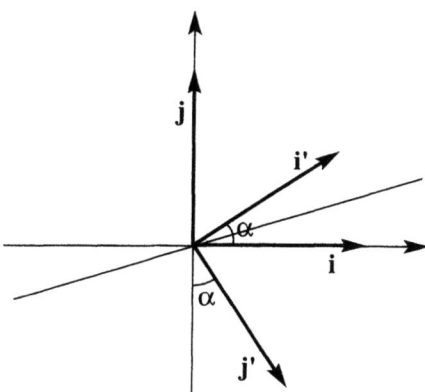

Le isometrie sono rappresentate dunque da equazioni dei seguenti tipi:

Isometrie dirette: $\quad \begin{cases} x' = ax - by + c_1 \\ y' = bx + ay + c_2 \end{cases} \Leftrightarrow \begin{bmatrix} x' \\ y' \end{bmatrix} = \begin{bmatrix} a & -b \\ b & a \end{bmatrix}\begin{bmatrix} x \\ y \end{bmatrix} + \begin{bmatrix} c_1 \\ c_2 \end{bmatrix}.$

Isometrie inverse: $\quad \begin{cases} x' = ax + by + c_1 \\ y' = bx - ay + c_2 \end{cases} \Leftrightarrow \begin{bmatrix} x' \\ y' \end{bmatrix} = \begin{bmatrix} a & b \\ b & -a \end{bmatrix}\begin{bmatrix} x \\ y \end{bmatrix} + \begin{bmatrix} c_1 \\ c_2 \end{bmatrix}.$

con $a^2 + b^2 = 1$.

Impostiamo in Y = Editor la generica rotazione intorno all'origine e applichiamo al triangolo *ABC* una rotazione di 45°: è sufficiente, in ambiente Home, memorizzare cos(45°) in *a* e sin(45°) in *b*.

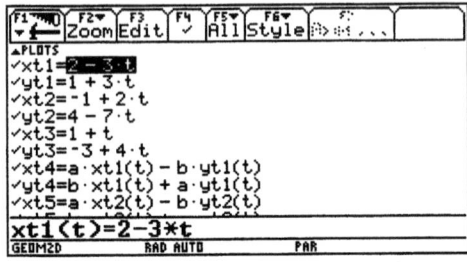

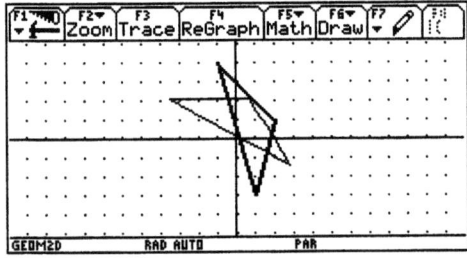

In modo analogo possiamo rappresentare, per esempio, la riflessione rispetto alla retta $y = -x$.

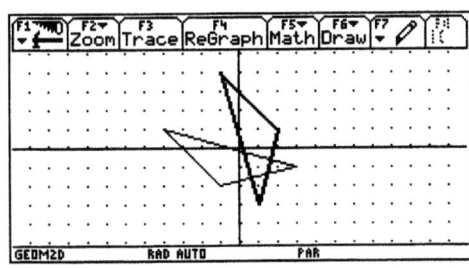

3.3. Omotetie e similitudini

Una **omotetia** di rapporto k ($k \neq 0$) muta il versore **i** = [1,0] nel versore **i'** = [k,0] e il versore **j** = [0,1] nel versore **j'** = [0,k], quindi la matrice associata è

$$\mathbf{M} = \begin{bmatrix} k & 0 \\ 0 & k \end{bmatrix}.$$

Una **similitudine** è il prodotto di una omotetia per una isometria.

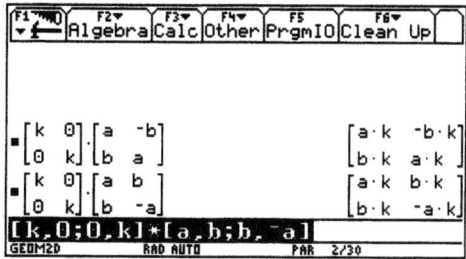

Il prodotto delle matrici è ancora del tipo

$$\begin{bmatrix} a & -b \\ b & a \end{bmatrix}, \text{ oppure } \begin{bmatrix} a & b \\ b & -a \end{bmatrix}$$

a seconda che l'isometria sia diretta o inversa. Ora però risulta

$$a^2 + b^2 = k^2,$$

cioè il determinante della matrice di una similitudine è il quadrato del fattore di omotetia. Quindi, per esempio, la matrice

$$\begin{bmatrix} 1 & -1 \\ 1 & 1 \end{bmatrix}$$

della trasformazione

$$\begin{cases} x' = x - y \\ y' = x + y \end{cases}$$

è una similitudine ottenuta dall'omotetia di centro l'origine e rapporto $\sqrt{2}$ con la rotazione di 45°.

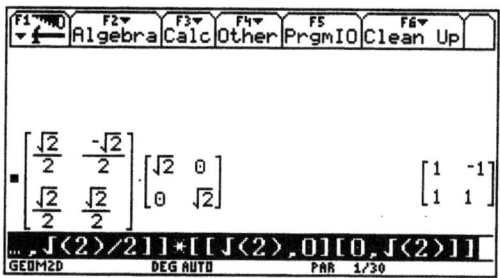

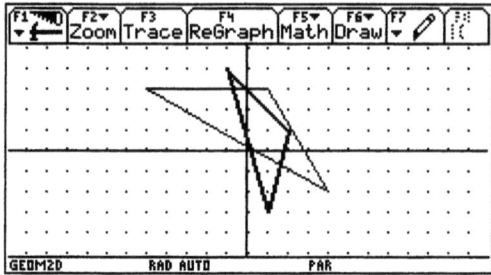

3.4. Isometrie e matrici 3×3

Consideriamo la più generale trasformazione lineare, data dall'equazione

$$\begin{bmatrix} x' \\ y' \end{bmatrix} = \begin{bmatrix} a_1 & b_1 \\ a_2 & b_2 \end{bmatrix} \begin{bmatrix} x \\ y \end{bmatrix} + \begin{bmatrix} c_1 \\ c_2 \end{bmatrix}.$$

Osserviamo che possiamo riassumere tale equazione mediante un solo oggetto: una matrice 3×3. Essa è infatti equivalente alla equazione

$$\begin{bmatrix} x' \\ y' \\ 1 \end{bmatrix} = \begin{bmatrix} a_1 & b_1 & c_1 \\ a_2 & b_2 & c_2 \\ 0 & 0 & 1 \end{bmatrix} \begin{bmatrix} x \\ y \\ 1 \end{bmatrix}.$$

L'ultima riga della matrice della trasformazione è sempre costituita dal vettore [0,0,1], e l'ultima colonna rappresenta la traslazione associata all'isometria. Un punto generico del piano viene indicato con un vettore a 3 componenti, con la terza componente sempre uguale a 1.

Questa notazione è particolarmente utile dal punto di vista algoritmico, poiché la trasformazione è completamente descritta da un unico oggetto, facilmente implementabile.

In particolare per le isometrie abbiamo:

Isometrie dirette : $\begin{bmatrix} x' \\ y' \\ 1 \end{bmatrix} = \begin{bmatrix} a & -b & c_1 \\ b & a & c_2 \\ 0 & 0 & 1 \end{bmatrix} \begin{bmatrix} x \\ y \\ 1 \end{bmatrix}$

Isometrie inverse : $\begin{bmatrix} x' \\ y' \\ 1 \end{bmatrix} = \begin{bmatrix} a & b & c_1 \\ b & -a & c_2 \\ 0 & 0 & 1 \end{bmatrix} \begin{bmatrix} x \\ y \\ 1 \end{bmatrix}$

con $a^2 + b^2 = 1$.

Quindi, riassumendo:

- ogni isometria diretta si ottiene come prodotto di una rotazione (eventualmente di angolo nullo) e una traslazione (eventualmente di vettore nullo);

- ogni isometria inversa si ottiene come prodotto di una riflessione e una traslazione (eventualmente di vettore nullo).

L'insieme $\mathbf{M}_{iso2}$ di tali matrici 3×3 costituisce un gruppo (non commutativo) rispetto al prodotto (righe per colonne) di matrici. La matrice *identità*

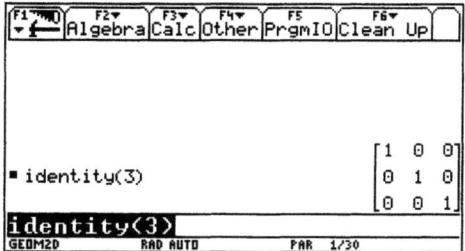

è l'elemento neutro rispetto al prodotto.

Si dimostra che il prodotto di due matrici di $\mathbf{M}_{iso2}$, e l'inversa di una matrice di $\mathbf{M}_{iso2}$ è ancora una matrice di $\mathbf{M}_{iso2}$.

Il gruppo $\mathbf{M}_{iso2}$ è isomorfo al gruppo delle isometrie piane rispetto alla composizione di applicazioni.

È interessante utilizzare la computer algebra per implementare la matrice di una generica isometria.

Traslazioni

La traslazione di vettore $\mathbf{v} = [t_1, t_2]$ è ovviamente rappresentata dalla matrice

$$\mathbf{T}_V = \begin{bmatrix} 1 & 0 & t_1 \\ 0 & 1 & t_2 \\ 0 & 0 & 1 \end{bmatrix}.$$

Con la TI-92 definiamo la funzione che associa tale matrice al vettore $[t_1, t_2]$.

Rotazioni

La rotazione di angolo (orientato) α e di centro l'origine O degli assi, come abbiamo visto, è rappresentata dalla matrice

$$\begin{bmatrix} \cos\alpha & -\sin\alpha & 0 \\ \sin\alpha & \cos\alpha & 0 \\ 0 & 0 & 1 \end{bmatrix}.$$

Implementiamo sulla TI-92 una funzione che prenda in ingresso l'angolo α e dia in uscita tale matrice.

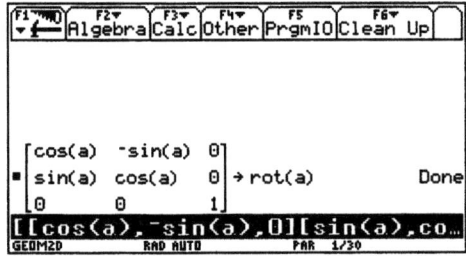

Possiamo già svolgere una semplice verifica: applicando 3 volte la rotazione di angolo π/3 si ottiene la simmetria di centro O:

e applicandola 6 volte si ottiene l'identità:

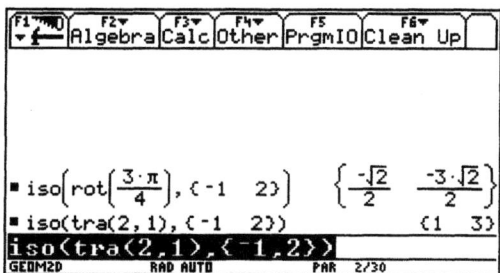

Costruiamo ora una funzione che prenda in ingresso una matrice **A** di $\mathbf{M}_{iso2}$ e un punto P, e ci dia in uscita le coordinate del trasformato P'.

```
iso(a,p)
Func
Local p1
a*(augment(list▶mat(p),[[1]]))ᵀ→p1
mat▶list(p1)→p1
left(p1,2)
EndFunc
```

Ecco la funzione iso all'opera.

Per determinare la matrice di una rotazione di centro generico $C(x_0, y_0)$, utilizziamo il metodo della *doppia traslazione*: eseguiamo la traslazione tra(⁻x0, ⁻y0) di vettore $[-x_0, -y_0]$ che manda C in O, poi la rotazione rot(a) di centro O e infine la traslazione tra(x0, y0) di vettore $[x_0, y_0]$ che riporta O in C.

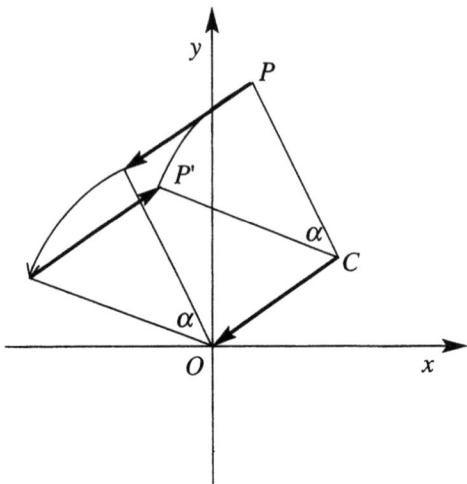

La matrice corrispondente si ottiene dal prodotto

`tra(x0,y0)*rot(a)*tra(-x0,-y0)`

che memorizziamo nella funzione

`rotc(x0,y0,a)`.

Applichiamo questa funzione per determinare la matrice della rotazione di centro (2,1) e angolo π/2.

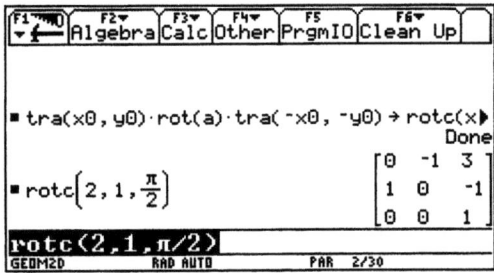

Come si vede la matrice di una rotazione di centro C e angolo α si ottiene dal prodotto della rotazione di centro O e angolo α e da una traslazione (nel nostro esempio di vettore [3,−1]). In generale:

La matrice **M** è la matrice della rotazione di centro O, e la traslazione ha componenti

$$[-x_0 \cos(\alpha) + y_0 \sin(\alpha) + x_0, -y_0 \cos(\alpha) - x_0 \sin(\alpha) + y_0].$$

Vediamo ancora la rotazione di centro $(2,1)$ e angolo $-\pi/3$, in forma simbolica e in forma approssimata.

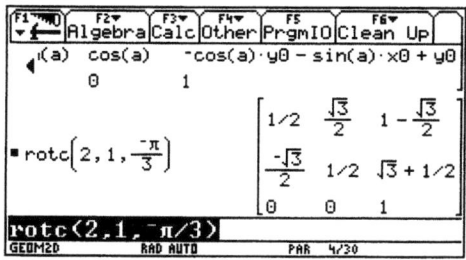

I calcoli sono evidentemente troppo complessi per essere eseguiti con carta e penna, e diventano significativi quando si usi la computer algebra.

In particolare la simmetria centrale di centro $C(x_0, y_0)$ si ottiene dalla rotazione intorno a C di angolo π.

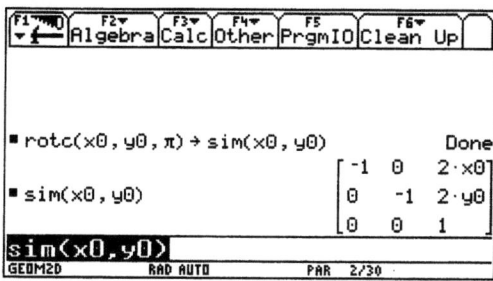

Possiamo dimostrare ora un classico risultato: il prodotto delle simmetrie centrali rispetto a due punti A e B è una traslazione di vettore $2\underline{AB}$.

```
┌F1─┐┌─F2─┐┌─F3─┐┌F4─┐┌─F5──┐┌─F6──┐
│▼ ƒ││Algebra││Calc││Other││PrgmIO││Clean Up│
```

■ sim(x0,y0) $\begin{bmatrix} -1 & 0 & 2\cdot x0 \\ 0 & -1 & 2\cdot y0 \\ 0 & 0 & 1 \end{bmatrix}$

■ sim(xb,yb)·sim(xa,ya) $\begin{bmatrix} 1 & 0 & 2\cdot xb - 2\cdot xa \\ 0 & 1 & 2\cdot yb - 2\cdot ya \\ 0 & 0 & 1 \end{bmatrix}$

`sim(xb,yb)*sim(xa,ya)`
`GEOM2D        RAD AUTO      PAR  3/30`

Riflessioni

La riflessione rispetto ad una retta r per l'origine, di coordinata angolare α, è rappresentata, come abbiamo visto, dalla matrice

$$\mathbf{R}_r = \begin{bmatrix} \cos 2\alpha & \sin 2\alpha & 0 \\ \sin 2\alpha & -\cos 2\alpha & 0 \\ 0 & 0 & 1 \end{bmatrix}.$$

La riflessione rispetto all'asse y (che si ottiene per $\alpha = 90°$) è rappresentata dalla matrice

$$\mathbf{R}_{x=0} = \begin{bmatrix} -1 & 0 & 0 \\ 0 & 1 & 0 \\ 0 & 0 & 1 \end{bmatrix}.$$

Supponiamo ora che la retta r non coincida con l'asse y, e che sia data mediante il coefficiente angolare m, cioè $m = \tan\alpha$. Ecco un caso in cui è utile applicare le formule (cosiddette parametriche) che danno $\cos 2\alpha$ e $\sin 2\alpha$ in funzione di $\tan\alpha$:

$$\cos 2\alpha = \frac{1-m^2}{1+m^2} \qquad \sin 2\alpha = \frac{2m}{1+m^2}.$$

Risulta dunque

$$\mathbf{R}_r = \begin{bmatrix} \dfrac{1-m^2}{1+m^2} & \dfrac{2m}{1+m^2} & 0 \\ \dfrac{2m}{1+m^2} & -\dfrac{1-m^2}{1+m^2} & 0 \\ 0 & 0 & 1 \end{bmatrix}.$$

Se la retta r coincide con l'asse delle x, allora $m = 0$:

$$\mathbf{R}_{y=0} = \begin{bmatrix} 1 & 0 & 0 \\ 0 & -1 & 0 \\ 0 & 0 & 1 \end{bmatrix}.$$

Implementiamo questi risultati nella funzione rif, che prende in ingresso la pendenza m di una retta e dà in uscita la matrice della riflessione.

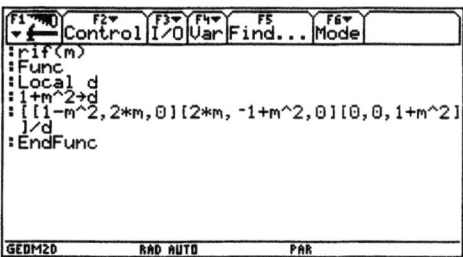

Calcoliamo le matrici delle riflessioni rispetto alle rette di equazioni $y = x/2$ e $y = 3x$.

```
■ rif(1/2)        [3/5   4/5   0]
                  [4/5  -3/5   0]
                  [ 0    0    1]

■ rif(3)          [-4/5  3/5   0]
                  [ 3/5  4/5   0]
                  [  0    0    1]
```

Il prodotto delle due riflessioni, come è ben noto, è una rotazione avente come centro il punto di intersezione delle due rette, e come angolo il doppio dell'angolo (orientato) tra le due rette.

```
                  [ 0    0    1]
■ rif(3)          [-4/5  3/5   0]
                  [ 3/5  4/5   0]
                  [  0    0    1]

■ rif(3)·rif(1/2) [ 0   -1    0]
                  [ 1    0    0]
                  [ 0    0    1]
```

Il prodotto delle matrici corrispondenti alle riflessioni rispetto alla rette di pendenza 1/2 e 3 dà la matrice della rotazione di 90° intorno ad O.

Ne deduciamo che l'angolo tra le rette $y = x/2$ e $y = 3x$ è un angolo di 45°. Lo stesso risultato si ottiene facilmente mediante il prodotto scalare. Considerati due vettori direzione delle rette, per esempio $\mathbf{a} = [2,1]$ e $\mathbf{b} = [1,3]$, risulta

$$\mathbf{a} \cdot \mathbf{b} = 2+3 = 5;$$

d'altra parte sappiamo che

$$\mathbf{a} \cdot \mathbf{b} = \|\mathbf{a}\| \cdot \|\mathbf{b}\| \cdot \cos\alpha$$

dove α è l'ampiezza dell'angolo convesso tra le due rette. Nel nostro esempio risulta $\|\mathbf{a}\| = \sqrt{5}$, $\|\mathbf{b}\| = \sqrt{10}$, da cui

$$\cos\alpha = \frac{[2,1] \cdot [1,3]}{\sqrt{5} \cdot \sqrt{10}} = \frac{5}{5\sqrt{2}} = \frac{\sqrt{2}}{2},$$

e $\alpha = 45°$.

Per completezza definiamo mediante la funzione rify le riflessioni rispetto all'asse y o a sue parallele di equazione $x = k$.

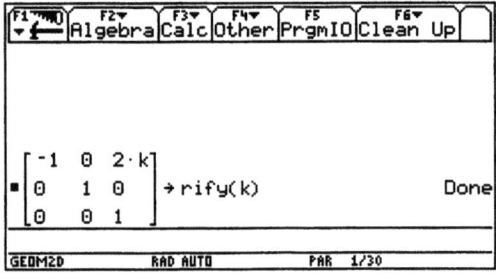

Per le riflessioni rispetto ad una retta s qualsiasi possiamo utilizzare ancora il metodo della doppia traslazione: con una traslazione mutiamo la retta s nella retta r ad essa parallela passante per O, eseguiamo la riflessione rispetto a r, e poi trasliamo di nuovo con vettore opposto al precedente. Se la retta s è data mediante l'equazione $y = mx + q$ (quindi non parallela all'asse y) possiamo scegliere come punto di s il punto $(0,q)$ e come traslazione quella di vettore $[0,-q]$.

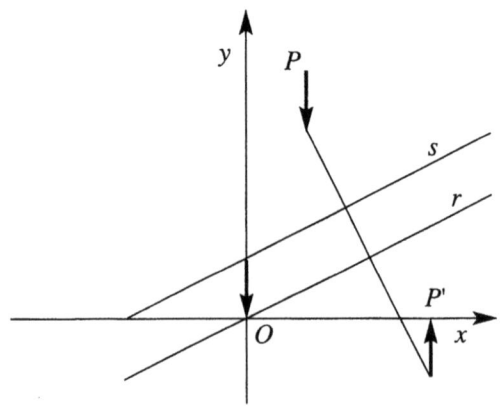

Trasformazioni geometriche nel piano

Implementiamo questo procedimento nella funzione rifs, che prende in ingresso m e q e dà in uscita la relativa matrice.

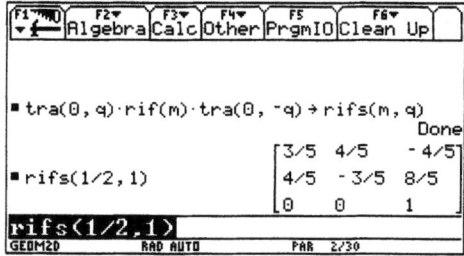

In funzione di m e q otteniamo

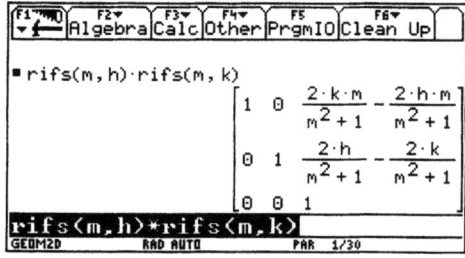

Possiamo ora dimostrare che il prodotto di due riflessioni rispetto a rette parallele è una traslazione.

e che il prodotto di due riflessioni rispetto a rette perpendicolari è una simmetria centrale.

Mediante la funzione iso possiamo calcolare la coordinate del trasformato di un punto mediante una qualunque isometria.

Per esempio: 1) la rotazione di centro (1,2) e angolo 73° muta il punto (−1,3) nel punto di coordinate (−0.541,0.38); 2) un punto che sta sull'asse di riflessione è un punto fisso; 3) il centro di una rotazione è punto fisso.

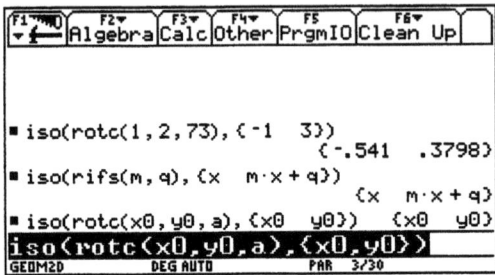

Abbiamo arricchito la nostra libreria con funzioni che prendono in ingresso i parametri che caratterizzano un'isometria, e forniscono in uscita la matrice dell'isometria. Con un po' di lavoro in più l'analisi mediante matrici può essere facilmente ampliata a omotetie, similitudini e affinità.

4. Geometria analitica dello spazio

Un lavoro analogo a quello svolto per la geometria analitica del piano può essere svolto per lo spazio tridimensionale. Anzi, in un certo senso nello spazio l'utilizzo di uno strumento automatico di calcolo diventa ancora più proficuo e didatticamente efficiente: in tre dimensioni i calcoli con carta e penna sono spesso scoraggianti per eccessiva laboriosità (si badi bene: laboriosità, non complessità). Se trovare il punto di intersezione fra due rette è comunque un esercizio utile con carta e penna, trovare il punto di intersezione fra tre piani può essere utile una, due volte. Dopodiché si può (si deve) volgere l'attenzione dello studente non tanto al calcolo simbolico, quanto all'implementazione automatica di quel calcolo.

L'argomento della geometria analitica dello spazio è stato per me particolarmente significativo, perché su questo argomento, in quarta liceo, ho svolto il primo compito in classe in cui gli studenti erano autorizzati a utilizzare la TI-92.
Il testo del compito è il seguente.

Si consideri l'ottaedro regolare in figura, che ha per vertici i centri delle facce del cubo.

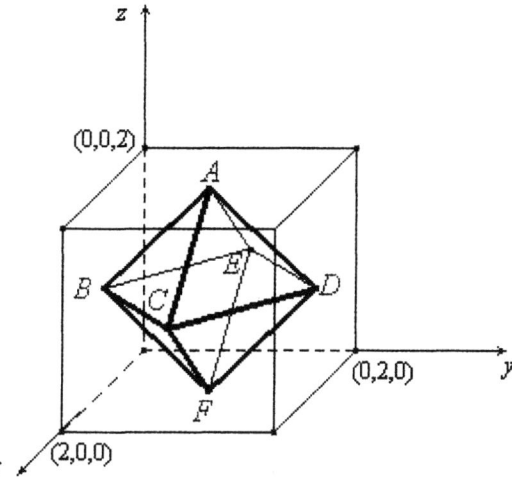

1. Calcolare l'ampiezza del diedro tra le facce *ABC* e *BCF*.
2. Calcolare l'ampiezza dell'angolo tra la retta *AC* e il piano *BCDE*.
3. Determinare la distanza tra le due rette sghembe *AB* e *CD*.

4. Determinare la proiezione di A sulla retta CF.
5. Determinare le intersezioni tra il piano ABC e il piano CDF.
6. Determinare il simmetrico di A rispetto al piano BCF.
7. Determinare l'equazione del piano che contiene la retta AB e che è perpendicolare al piano ACD.

Nella trattazione dell'argomento ha svolto un ruolo fondamentale lo strumento **vettore** e le operazioni con i vettori (somma, multiplo reale, prodotto scalare, prodotto vettoriale).

Nella geometria dello spazio svolta con metodi algebrici i due aspetti dell'apprendimento: realtà da rappresentare e modello matematico (spesso confusi nell'insegnamento tradizionale) sono nettamente distinti. I calcoli e le equazioni procedono in modo separato dall'immagine intuitiva degli oggetti. È sempre una piacevole avventura intellettuale osservare che alla fine di un procedimento (se non si sono commessi errori), i due aspetti concordano, i risultati hanno proprio la forma che ci si aspettava cercando di rappresentare nella propria mente il problema.

Anche in questa fase abbiamo rappresentato sulla TI-92 i **punti** mediante liste $\{x,y,z\}$, e i **vettori** mediante matrici $[x,y,z]$ ad una sola riga.

Abbiamo indicato il vettore di origine A e estremo B con la notazione $\underline{AB}$ (più semplice rispetto alla notazione dei fisici con la freccia); un vettore è stato anche indicato con le lettere minuscole in grassetto (**a**, **v**, ...).

La successione degli argomenti svolti è stata quella tradizionale.

4.1. Punti e vettori

Punto è una terna ordinata di numeri reali.
Vettore è una terna ordinata di numeri reali: dati due punti $A(x_1, y_1, z_1)$ e $B(x_2, y_2, z_2)$ il vettore $\underline{AB}$ ha componenti $[x_2 - x_1, y_2 - y_1, z_2 - z_1]$.

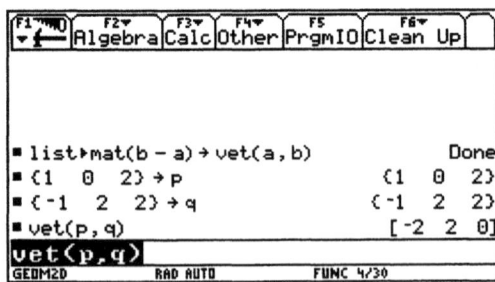

Parallelismo tra vettori: **a**//**b** se e solo se esiste $k \in \mathbf{R}$ tale che **a** = k**b**.

4.2. Rette

Retta per un punto A avente la direzione del vettore **v** è il luogo dei punti P tali che $\underline{AP} = k\mathbf{v}$.

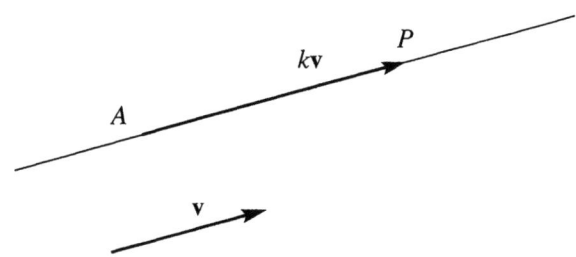

Se A è il punto fissato di coordinate (x_0, y_0, z_0), P è il generico punto dello spazio (x, y, z), e **v** è il vettore di componenti $[a, b, c]$, allora P appartiene alla retta per A parallela a **v** se e solo se il vettore $\underline{AP}$ è un multiplo del vettore **v**:

$$\underline{AP} = k\mathbf{v}$$

$$[x - x_0, y - y_0, z - z_0] = k[a, b, c]$$

$$[x - x_0, y - y_0, z - z_0] = [ka, kb, kc]$$

da cui otteniamo le equazioni parametriche della retta AP.

$$\begin{cases} x = x_0 + ak \\ y = y_0 + bk \\ z = z_0 + ck. \end{cases}$$

Una retta nello spazio ha dunque equazioni parametriche e non cartesiane; la struttura dati che meglio si presta a rappresentare una retta è dunque una lista a tre componenti che dipendono linearmente da un parametro.

Ecco la semplicissima funzione `retta3d` che prende in ingresso un punto, un vettore (oppure due punti: il comando `getType` provvede a questo caso) e la variabile che funge da parametro, e restituisce la lista $\{x,y,z\}$.

```
retta3d(a,v,var)
Func
If getType(v)="LIST" Then
a+var*(v-a)
Else
a+var*mat▶list(v)
EndIf
EndFunc
```

Ecco la sintassi.

```
┌─────┬──────┬────┬─────┬──────┬────────┐
│ F1▼ │ F2▼  │ F3▼│ F4▼ │  F5  │   F6▼  │
│  ▼  │Algebra│Calc│Other│PrgmIO│Clean Up│
└─────┴──────┴────┴─────┴──────┴────────┘

■ p                        {1   0   2}
■ q                        {-1  2   2}
■ vet(p,q) → v             [-2  2   0]
■ retta3d(p,q,k)           {1-2·k   2·k   2}
■ retta3d(p,v,t)           {1-2·t   2·t   2}
retta3d(p,v,t)
GEOM3D       RAD AUTO       FUNC 5/30
```

Calcoliamo, in riferimento al testo del compito in classe, le equazioni parametriche delle rette AB e CD.

```
┌─────┬──────┬────┬─────┬──────┬────────┐
│ F1▼ │ F2▼  │ F3▼│ F4▼ │  F5  │   F6▼  │
│  ▼  │Algebra│Calc│Other│PrgmIO│Clean Up│
└─────┴──────┴────┴─────┴──────┴────────┘

■ {1  1  2} → a            {1  1  2}
■ {1  0  1} → b            {1  0  1}
■ {2  1  1} → c            {2  1  1}
■ {1  2  1} → d            {1  2  1}
■ retta3d(a,b,t)           {1   1-t   2-t}
■ retta3d(c,d,k)           {2-k   k+1   1}
retta3d(c,d,k)
GEOM3D       RAD AUTO       PAR 6/30
```

4.3. Piani

Non è necessario il concetto di perpendicolarità per definire un piano per tre punti A, B, C distinti e non allineati: esso è il luogo dei punti P tale che il vettore $\underline{AP}$ si possa esprimere come combinazione lineare dei vettori $\underline{AB}$ e $\underline{AC}$:

$$\underline{AP} = h\,\underline{AB} + k\underline{AC}.$$

In uno spazio affine un piano è dunque identificato da tre equazioni parametriche dipendenti linearmente da due parametri; risolvendo rispetto ai due parametri si giunge ad una equazione lineare in x, y, z: l'equazione cartesiana del piano. Si giunge allo stessa equazione più semplicemente sfruttando il prodotto scalare e il prodotto vettoriale.

Il prodotto vettoriale (in inglese "crossproduct", il comando con la TI-92 è crossP) tra $\underline{AB}$ e $\underline{AC}$ dà un vettore **n** normale al piano:

$$\underline{AB} \times \underline{AC} = \mathbf{n}.$$

Il piano è il luogo dei punti $P(x,y,z)$ tali che $\underline{AP}$ è ortogonale a **n**.

Geometria analitica dello spazio 61

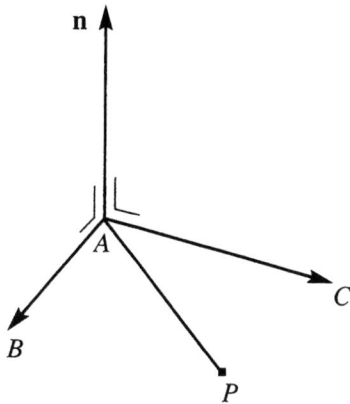

Poiché il prodotto scalare (in inglese "dotproduct", il comando con la TI-92 è dotP) tra due vettori non nulli è nullo se e solo se i due vettori sono ortogonali, l'equazione

$$\underline{AP} \cdot \mathbf{n} = 0$$

$$\underline{AP} \cdot (\underline{AB} \times \underline{AC}) = 0$$

è la condizione algebrica di appartenenza di P al piano ABC, ed è dunque l'equazione cartesiana del piano. La funzione piano3p è semplice (addirittura una sola riga!); prende in ingresso tre punti e restituisce l'equazione cartesiana.

```
piano3p(a,b,c)
Func
dotP({x,y,z}-a,crossP(b-a,c-a))=0
EndFunc
```

È facile modificare opportunamente il programma per ottenere l'equazione di un piano dato un punto e un vettore normale.

```
pianopv(p,v)
Func
dotP([x,y,z]-list▶mat(p),v)=0
EndFunc
```

Calcoliamo, sempre in riferimento al testo del compito in classe, le equazioni dei piani ABC e CDF.

```
┌─────────────────────────────────────────┐
│ F1▼  F2▼   F3▼  F4▼   F5     F6▼       │
│ ▼ ┌─ Algebra Calc Other PrgmIO Clean Up │
│ ■{2   1   1}→c              {2   1   1}│
│ ■{1   2   1}→d              {1   2   1}│
│ ■retta3d(a,b,t)          {1  1-t  2-t} │
│ ■retta3d(c,d,k)          {2-k  k+1  1} │
│ ■{0   1   1}→e              {0   1   1}│
│ ■{1   1   0}→f              {1   1   0}│
│ ■piano(a,b,c)            x-y+z-2=0     │
│ ■piano(c,d,f)            -x-y+z+2=0    │
│ piano(c,d,f)                            │
│ GEOM3D       RAD AUTO      PAR 10/30   │
└─────────────────────────────────────────┘
```

I coefficienti delle variabili x, y, z costituiscono le componenti di un vettore normale al piano: il piano *ABC* ha vettore normale **n** = [1,–1,–1], il piano *CDF* ha vettore normale **m** = [–1,–1,1]. I due piani non sono paralleli, dato che **n** e **m** non sono uno multiplo dell'altro.

4.4. Intersezioni

Intersezioni tra rette, tra rette e piani, tra piani. Si tratta di un argomento molto importante. Forse per la prima volta uno studente vede un contesto significativo in cui risolvere un sistema di 3 equazioni in 2 incognite (intersezione di due rette), oppure un sistema di 2 equazioni in 3 incognite (intersezione di due piani); secondo me si tratta di un argomento molto utile per chi proseguirà gli studi in ambito scientifico e non solo (Economia, Psicologia, ...), dato che ormai (giustamente) alcuni elementi di Algebra Lineare sono presenti praticamente in tutti i corsi di laurea a indirizzo scientifico. In gran parte dei casi il ragionamento da svolgere è intuitivo, e gli studenti arrivano da soli a impostare i problemi di intersezione. Per esempio nella determinazione dell'intersezione retta-piano a tutti viene in mente di sostituire le componenti della retta nelle corrispondenti variabili x, y, z del piano; occorre invece spesso l'intervento dell'insegnante nell'interpretazione delle soluzioni. Per intersecare i piani *ABC* e *CDF* già trovati (che non sono paralleli) risolviamo il sistema delle due equazioni rispetto alle variabili x e y mediante il comando solve.

```
┌─────────────────────────────────────────┐
│ F1▼  F2▼   F3▼  F4▼   F5     F6▼       │
│ ▼ ┌─ Algebra Calc Other PrgmIO Clean Up │
│ ■retta3d(a,b,t)          {1  1-t  2-t} │
│ ■retta3d(c,d,k)          {2-k  k+1  1} │
│ ■{0   1   1}→e              {0   1   1}│
│ ■{1   1   0}→f              {1   1   0}│
│ ■piano(a,b,c)            x-y+z-2=0     │
│ ■piano(c,d,f)            -x-y+z+2=0    │
│ ■solve(x-y+z-2=0 and -x-y+z+2=0▶       │
│                          x=2 and y=z   │
│ ...z-2=0 and -x-y+z+2=0,{x,y})         │
│ GEOM3D       RAD AUTO      PAR 11/30   │
└─────────────────────────────────────────┘
```

La variabile z funge da parametro: l'intersezione tra i due piani è la retta $\{2, t, t\}$.

Per l'intersezione fra tre piani possiamo usare il comando

```
simult(m,v)
```

in cui m è la matrice dei coefficienti del sistema delle tre equazioni, e v è il vettore colonna dei termini noti.

Per l'intersezione tra una retta e un piano è sufficiente sostituire alle variabili nelle equazioni del piano le componenti della retta.

4.5. Distanze

Uno degli esercizi più interessanti è la ricerca della distanza tra due rette sghembe. Vediamo l'esercizio del compito in classe, che chiede di determinare la distanza tra le rette $AB = \{1, 1-t, 2-t\}$ e $CD = \{2-k, k+1, 1\}$. Tra i vari metodi che si possono applicare, quello che riscuote maggior successo è il seguente: si considera il vettore *PQ* individuato da un generico punto P di AB e un generico punto Q di CD.

```
┌F1──┐┌F2─┐┌F3─┐┌F4─┐┌F5──┐┌F6───┐
│▼ ├ │Algebra│Calc│Other│PrgmIO│Clean Up│
■ {0   1   1}→e             {0   1   1}
■ {1   1   0}→f             {1   1   0}
■ piano(a,b,c)           x - y + z - 2 = 0
■ piano(c,d,f)          -x - y + z + 2 = 0
■ solve(x - y + z - 2 = 0 and -x - y + z + 2 = 0▶
                              x = 2  and  y = z
■ retta3d(a,b,t) - retta3d(c,d,k)
                         {k - 1   -t - k   1 - t}
retta3d(a,b,t)-retta3d(c,d,k)
GEOM3D        RAD AUTO        PAR 12/30
```

Si ottiene il generico vettore $[k-1, -t-k, 1-t]$; la TI-92 esegue il prodotto scalare anche su liste, perciò imponiamo che $\{k-1, -t-k, 1-t\}$ sia ortogonale sia ad *AB* che a *CD*.

```
┌F1──┐┌F2─┐┌F3─┐┌F4─┐┌F5──┐┌F6───┐
│▼ ├ │Algebra│Calc│Other│PrgmIO│Clean Up│
■ solve(x - y + z - 2 = 0 and -x - y + z + 2 = 0▶
                              x = 2  and  y = z
■ retta3d(a,b,t) - retta3d(c,d,k)
                         {k - 1   -t - k   1 - t}
■ dotP({k - 1   -t - k   1 - t}, b - a) = 0
                              2·t + k - 1 = 0
■ dotP({k - 1   -t - k   1 - t}, d - c) = 0
                              -t - 2·k + 1 = 0
dotp({k-1,-t-k,1-t},d-c)=0
GEOM3D        RAD AUTO        PAR 14/30
```

Risolviamo il sistema delle due equazioni così ottenute

$$\begin{cases} 2t + k = 1 \\ -t - 2k = -1 \end{cases}$$

e sostituiamo i valori di t e k nelle equazioni parametriche delle rette AB e CD, trovando le coordinate di P e Q.

64   M. Impedovo

```
F1    F2     F3    F4    F5      F6
  Algebra Calc Other PrgmIO Clean Up
■ dotP({k-1  -t-k  1-t},b-a)=0
                    2·t+k-1=0
■ dotP({k-1  -t-k  1-t},d-c)=0
                    -t-2·k+1=0
■ solve(2·t+k-1=0 and -t-2·k+1=0,▶
                    t=1/3 and k=1/3
■ retta3d(a,b,1/3)    {1   2/3  5/3}
■ retta3d(c,d,1/3)    {5/3  4/3  1}
retta3d(c,d,1/3)
GEOM3D      RAD AUTO      PAR 17/30
```

Finalmente calcoliamo la distanza tra P e Q mediante il comando predefinito norm(v) (che calcola la norma di un vettore) dopo aver trasformato in vettore la lista $Q–P$.

```
F1    F2     F3    F4    F5      F6
  Algebra Calc Other PrgmIO Clean Up
                    t=1/3 and k=1/3
■ retta3d(a,b,1/3)    {1   2/3  5/3}
■ retta3d(c,d,1/3)    {5/3  4/3  1}
■ {5/3  4/3  1}-{1  2/3  5/3}
                {2/3  2/3  -2/3}
■ norm(list▶mat({2/3  2/3  -2/3}))
                      2·√3
                      ────
                       3
norm(list▶mat(ans(1)))
GEOM3D      RAD AUTO      PAR 19/30
```

4.6. Angoli

Forse è proprio nell'ambiente dell'algebra lineare che trova spazio la definizione più convincente di angolo: l'angolo tra due vettori (non nulli) è sempre ben definito, è sempre compreso tra 0 e π (estremi inclusi), è chiaro da visualizzare, è semplice determinarne l'ampiezza.

L'angolo tra due rette è l'angolo tra i due vettori direzione (a essere precisi è uno dei due angoli, l'altro è il supplementare), l'angolo tra due piani è l'angolo tra i due vettori normali (idem), l'angolo tra una retta e un piano (sempre compreso tra 0 e $\pi/2$) è il complementare dell'angolo tra il vettore direzione della retta e il vettore normale del piano (idem).

La definizione di *misura* dell'angolo (**a**,**b**) tra due vettori è, come abbiamo già visto nel piano, una immediata conseguenza dell'operazione di prodotto scalare di vettori. Poiché

$$\mathbf{a} \cdot \mathbf{b} = \|\mathbf{a}\| \|\mathbf{b}\| \cos(\mathbf{a},\mathbf{b})$$

Geometria analitica dello spazio

ne consegue

$$\cos(\mathbf{a},\mathbf{b}) = \frac{\mathbf{a}\cdot\mathbf{b}}{\|\mathbf{a}\|\|\mathbf{b}\|}$$

e quindi

$$\text{angolo}(\mathbf{a},\mathbf{b}) = \cos^{-1}\frac{\mathbf{a}\cdot\mathbf{b}}{\|\mathbf{a}\|\|\mathbf{b}\|}.$$

Implementiamo la funzione `angolo`.

```
angolo(a,b)
Func
approx(cos⁻¹(dotP(a,b)/(norm(a)*norm(b))))
EndFunc
```

Utilizziamola per calcolare, come richiesto dal compito in classe, l'ampiezza del diedro tra le facce *ABC* e *BCF*. Impostiamo la calcolatrice in DEG anziché in RAD.

```
F1   F2   F3   F4   F5   F6
   Algebra Calc Other PrgmIO Clean Up

■ piano(a,b,c)              x − y + z − 2 = 0
■ piano(b,c,f)              ⁻x + y + z = 0
■ angolo([1  ⁻1  1],[⁻1  1  1])    109.471
angolo([1,⁻1,1],[⁻1,1,1])
GEOM3D      DEG AUTO       PAR   3/30
```

L'angolo richiesto misura circa 109°.

Un vettore direzione della retta *AC* è il vettore <u>CA</u> = [−1,0,1], il vettore normale del piano *BCDE* (non occorrono calcoli, basta guardare la figura!) è **n** = [0,0,1].

```
F1   F2   F3   F4   F5   F6
   Algebra Calc Other PrgmIO Clean Up

■ piano(a,b,c)              x − y + z − 2 = 0
■ piano(b,c,f)              ⁻x + y + z = 0
■ angolo([1  ⁻1  1],[⁻1  1  1])    109.471
■ angolo([1  0  ⁻1],[0  0  1])        135.
angolo([1,0,⁻1],[0,0,1])
GEOM3D      DEG AUTO       PAR   4/30
```

Quindi l'angolo tra la retta *AC* e il piano *BCDE* misura 45°.

5. Isometrie e matrici nello spazio

Molte delle considerazioni che abbiamo svolto per le isometrie nel piano possono essere generalizzate allo spazio tridimensionale.

In particolare, così come nel piano una isometria è pienamente caratterizzata da una matrice 3×3, nello spazio una isometria sarà rappresentata da una matrice 4×4, la cui ultima riga è il vettore [0,0,0,1].

Nello spazio tuttavia mutano in modo significativo i concetti di isometria *diretta* e *inversa*: per esempio la simmetria centrale, che nel piano è una isometria diretta, nello spazio è inversa. La riflessione rispetto ad una retta, che nel piano è una isometria inversa, nello spazio è una isometria diretta.

La generica trasformazione lineare che muta il punto $P(x,y,z)$ dello spazio nel punto $P'(x',y',z')$ è caratterizzata dalle equazioni:

$$\begin{cases} x' = a_1 x + b_1 y + c_1 z + d_1 \\ y' = a_2 x + b_2 y + c_2 z + d_2 \\ z' = a_3 x + b_3 y + c_3 z + d_3 \end{cases}$$

che si possono esprimere nella forma più compatta:

$$\begin{bmatrix} x' \\ y' \\ z' \end{bmatrix} + \begin{bmatrix} a_1 & b_1 & c_1 \\ a_2 & b_2 & c_2 \\ a_3 & b_3 & c_3 \end{bmatrix} \begin{bmatrix} x \\ y \\ z \end{bmatrix} + \begin{bmatrix} d_1 \\ d_2 \\ d_3 \end{bmatrix}$$

cioè (come nel piano)

$$\mathbf{v'} = \mathbf{M}\,\mathbf{v} + \mathbf{t}.$$

Analogamente a quanto accade nel piano, tale trasformazione è una applicazione biunivoca se e solo se è diverso da 0 il determinante della matrice **M**.

Il vettore $\mathbf{t} = [d_1, d_2, d_3]$ rappresenta la traslazione associata alla trasformazione. A meno della traslazione **t** una trasformazione geometrica nello spazio è dunque caratterizzata dalla matrice **M**, che lascia fissa l'origine.

5.1. Isometrie che lasciano fissa l'origine

Vogliamo ora caratterizzare, tra tutte le matrici, quelle che rappresentano una isometria. Sappiamo che la norma (o modulo) di un vettore $\mathbf{v} = [a,b,c]$ è il numero reale

$$\|\mathbf{v}\| = \sqrt{\mathbf{v}\cdot\mathbf{v}} = \sqrt{a^2 + b^2 + c^2}.$$

Inoltre, come accade nel piano, i versori degli assi coordinati x, y, z

$$\mathbf{i} = [1,0,0],\ \mathbf{j} = [0,1,0],\ \mathbf{k} = [0,0,1]$$

vengono trasformati rispettivamente nei vettori colonna della matrice $\mathbf{M}$:

$$\mathbf{i'} = [a_1,a_2,a_3],\ \mathbf{j'} = [b_1,b_2,b_3],\ \mathbf{k'} = [c_1,c_2,c_3].$$

Questa osservazione ci permette di riconoscere facilmente le matrici di alcune semplici isometrie. Per esempio la matrice

$$\begin{bmatrix} 1 & 0 & 0 \\ 0 & 1 & 0 \\ 0 & 0 & -1 \end{bmatrix}$$

lascia fissi $\mathbf{i}$ e $\mathbf{j}$, e muta $\mathbf{k}$ in $-\mathbf{k}$: rappresenta dunque la riflessione rispetto al piano xy.

Affinché $\mathbf{M}$ rappresenti un'isometria, cioè conservi le lunghezze, deve risultare

$$\mathbf{i'}\cdot\mathbf{i'} = \mathbf{j'}\cdot\mathbf{j'} = \mathbf{k'}\cdot\mathbf{k'} = 1.$$

Inoltre, poiché un'isometria conserva gli angoli, e poiché $\mathbf{i}$, $\mathbf{j}$, $\mathbf{k}$ sono a due a due ortogonali, devono essere a due a due ortogonali anche $\mathbf{i'}$, $\mathbf{j'}$, $\mathbf{k'}$, cioè deve risultare

$$\mathbf{i'}\cdot\mathbf{j'} = \mathbf{j'}\cdot\mathbf{k'} = \mathbf{k'}\cdot\mathbf{i'} = 0.$$

In sintesi: indichiamo con $\mathbf{e}_1$, $\mathbf{e}_2$, $\mathbf{e}_3$ i tre vettori colonna di una matrice $\mathbf{M}$; $\mathbf{M}$ rappresenta una isometria se e solo se risulta

$$\mathbf{e}_i \cdot \mathbf{e}_j = \begin{cases} 1 & i = j \\ 0 & i \neq j \end{cases}$$

Una matrice che soddisfi tale condizione è detta *ortogonale*.

L'insieme delle matrici ortogonali è un gruppo non commutativo (rispetto al prodotto di matrici). Tale gruppo è isomorfo al gruppo delle isometrie dello spazio (rispetto alla composizione di applicazioni) che lasciano fissa l'origine.

Si dimostra che una matrice ortogonale ha determinante uguale a 1 oppure a -1: chiameremo rispettivamente *dirette* e *inverse* le relative isometrie.

La simmetria di centro O

La simmetria centrale rispetto all'origine muta il punto (x,y,z) nel punto $(-x,-y,-z)$, quindi è caratterizzata dalla matrice

$$\begin{bmatrix} -1 & 0 & 0 \\ 0 & -1 & 0 \\ 0 & 0 & -1 \end{bmatrix}.$$

Il determinante di tale matrice è -1: si tratta dunque di una isometria inversa, che muta l'orientamento. Nel piano se una figura F viene mutata in una figura F' mediante un'isometria inversa (per esempio una riflessione) allora non è possibile sovrapporre F e F' se non ribaltando una delle due; è necessario cioè uscire dal piano, e sfruttare la terza dimensione.

Nello spazio non esiste una possibilità analoga: in generale se una figura F si muta in una figura F' mediante una isometria inversa, allora F e F', nonostante siano isometriche, non sono sovrapponibili: non è possibile sfruttare una quarta dimensione per ribaltare una delle due. Per esempio, la piramide P di vertici

$$O(0,0,0), \ A(1,0,0), \ B(0,2,0), \ C(0,0,3),$$

mediante la simmetria di centro O si muta nella piramide P' di vertici

$$O(0,0,0), \ A'(-1,0,0), \ B'(0,-2,0), \ C'(0,0,-3).$$

Cerchiamo di manovrare nello spazio P' tentando di fare in modo che i suoi vertici coincidano con i vertici di P: possiamo fare in modo che lo spigolo OC' coincida con lo spigolo OC, e che gli spigoli OA' e OB' giacciano sugli assi x e y. Ma non possiamo far coincidere A con A' e B con B'.

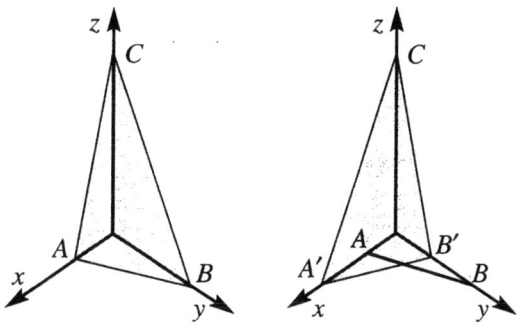

Rotazione intorno all'asse z

Nello spazio non ha significato una rotazione intorno ad un punto, bensì è definita la rotazione intorno ad una retta r: un punto P ruota, nel piano ortogonale a r, intorno al punto di intersezione tra r e il piano. Risulta molto semplice descrivere la rotazione di angolo α intorno all'asse z: infatti essa coincide con la rotazione intorno all'origine O nel piano xy. La matrice di tale rotazione è quindi la seguente:

$$\begin{bmatrix} \cos\alpha & -\sin\alpha & 0 \\ \sin\alpha & \cos\alpha & 0 \\ 0 & 0 & 1 \end{bmatrix}$$

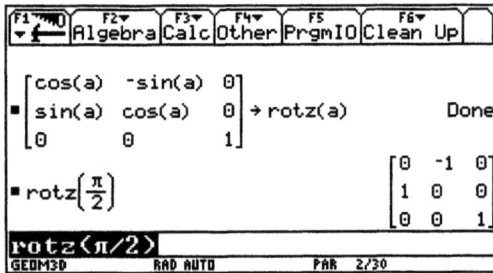

È necessaria tuttavia una precisazione. Nel piano il verso di rotazione intorno ad O è stabilito dal segno di α (antiorario se $\alpha > 0$); nello spazio è necessario stabilire quale sia il verso della retta r, quindi l'asse di rotazione deve essere una retta orientata. Si considerano allora positive le rotazioni destrorse rispetto a r.

Per esempio, nel piano xy una rotazione di $\pi/2$ intorno all'asse z (orientato secondo il vettore $\mathbf{k}$) muta il versore $\mathbf{i}$ nel versore $\mathbf{j}$, il versore $\mathbf{j}$ nel versore $-\mathbf{i}$, e lascia fisso il versore $\mathbf{k}$, quindi la matrice associata è

$$\begin{bmatrix} 0 & -1 & 0 \\ 1 & 0 & 0 \\ 0 & 0 & 1 \end{bmatrix},$$

mentre una rotazione di $-\pi/2$ muta $\mathbf{i}$ in $-\mathbf{j}$, e $\mathbf{j}$ in $\mathbf{i}$, e la matrice associata è

$$\begin{bmatrix} 0 & 1 & 0 \\ -1 & 0 & 0 \\ 0 & 0 & 1 \end{bmatrix}.$$

Rotazione intorno a una retta per l'origine

Ora dobbiamo compiere un passo decisivo, determinando la matrice di una rotazione di angolo α intorno a una retta r per l'origine O.

Innanzitutto supponiamo che la retta r sia descritta mediante un vettore direzione di r, $\mathbf{v} = [a,b,c]$; in questo modo è automaticamente definito anche il verso della retta r.

L'idea-chiave è la seguente: applichiamo l'isometria f che muti $\mathbf{v}$ nel vettore $\mathbf{v}'$ parallelo a $\mathbf{k}$, cioè $\mathbf{v}' = [0,0,\|\mathbf{v}\|]$, poi eseguiamo la rotazione ρ di angolo α intorno all'asse z (che conosciamo), e infine applichiamo l'isometria f^{-1} inversa della f.

L'isometria

$$f^{-1} * \rho * f$$

è la rotazione di angolo α intorno alla retta r.

In generale il vettore-direzione $\mathbf{v}$ di r non sarà un vettore di modulo 1. Risulta tuttavia assai semplice *normalizzare* $\mathbf{v}$: è sufficiente dividerlo per $\|\mathbf{v}\|$. Otteniamo così un versore $\mathbf{v}_n$ che ha la stessa direzione e verso di $\mathbf{v}$:

$$\mathbf{v}_n = \frac{1}{\|\mathbf{v}\|}[a,b,c] = \left[\frac{a}{\sqrt{a^2+b^2+c^2}}, \frac{b}{\sqrt{a^2+b^2+c^2}}, \frac{c}{\sqrt{a^2+b^2+c^2}}\right].$$

Ora dobbiamo determinare una coppia di versori $\mathbf{p}_n$ e $\mathbf{q}_n$ tali che la matrice che ha per colonne $\mathbf{p}_n$, $\mathbf{q}_n$, $\mathbf{v}_n$ sia ortogonale. Tale matrice, come sappiamo, rappresenta l'isometria che muta $\mathbf{i}$, $\mathbf{j}$, $\mathbf{k}$ in $\mathbf{p}_n$, $\mathbf{q}_n$, $\mathbf{v}_n$, e cioè l'isometria f^{-1} cercata:

$$\mathbf{i} \to \mathbf{p}_n \quad \mathbf{j} \to \mathbf{q}_n \quad \mathbf{k} \to \mathbf{v}_n.$$

L'inversa della matrice di f^{-1} sarà la matrice di f.

L'ultimo passo consiste dunque nel determinare $\mathbf{p}_n$ e $\mathbf{q}_n$.

Determiniamo innanzitutto un vettore $\mathbf{p}$ ortogonale a $\mathbf{v}_n$. Supponiamo che $\mathbf{v}_n$ non coincida con $\mathbf{i}$, $\mathbf{j}$, $\mathbf{k}$ (nel qual caso un vettore ortogonale si trova immediatamente).

In generale, un vettore ortogonale al vettore $[x,y,z]$ è per esempio il vettore

$$[yz, xz, -2xy];$$

infatti il prodotto scalare è nullo:

$$[x, y, z] \cdot [yz, xz, -2xy] = xyz + xyz - 2xyz = 0.$$

Quindi, noto $\mathbf{v}_n$, possiamo determinare un vettore $\mathbf{p}$ ortogonale ad esso: normalizzando quest'ultimo otteniamo il vettore $\mathbf{p}_n$.

L'ultimo passo: il vettore $\mathbf{q}_n$ si può determinare mediante l'operazione di prodotto vettoriale tra $\mathbf{v}_n$ e $\mathbf{p}_n$:

$$\mathbf{q}_n = \mathbf{v}_n \times \mathbf{p}_n.$$

Infatti il prodotto vettoriale di due versori tra loro ortogonali è un versore ortogonale ad entrambi, diretto in modo tale che $\mathbf{p}_n$, $\mathbf{q}_n$, $\mathbf{v}_n$ sia una terna destrorsa.

In definitiva, a partire dal vettore $\mathbf{v}$, abbiamo costruito una base ortonormale

$$\{\mathbf{p}_n, \mathbf{q}_n, \mathbf{v}_n\}.$$

La matrice $\mathbf{A}$ che ha come colonne i vettori $\mathbf{p}_n$, $\mathbf{q}_n$, $\mathbf{v}_n$ è la matrice di f^{-1}. L'inversa di questa, cioè la matrice trasposta $\mathbf{A}^T$, rappresenta f: si dimostra infatti che la matrice inversa di una matrice ortogonale è la sua trasposta.

Indicata con **M** la matrice della rotazione di angolo α intorno all'asse z, cioè

$$\mathbf{M} = \begin{bmatrix} \cos\alpha & -\sin\alpha & 0 \\ \sin\alpha & \cos\alpha & 0 \\ 0 & 0 & 1 \end{bmatrix}$$

la matrice della rotazione di angolo α intorno alla retta di vettore direzione **v** si ottiene dunque dal prodotto

$$\mathbf{A}\,\mathbf{M}\,\mathbf{A}^T.$$

Innanzitutto costruiamo la funzione ortog che, dato **v**, fornisce una matrice i cui vettori colonna costituiscono la base ortonormale $\{\mathbf{p}_n, \mathbf{q}_n, \mathbf{v}_n\}$.

```
ortog(v)
Func
Local m,m1,m2,m3
If v=[[1,0,0]] Then
[[0,1,0]]→m
ElseIf v=[[0,1,0]] Then
[[0,0,1]]→m
ElseIf v=[[0,0,1]] Then
[[1,0,0]]→m
Else
[[v[1,2]*v[1,3],v[1,3]*v[1,1],-2*v[1,1]*v[1,2]]]→m
m/(norm(m))→m
EndIf
(v/(norm(v)))T→m3
mT→m2
crossP(m2,m3)→m1
augment(augment(m1,m2),m3)
EndFunc
```

Per esempio, sia **v** = [1,2,2]. Costruiamo la relativa matrice ortogonale

e verifichiamo che la sua inversa coincide con la trasposta.

Isometrie e matrici nello spazio 73

```
┌F1─┐┌ F2 ┐┌ F3 ┐┌ F4 ┐┌ F5  ┐┌ F6 ┐
│▼ ┌│Algebra│Calc│Other│PrgmIO│Clean Up│
```

$$\bullet \text{ortog}([1\ 2\ 2]) \to m \quad \begin{bmatrix} 2/3 & 2/3 & 1/3 \\ -2/3 & 1/3 & 2/3 \\ 1/3 & -2/3 & 2/3 \end{bmatrix}$$

$$\bullet m \cdot m^T \quad \begin{bmatrix} 1 & 0 & 0 \\ 0 & 1 & 0 \\ 0 & 0 & 1 \end{bmatrix}$$

```
m*m^T
GEOM3D        RAD AUTO        FUNC 2/30
```

Ora abbiamo tutti gli strumenti per definire la funzione rot che prende in ingresso l'ampiezza α di un angolo e un vettore **v**, e fornisce la matrice 3×3 della rotazione di ampiezza α intorno alla retta per O avente vettore direzione **v**.

```
rot(a,v)
Func
Local g
ortog(v)→g
g*rotz(a)*g^(-1)
EndFunc
```

Svolgiamo subito un esempio: determinare la matrice della rotazione di π/2 intorno alla retta parallela al vettore **v** = [1,2,2].

```
┌F1─┐┌ F2 ┐┌ F3 ┐┌ F4 ┐┌ F5  ┐┌ F6 ┐
│▼ ┌│Algebra│Calc│Other│PrgmIO│Clean Up│
```

$$\bullet \text{rot}\left(\frac{\pi}{2}, [1\ 2\ 2]\right) \quad \begin{bmatrix} 1/9 & -4/9 & 8/9 \\ 8/9 & 4/9 & 1/9 \\ -4/9 & 7/9 & 4/9 \end{bmatrix}$$

```
rot(π/2,[1,2,2])
GEOM3D        RAD AUTO        PAR 1/30
```

Verifichiamo che il risultato sia giusto. Innanzitutto ogni punto della retta r di vettore direzione **v** = [1,2,2] è fisso. La retta r ha equazioni parametriche

$$\begin{cases} x = t \\ y = 2t \\ z = 2t \end{cases}$$

il che significa che il generico punto di r ha coordinate $(t, 2t, 2t)$. Allora se moltiplichiamo la matrice trovata per il vettore $t\mathbf{v} = [t, 2t, 2t]$ dovremmo ottenere ancora il vettore $t\mathbf{v}$.

```
┌F1─┐┌ F2▼ ┐┌ F3▼ ┐┌ F4▼ ┐┌   F5   ┐┌  F6▼  ┐
│▼ £││Algebra││Calc││Other││PrgmIO││Clean Up│
                              ⎡ 1/9   -4/9   8/9⎤
■ rot(π/2,[1  2  2])          ⎢ 8/9    4/9   1/9⎥
                              ⎣-4/9    7/9   4/9⎦
  ⎡ 1/9   -4/9   8/9⎤ ⎡ t ⎤     ⎡ t ⎤
■ ⎢ 8/9    4/9   1/9⎥·⎢2·t⎥     ⎢2·t⎥
  ⎣-4/9    7/9   4/9⎦ ⎣2·t⎦     ⎣2·t⎦
ans(1)*[t;2t;2t]
GEOM3D       RAD AUTO       PAR  2/30
```

Un'altra verifica: applicando la rotazione di π/2 per 4 volte dovremmo ottenere l'identità.

```
┌F1─┐┌ F2▼ ┐┌ F3▼ ┐┌ F4▼ ┐┌   F5   ┐┌  F6▼  ┐
│▼ £││Algebra││Calc││Other││PrgmIO││Clean Up│
                         ⎣-4/9   7/9   4/9⎦
  ⎡ 1/9   -4/9   8/9⎤ ⎡ t ⎤     ⎡ t ⎤
■ ⎢ 8/9    4/9   1/9⎥·⎢2·t⎥     ⎢2·t⎥
  ⎣-4/9    7/9   4/9⎦ ⎣2·t⎦     ⎣2·t⎦
                              ⎡1  0  0⎤
■ (rot(π/2,[1  2  2]))^4      ⎢0  1  0⎥
                              ⎣0  0  1⎦
rot(π/2,[1,2,2])^4
GEOM3D       RAD AUTO       PAR  3/30
```

Riflessione rispetto ad un piano per l'origine

Il metodo per ottenere la matrice della riflessione rispetto a un piano per l'origine è sostanzialmente analogo al metodo che abbiamo utilizzato per le rotazioni intorno ad una retta per l'origine.

Supponiamo che il piano α sia caratterizzato da un suo vettore normale **v**: come è noto, dato un vettore **v** = $\underline{OA}$ il luogo dei punti P dello spazio tali che $\underline{OP}$ è ortogonale a $\underline{OA}$ è un piano per O.

Come prima, costruiamo a partire dal vettore **v** una base ortonormale

$$\{\mathbf{p}_n, \mathbf{q}_n, \mathbf{v}_n\}$$

e la matrice **A** che ha tali vettori come vettori colonna: **A** = [$\mathbf{p}_n \; \mathbf{q}_n \; \mathbf{v}_n$].

A è la matrice dell'isometria f^{-1} che muta i versori della base canonica {**i,j,k**} nei versori {$\mathbf{p}_n,\mathbf{q}_n,\mathbf{v}_n$}. L'inversa (e quindi la trasposta) $\mathbf{A}^T$ di **A** è la matrice dell'isometria f che muta i versori della base {$\mathbf{p}_n,\mathbf{q}_n,\mathbf{v}_n$} nei versori della base canonica {**i,j,k**}.

Isometrie e matrici nello spazio 75

Sia ora rifxy la matrice della riflessione rispetto al piano *xy*:

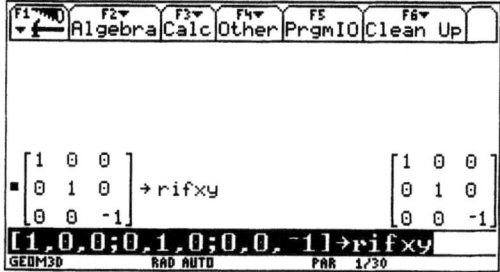

Allora la riflessione rispetto al piano di vettore normale **v** si può ottenere dal prodotto

$$f^{-1} * \mathrm{rifxy} * f$$

della isometria f, che muta **v** in un vettore **v'** parallelo al versore **k** dell'asse z, della riflessione rispetto al piano *xy*, e della isometria f^{-1} che fa tornare **v'** in **v**.

La matrice di una riflessione ha sempre determinante –1, cioè è una isometria inversa.

Ecco la funzione rif che prende un vettore **v** e restituisce la matrice della riflessione rispetto al piano avente **v** come vettore normale.

```
rif(v)
Func
Local g
ortog(v)→g
g*rifxy*g^(-1)
EndFunc
```

Un esempio: la matrice della riflessione rispetto al piano di vettore normale **v** = [1,1,0].

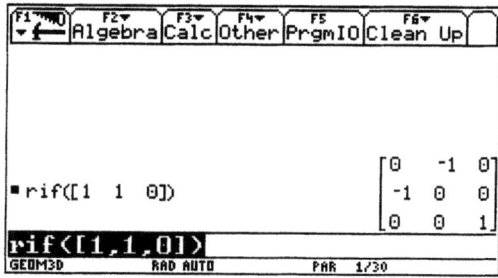

Anche per questo esempio possiamo effettuare qualche interessante verifica. Innanzitutto ogni riflessione, applicata due volte, dà l'identità.

Sappiamo che qualunque punto del piano di riflessione è fisso. Poiché il piano α è il luogo dei punti $P(x,y,z)$ tali che $\underline{OP}$ è ortogonale a $\mathbf{v} = [1,1,0]$, deve risultare

$$[x,y,z] \cdot [1,1,0] = 0$$

$$x+y = 0.$$

Il piano α è caratterizzato dall'equazione generale $x + y = 0$: un generico punto di α è $P(t,-t,z)$. Verifichiamo che esso è mutato in se stesso.

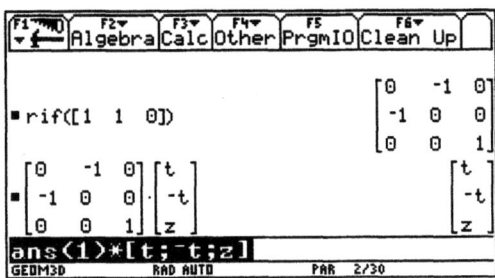

5.2. Isometrie e matrici 4×4

Abbiamo ora tutti gli strumenti per determinare la matrice di una qualunque isometria nello spazio.

Analogamente a quanto svolto nel piano, osserviamo che le equazioni

$$\begin{cases} x' = a_1 x + b_1 y + c_1 z + d_1 \\ y' = a_2 x + b_2 y + c_2 z + d_2 \\ z' = a_3 x + b_3 y + c_3 z + d_3 \end{cases}$$

possono essere rappresentate in forma più compatta da una sola matrice 4×4 nel seguente modo:

$$\begin{bmatrix} x' \\ y' \\ z' \\ 1 \end{bmatrix} = \begin{bmatrix} a_1 & b_1 & c_1 & d_1 \\ a_2 & b_2 & c_2 & d_2 \\ a_3 & b_3 & c_3 & d_3 \\ 0 & 0 & 0 & 1 \end{bmatrix} \begin{bmatrix} x \\ y \\ z \\ 1 \end{bmatrix}$$

La sottomatrice 3×3

$$\begin{bmatrix} a_1 & b_1 & c_1 \\ a_2 & b_2 & c_2 \\ a_3 & b_3 & c_3 \end{bmatrix}$$

è una matrice ortogonale; l'ultima riga della matrice della trasformazione è sempre costituita dal vettore [0,0,0,1], e l'ultima colonna è costituita dal vettore

$$[d_1, d_2, d_3, 1],$$

dove $[d_1, d_2, d_3]$ è il vettore della traslazione associata.

Un punto generico del piano viene indicato con una lista a 4 componenti, con la quarta componente sempre uguale a 1.

L'insieme di tali matrici è un gruppo (non abeliano) isomorfo al gruppo $\mathbf{M}_{iso3}$ delle isometrie dello spazio. Nel seguito confonderemo matrici e corrispondenti isometrie.

Vediamo ora alcuni tipi di isometrie molto importanti, perché mediante esse sarà possibile generare ogni isometria.

Simmetrie centrali e traslazioni

La matrice di una traslazione di vettore $[d_1, d_2, d_3]$ è naturalmente la matrice

$$\begin{bmatrix} 1 & 0 & 0 & d_1 \\ 0 & 1 & 0 & d_2 \\ 0 & 0 & 1 & d_3 \\ 0 & 0 & 0 & 1 \end{bmatrix}.$$

La composizione di due traslazioni è ancora una traslazione.

La simmetria centrale di centro $C(x_0, y_0, z_0)$, in modo analogo a quanto accade nel piano, è data dalla matrice

$$\begin{bmatrix} -1 & 0 & 0 & 2x_0 \\ 0 & -1 & 0 & 2y_0 \\ 0 & 0 & -1 & 2z_0 \\ 0 & 0 & 0 & 1 \end{bmatrix},$$

quindi (come nel piano) si ottiene dalla composizione della simmetria centrale rispetto all'origine O con la traslazione di vettore $[2x_0, 2y_0, 2z_0]$. Possiamo definire senza problemi le funzioni t r a e s i m.

```
┌F1─┐┌─F2─┐┌─F3─┐┌─F4─┐┌─F5──┐┌──F6──┐
│▼  ││Algebra│Calc│Other│PrgmIO│Clean Up│
```

```
   ⎡0  1  0  v[1,2]⎤
■  ⎢0  0  1  v[1,3]⎥  → tra(v)          Done
   ⎣0  0  0    1   ⎦
```

```
   ⎡-1  0   0  2·p[1]⎤
■  ⎢ 0 -1   0  2·p[2]⎥  → sim(p)         Done
   ⎢ 0  0  -1  2·p[3]⎥
   ⎣ 0  0   0    1   ⎦
```

`[[-1,0,0,2p[1]][0,-1,0,2p[2]]...`

Come accade nel piano, la composizione di due simmetrie centrali di centri $A(x_1,y_1,z_1)$ e $B(x_2,y_2,z_2)$ è una traslazione di vettore $2\underline{AB} = [x_2-x_1, y_2-y_1, z_2-z_1]$:

```
┌F1─┐┌─F2─┐┌─F3─┐┌─F4─┐┌─F5──┐┌──F6──┐
│▼  ││Algebra│Calc│Other│PrgmIO│Clean Up│
```

```
   ⎡ 0 -1   0  2·p[2]⎤
■  ⎢ 0  0  -1  2·p[3]⎥  → sim(p)         Done
   ⎣ 0  0   0    1   ⎦
```

```
                  ⎡1  0  0  2·q[1]-2·p[1]⎤
                  ⎢0  1  0  2·q[2]-2·p[2]⎥
■ sim(q)·sim(p)   ⎢0  0  1  2·q[3]-2·p[3]⎥
                  ⎣0  0  0        1      ⎦
```

`sim(q)*sim(p)`

A differenza di quanto accade nel piano però, la simmetria centrale è una isometria inversa (il determinante è –1); il prodotto di due simmetrie centrali è un'isometria diretta.

Rotazioni

Abbiamo già visto come caratterizzare le rotazioni intorno ad una retta per l'origine con una matrice 3×3. In vista di una generalizzazione a rette qualsiasi, definiamo la nuova funzione da3a4 che trasforma una matrice da dimensione 3×3 a dimensione 4×4. Il comando

$$\text{augment(m1,m2)}$$

aggiunge le colonne di m2 alle colonne di m1 (m1 e m2 devono avere lo stesso numero di righe), mentre il comando

$$\text{augment(m1;m2)}$$

aggiunge le righe di m2 alle righe di m1 (m1 e m2 devono avere lo stesso numero di colonne).

Isometrie e matrici nello spazio

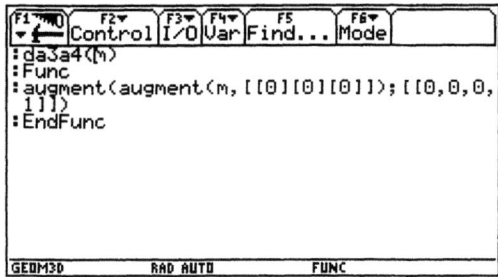

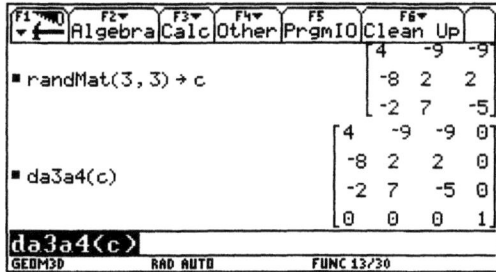

Possiamo ora facilmente modificare le funzioni ortog e rotz in modo che diano in uscita matrici 4×4 con l'ultima riga uguale a [0,0,0,1]: è sufficiente applicare la funzione da3a4 alla matrice di output.

```
ortog(v)
Func
Local m,m1,m2,m3
If v=[[1,0,0]] Then
[[0,1,0]]→m
ElseIf v=[[0,1,0]] Then
[[0,0,1]]→m
ElseIf v=[[0,0,1]] Then
[[1,0,0]]→m
Else
[[v[1,2]*v[1,3],v[1,3]*v[1,1],-2*v[1,1]*v[1,2]]]→m
m/(norm(m))→m
EndIf
(v/(norm(v)))T→m3
mT→m2
crossP(m2,m3)→m1
da3a4(augment(augment(m1,m2),m3))
EndFunc

rotz(a)
Func
da3a4([[cos(a),-sin(a),0][sin(a),cos(a),0][0,0,1]])
EndFunc
```

Ora la funzione rot dà in uscita una matrice 4×4.

```
F1▼  F2▼    F3▼  F4▼   F5      F6▼
 ▼  Algebra Calc Other PrgmIO Clean Up

                     ⎡ 0    -√2/2   √2/2   0 ⎤
■ rot(π/2,[0 1 1])   ⎢ √2/2  1/2    1/2    0 ⎥
                     ⎢-√2/2  1/2    1/2    0 ⎥
                     ⎣ 0     0      0      1 ⎦

rot(π/2,[0,1,1])
GEOM3D        RAD AUTO      FUNC 1/30
```

In questo modo un solo oggetto contiene tutte le informazioni necessarie per ottenere le coordinate del trasformato di un punto $P(x,y,z)$: è sufficiente moltiplicare la matrice 4×4 per il vettore colonna $[x,y,z,1]$. La funzione iso (del tutto analoga alla stessa funzione nel piano) ha questo scopo: prende una matrice m e un punto p e restituisce le coordinate del trasformato di p.

```
iso(m,p)
Func
Local p1
m*(augment(list▶mat(p),[[1]]))ᵀ→p1
left(mat▶list(p1),3)
EndFunc
```

Vediamo come la rotazione di π/2 intorno alla retta per l'origine di vettore direzione [1,1,0] trasforma un punto sull'asse z:

```
F1▼  F2▼    F3▼  F4▼   F5      F6▼
 ▼  Algebra Calc Other PrgmIO Clean Up

                       -√2/2   1/2   1/2   0
                       ⎣ 0     0     0     1⎦

■ iso(rot(π/2,[1 1 0]),{0 0 t})

                       {√2·t/2   -√2·t/2   0}

iso(rot(π/2,[1,1,0]),{0,0,t})
GEOM3D        RAD AUTO      FUNC 2/30
```

Per determinare la matrice di una rotazione rispetto ad un asse qualsiasi useremo il solito metodo della doppia traslazione.

Le rotazioni intorno ad una retta r qualsiasi, data mediante un punto $P(x_0,y_0,z_0) \in r$ e un vettore direzione $\mathbf{v} = [a,b,c]$ si ottengono come composizione della traslazione $\mathbf{T}$ di vettore

$$-\underline{OP} = [-x_0,-y_0,-z_0],$$

della rotazione intorno alla retta parallela a r passante per O, e della traslazione $-\mathbf{T}$ di vettore $\underline{OP} = [x_0,y_0,z_0]$.

Definiamo quindi la funzione rotr che prende in ingresso tre oggetti: l'ampiezza α dell'angolo di rotazione, il vettore **v** (a tre componenti), il punto P (una lista a tre componenti) e dà in uscita la corrispondente matrice.

```
rotr(a,p,v)
Func
tra(list▶mat(p)*rot(a,v)*tra(list▶mat(⁻p))
End func
```

Ecco per esempio la matrice della rotazione di angolo π intorno alla retta passante per $P(1,1,0)$ parallela all'asse z (il vettore direzione è **v** = [0,0,1] e le equazioni parametriche della retta sono quindi $\{1, 1, t\}$).

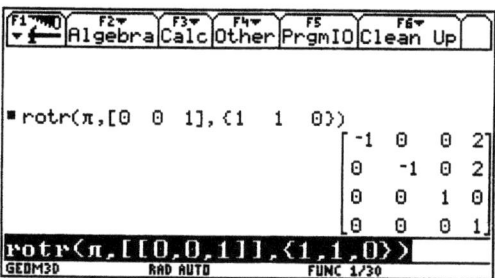

Come si vede, la rotazione richiesta si ottiene dalla composizione della rotazione di π intorno all'asse z con la traslazione di vettore [2,2,0].

Riflessioni

Siamo all'ultimo passo: con il metodo della doppia traslazione possiamo determinare la matrice di una riflessione rispetto ad un piano qualsiasi; il piano sarà individuato da un punto $P(x_0,y_0,z_0)$ che gli appartiene e da un vettore normale **v** = [a,b,c]: indicata con **T** la traslazione di vettore

$$-\underline{OP} = [-x_0,-y_0,-z_0]$$

e con **S** la riflessione rispetto al piano per l'origine di vettore normale **v** si ottiene che

$$-T*S*T$$

è la riflessione rispetto al piano.

La funzione rifp prende in ingresso un punto P e un vettore **v** e fornisce in uscita la matrice della riflessione rispetto al piano per P ortogonale a **v**.

```
rifp(p,v)
Func
tra(list▶mat(p))*rif(v)*tra(list▶mat(⁻p))
EndFunc
```

Utilizziamo quest'ultima funzione per determinare la matrice della riflessione rispetto al piano per $P(1,1,0)$ di vettore normale **v** = [1,1,1].

82 M. Impedovo

```
rifp({1  1  0},[1  1  1])
         ⎡ 1/3   -2/3  -2/3   4/3⎤
         ⎢-2/3   1/3   -2/3   4/3⎥
         ⎢-2/3  -2/3   1/3    4/3⎥
         ⎣  0     0     0      1 ⎦
```

Vogliamo ora verificare i seguenti ben noti risultati: la composizione di due riflessioni rispetto a piani paralleli è una traslazione (il cui vettore ha modulo pari al doppio della distanza tra i due piani, e la cui direzione è ortogonale ai due piani); la composizione di due riflessioni rispetto a piani incidenti è una rotazione intorno alla retta intersezione dei due piani.

Consideriamo per esempio i due piani paralleli di vettore normale [1,2,2], il primo passante per $A(1,1,0)$ e il secondo per $B(1,1,1)$. Le due matrici sono le seguenti.

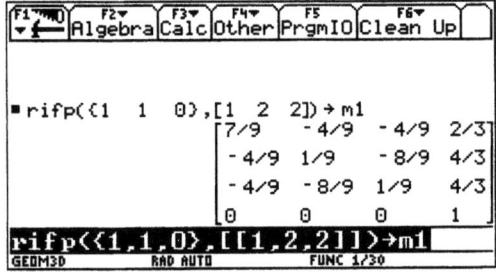

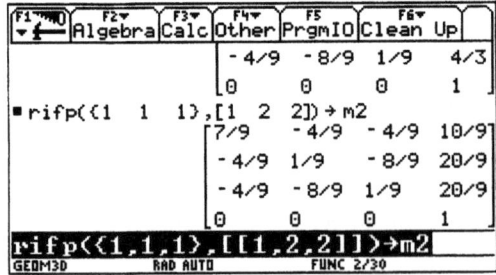

Come si può notare esse hanno la stessa sottomatrice ortogonale 3×3, e differente traslazione associata. Il loro prodotto (la seconda per la prima) dà una traslazione;

Isometrie e matrici nello spazio 83

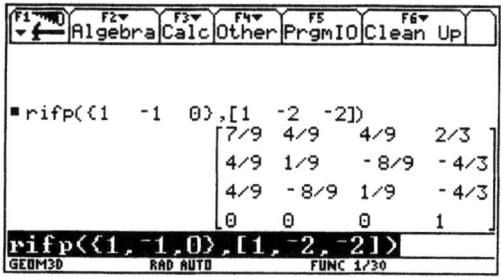

infatti la sottomatrice ortogonale è l'identità. Si verifica immediatamente che il vettore [4/9,8/9,8/9] è ortogonale ai due piani: infatti è parallelo al loro vettore normale [1,2,2]. Si può verificare che il vettore [4/9,8/9,8/9] ha per modulo il doppio della distanza tra i due piani.

Consideriamo ora il piano α per $A(1,-1,0)$ di vettore normale [1,-2,-2] e il piano β per $B(0,2,1)$ di vettore normale [2,-2,1]. Le matrici delle riflessioni rispetto a tali piani sono le seguenti:

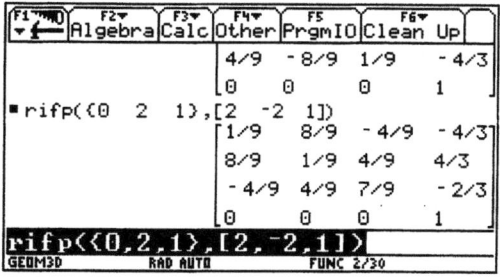

Il loro prodotto (la seconda matrice per la prima) dà la matrice

```
┌─────────────────────────────────────────────────────┐
│ F1▼  F2▼    F3▼   F4▼    F5      F6▼               │
│ ▼ ┴─ Algebra Calc Other PrgmIO Clean Up            │
│   ┌ 8/9   1/9   4/9   4/3 ┐┌ 4/9   1/9    -3  ┐    │
│ ■ │ -4/9  4/9   7/9  -2/3 ││ 4/9  -8/9   1/▶       │
│   └ 0     0     0     1   ┘└ 0     0     0   ┘    │
│        ┌ 23/81  44/81  -64/81  -50/27 ┐            │
│        │ 76/81  1/81    28/81   32/27 │            │
│        │ 16/81 -68/81  -41/81  -70/27 │            │
│        └ 0      0       0       1     ┘            │
│ ans(1)*ans(2)                                      │
│ GEOM3D         RAD AUTO        FUNC 3/30           │
└─────────────────────────────────────────────────────┘
```

Tale trasformazione è una rotazione intorno alla retta intersezione dei due piani. Dimostriamo che la retta r intersezione dei due piani rimane fissa; ricaviamo le equazioni dei due piani:

```
┌─────────────────────────────────────────────────────┐
│ F1▼  F2▼    F3▼   F4▼    F5      F6▼               │
│ ▼ ┴─ Algebra Calc Other PrgmIO Clean Up            │
│        ┌ 76/81  1/81    28/81   32/27 ┐            │
│        │ 16/81 -68/81  -41/81  -70/27 │            │
│        └ 0      0       0       1     ┘            │
│ ■ pianopv({1  -1  0},[1  -2  -2])                  │
│                    x - 2·y - 2·z - 3 = 0           │
│ ■ pianopv({0   2  1},[2  -2   1])                  │
│                    2·x - 2·y + z + 3 = 0           │
│ pianopv({0,2,1},[[2,-2,1]])                        │
│ GEOM3D         RAD AUTO        FUNC 5/30           │
└─────────────────────────────────────────────────────┘
```

Dal sistema delle due equazioni si ottengono le equazioni parametriche della retta r.

```
┌─────────────────────────────────────────────────────┐
│ F1▼  F2▼    F3▼   F4▼    F5      F6▼               │
│ ▼ ┴─ Algebra Calc Other PrgmIO Clean Up            │
│        └ 0      0       0       1     ┘            │
│ ■ pianopv({1  -1  0},[1  -2  -2])                  │
│                    x - 2·y - 2·z - 3 = 0           │
│ ■ pianopv({0   2  1},[2  -2   1])                  │
│                    2·x - 2·y + z + 3 = 0           │
│ ■ solve(2·x - 2·y + z + 3 = 0 and x - 2·y - 2▶     │
│                                    -(5·z + 9)      │
│           x = -3·(z + 2) and y = ─────────         │
│                                        2           │
│ ...lve(ans(1) and ans(2),{x,y})                    │
│ GEOM3D         RAD AUTO        FUNC 6/30           │
└─────────────────────────────────────────────────────┘
```

Risolvendo rispetto a x e y si ottiene x e y in funzione di z, che possiamo considerare come parametro. Le componenti della retta r (e quindi le coordinate del generico punto) sono dunque

$$\{-3t-6, -(5t+9)/2, t\}.$$

Vediamo cosa accade a tale generico punto di r.

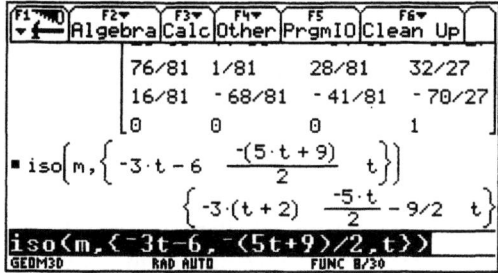

Rimane fisso, come ci aspettavamo. Dunque si tratta di una rotazione: è possibile provare che l'angolo di rotazione ha ampiezza doppia dell'angolo tra i due piani.

5.3. Classificazione delle isometrie nello spazio

Ricordiamo innanzitutto un notevole teorema che riguarda le riflessioni, del tutto analogo al corrispondente teorema del piano.

Teorema. Ogni isometria dello spazio è la composizione di al più 4 riflessioni. Se l'isometria ha un punto fisso allora si ottiene con al più 3 riflessioni.

Nel piano, come abbiamo visto, ogni isometria diretta è una traslazione oppure una rotazione (intorno ad un punto), e ogni isometria inversa è una riflessione (intorno a una retta) oppure una glissoriflessione.

Anche nello spazio è possibile classificare in modo semplice le isometrie.

Supponiamo che **M** sia la matrice di una isometria. La struttura di **M** è la seguente:

$$\begin{bmatrix} & & & \\ & A & & T \\ & & & \\ 0 & 0 & 0 & 1 \end{bmatrix}$$

dove

$$A = \begin{bmatrix} a_1 & b_1 & c_1 \\ a_2 & b_2 & c_2 \\ a_3 & b_3 & c_3 \end{bmatrix}$$

è una matrice ortogonale, e **T** è la traslazione associata all'isometria.

Concentriamo la nostra attenzione su **A**. Essa ha almeno un punto fisso, l'origine O, e per il teorema precedente si ottiene dalla composizione di al più tre riflessioni.

Poiché è una matrice ortogonale, il suo determinante è 1 oppure -1.

Se det(**A**) = 1 e **A** non è l'identità, allora **A** rappresenta una isometria diretta, quindi si ottiene dalla composizione di due riflessioni (tre riflessioni darebbero una isometria inversa) rispetto a due piani incidenti (passano per O). Il prodotto di due riflessioni rispetto a due piani incidenti è una rotazione rispetto alla retta intersezione dei due piani.

Concludendo:

Ogni isometria diretta è la composizione di una rotazione (eventualmente di angolo nullo, cioè l'identità) e di una traslazione (eventualmente di vettore nullo, cioè l'identità).

Se det(**A**) = –1, allora **A** rappresenta un'isometria inversa, quindi o è una riflessione oppure è il prodotto di tre riflessioni rispetto a piani passanti per O. Se moltiplichiamo **A** per la matrice della simmetria centrale **S** rispetto a O, otteniamo una isometria diretta che ha O come punto fisso, e quindi, per quanto detto prima è una rotazione **R**:

$$\mathbf{A} * \mathbf{S} = \mathbf{R}.$$

Ne consegue

$$\mathbf{A} = \mathbf{A} * \mathbf{S} * \mathbf{S} = \mathbf{R}\,\mathbf{S}$$

cioè l'isometria **A** si ottiene dal prodotto di una rotazione intorno a una retta per O per la simmetria centrale di centro O.

Concludendo:

Ogni isometria inversa è la composizione di una rotazione, di una simmetria centrale e di una traslazione (eventualmente di vettore nullo).

5.4. Autovalori e autovettori

Possiamo a questo punto invertire l'analisi e chiederci, data una matrice del gruppo $\mathbf{M}_{iso3}$ (cioè una matrice 4×4 con l'ultima riga [0,0,0,1] e tale che la sua sottomatrice 3×3 **A** sia ortogonale), quale isometria rappresenti. Come sempre saremo guidati, in questa analisi, dalla ricerca dei punti fissi dell'isometria.

Distinguiamo due casi.

Isometrie dirette

Consideriamo una matrice $\mathbf{M} \in \mathbf{M}_{iso3}$, con det(**M**) = 1, e sia **A** la sottomatrice ortogonale, e **T** la traslazione associata.

Se **A** è l'identità allora **M** coincide con la traslazione **T** (eventualmente di vettore nullo).

Altrimenti sappiamo che **A** rappresenta una rotazione, di angolo non nullo.
Di quale angolo?
Rispetto a quale asse?

Alla prima domanda possiamo rispondere facilmente, ricordando un notevole teorema che riguarda la **traccia** di una matrice **A**, cioè la somma degli elementi della diagonale principale, che indicheremo con tr(**A**): la traccia di una matrice è un invariante per trasformazioni lineari. Più precisamente:

Teorema. Se **B** è una qualunque matrice invertibile, allora

$$\text{tr}(\mathbf{A}) = \text{tr}(\mathbf{B}^{-1}\,\mathbf{A}\,\mathbf{B}).$$

Ora, la matrice di una rotazione **A** intorno alla retta di vettore direzione **v**, come abbiamo visto, si ottiene dal prodotto

$$\mathbf{B}\,\mathbf{M}\,\mathbf{B}^{-1}$$

dove **M** è la rotazione intorno all'asse z, e **B** è la matrice dell'isometria che muta la base **i,j,k** nella base $\mathbf{p}_n, \mathbf{q}_n, \mathbf{v}_n$, con $\mathbf{v}_n$ parallelo a **v**:

$$\mathbf{A} = \mathbf{B}\,\mathbf{M}\,\mathbf{B}^{-1}.$$

Quindi la traccia di **A** è uguale alla traccia di **M**, e poiché

$$\mathbf{M} = \begin{bmatrix} \cos\alpha & -\sin\alpha & 0 \\ \sin\alpha & \cos\alpha & 0 \\ 0 & 0 & 1 \end{bmatrix}$$

risulta

$$\text{tr}(\mathbf{A}) = 1 + 2\cos(\alpha).$$

L'angolo della rotazione è dato perciò dalla seguente relazione

$$\alpha = \arccos\frac{\text{tr}(\mathbf{A})-1}{2}.$$

Per quanto riguarda l'asse di rotazione, dobbiamo cercare i punti fissi dell'isometria, quindi risolvere il sistema

$$\mathbf{A}\begin{bmatrix} x \\ y \\ z \end{bmatrix} = \begin{bmatrix} x \\ y \\ z \end{bmatrix},$$

$$(\mathbf{A}-\mathbf{I})\begin{bmatrix} x \\ y \\ z \end{bmatrix} = \begin{bmatrix} 0 \\ 0 \\ 0 \end{bmatrix}.$$

dove **I** è la matrice identità di ordine 3.

In termini di algebra lineare, questo significa cercare gli autovettori corrispondenti all'autovalore 1 della matrice **A**. Un autovettore è in questo caso un vettore direzione dell'asse di rotazione. Come è noto l'insieme delle soluzioni dell'ultima equazione è un sottospazio vettoriale di $\mathbf{R}^3$: l'autospazio relativo all'autovalore 1. Nel nostro caso (**A** non è l'identità) è necessariamente un sottospazio di dimensione 1, cioè una retta per O.

Svolgiamo il seguente esempio. Consideriamo la matrice **M**:

```
■ m       ⎡  0     -3/5    4/5    2 ⎤
          ⎢ 3/5   16/25   12/25  -1 ⎥
          ⎢-4/5   12/25    9/25   0 ⎥
          ⎣  0      0       0     1 ⎦
```

È semplice verificare che si tratta di una matrice di $\mathbf{M}_{iso3}$. Ricaviamo la sottomatrice **A** mediante il comando subMat:

```
■ m                3/5    16/25   12/25  -1
                  -4/5    12/25    9/25   0
                    0       0       0     1
■ subMat(m,1,1,3,3) → a
                  ⎡  0    -3/5    4/5  ⎤
                  ⎢ 3/5   16/25  12/25 ⎥
                  ⎣-4/5   12/25   9/25 ⎦
submat(m,1,1,3,3)→a
```

A è ortogonale, con det(**A**) = 1,

```
■ m               -4/5   12/25    9/25   0
                    0      0       0     1
■ subMat(m,1,1,3,3) → a
                  ⎡  0    -3/5    4/5  ⎤
                  ⎢ 3/5   16/25  12/25 ⎥
                  ⎣-4/5   12/25   9/25 ⎦
■ det(a)                              1
det(a)
```

quindi rappresenta un'isometria diretta con almeno un punto fisso (l'origine), ed è perciò una rotazione.

Poiché tr(**A**) = 1, risulta

$$\alpha = \arccos(0) = \pi/2,$$

quindi l'angolo di rotazione ha ampiezza $\pi/2$.

Dobbiamo infine determinare l'asse di rotazione; poiché è una retta per l'origine un qualunque suo vettore direzione **v** viene mutato in se stesso dalla matrice **A**, cioè

$$\mathbf{A}\mathbf{v} = \mathbf{v}.$$

Ricordiamo ora le definizioni seguenti.

Un **autovettore** di una matrice (quadrata) **A** è un vettore (non nullo) **v** tale che $\mathbf{A}\mathbf{v} = k\mathbf{v}$ per qualche numero reale $k \neq 0$. Lo scalare k è chiamato **autovalore** di **A** corrispondente all'autovettore **v**.

Isometrie e matrici nello spazio   89

In definitiva **v** è un autovettore della matrice **A** se viene mutato in un vettore che ha la stessa direzione. Poiché stiamo trattando matrici che rappresentano isometrie (e quindi un vettore conserva il modulo) allora gli unici autovalori possono essere soltanto 1 e –1, cioè un vettore che conserva la direzione può mutarsi in se stesso oppure nel suo opposto. Nel caso di una rotazione (di angolo generico) un autovettore deve necessariamente avere la stessa direzione dell'asse di rotazione, e quindi viene mutato in se stesso.

Questo è equivalente ad affermare che la matrice **A** di una rotazione intorno ad una retta di vettore direzione **v** ammette come autovalore il numero reale 1, e come autovettore il vettore **v** (e qualunque suo multiplo reale).

Con la TI-92 è possibile calcolare (in forma approssimata) gli autovalori e gli autovettori di una matrice: si utilizzano i comandi eigVl e eigVc (*eigenvalue* e *eigenvector*).

Il comando eigVl prende in ingresso una matrice quadrata A e dà in uscita la lista degli autovalori di A (reali o complessi: è bene impostare MODE, Complex Format, Rectangular, in modo da non ricevere avere il messaggio d'errore Non real result).

Il comando eigVc prende in ingresso una matrice quadrata A e dà in uscita la matrice che ha per colonne gli autovettori **normalizzati** (di norma 1) di A, nello stesso ordine dei corrispondenti autovalori.

```
┌─F1──┐┌F2─┐┌F3─┐┌F4─┐┌─F5─┐┌─F6─┐
│ ▼ ┴ ││Algebra│Calc│Other│PrgmIO│Clean Up│
                        ⎡ 3/5    16/25   12/25 ⎤
                        ⎣-4/5    12/25    9/25 ⎦
■ det(a)                                      1
■ eigVl(a)                        {i   -i   1.}
                        ⎡ .707107   .707107   0.⎤
■ eigVc(a)              ⎢-.424264·i .424264·i .8⎥
                        ⎣ .565685·i -.565685·i .6⎦
├─────────────┤
│eigVc(a)     │
├─────────────┴──────────────────────────────────
│GEOM3D        RAD AUTO       FUNC 5/30
```

Come si vede la matrice **A** ammette il solo autovalore reale 1, al quale corrisponde l'autovettore [0,0.8,0.6]. Dunque l'asse di rotazione è la retta per *O* di vettore direzione (per esempio)

$$\mathbf{v} = [0,4,3].$$

Concludiamo che la matrice **M** rappresenta l'isometria diretta ottenuta mediante la composizione della rotazione di $\pi/2$ intorno alla retta per *O* di vettore direzione **v** = [0,4,3] con la traslazione di vettore [2,–1,0].

Cosa accade per una rotazione di π intorno ad una retta *r* per *O*? Oltre al vettore direzione di *r* che viene mutato in se stesso (autovalore 1), ci sono infiniti vettori che vengono mutati nei loro opposti (autovalore –1): tutti quelli che stanno nel piano ortogonale a *r*. Ma tra questi, trattandosi di un piano, non più di due sono linearmente indipendenti: ci aspettiamo quindi di ottenere due autovalori uguali a –1, e un autovalore uguale a 1.

Consideriamo per esempio la rotazione di π intorno alla retta per *O* di vettore direzione **v** = [1,2,2].

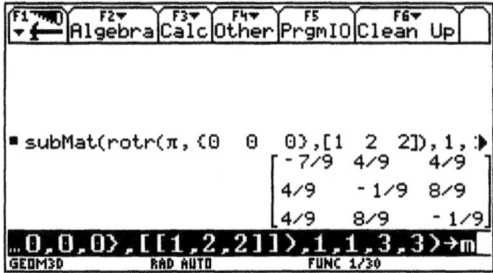

Calcoliamo autovalori e autovettori.

Come ci aspettavamo abbiamo due autovalori uguali a –1; i corrispondenti autovettori (le colonne 1 e 3) generano mediante combinazioni lineari il piano ortogonale al vettore [1,2,2]. L'autovalore 1 corrisponde al vettore [1,2,2].

Isometrie inverse

Consideriamo ora una matrice $\mathbf{M} \in \mathbf{M}_{iso3}$, con det($\mathbf{M}$) = –1, sia $\mathbf{A}$ la sottomatrice ortogonale, e $\mathbf{T}$ la traslazione associata.

Moltiplicando $\mathbf{A}$ per la matrice $\mathbf{S}$ della simmetria centrale rispetto all'origine otteniamo la matrice $\mathbf{A*S}$ che, come abbiamo visto, dà una rotazione. La matrice $\mathbf{M}$ rappresenta dunque la composizione di una rotazione intorno a una retta per O per la simmetria centrale rispetto a O per una traslazione.

In questo caso le soluzioni dell'equazione

$$(\mathbf{A}-\mathbf{I})\begin{bmatrix}x\\y\\z\end{bmatrix} = \begin{bmatrix}0\\0\\0\end{bmatrix}$$

costituiscono un sottospazio vettoriale di $\mathbf{R}^3$, di dimensione 0 oppure 2. Nel primo caso l'unico punto fisso è l'origine, e $\mathbf{A}$ si ottiene dal prodotto di 3 riflessioni. Nel secondo caso i punti fissi costituiscono un piano per l'origine, e $\mathbf{A}$ è la riflessione rispetto a tale piano.

Consideriamo la seguente matrice $\mathbf{M} \in \mathbf{M}_{iso3}$.

Isometrie e matrici nello spazio 91

La sottomatrice **A** è ortogonale con det(**A**) = −1.

Cerchiamo autovalori e autovettori di **A**.

La matrice **A** ammette gli autovalori −1 e 1 (doppio). Questo significa che c'è un vettore che viene trasformato nel suo opposto, e ci sono due vettori linearmente indipendenti che restano fissi: riconosciamo qui la riflessione rispetto ad un piano; il vettore che si muta nel suo opposto è quello ortogonale al piano di riflessione. La prima colonna della matrice degli autovettori dà la direzione di un vettore normale del piano.

Se cerchiamo i punti fissi di **M** otteniamo un sistema di tre equazioni equivalenti

$$\begin{cases} -x - 3y - 2z + 11 = 0 \\ -3x - 9y - 6z + 33 = 0 \\ -2x - 6y - 4z + 22 = 0. \end{cases}$$

Ciascuna di queste equazioni rappresenta il piano di riflessione. **M** è la matrice della riflessione rispetto al piano

$$x + 3y + 2z = 11.$$

5.5. Assonometria

Il problema di rappresentare su un piano (il foglio del disegno, chiamato *quadro*) le figure spaziali si presta in modo naturale ad essere trattato con strumenti informatici, ed è un interessante esempio di applicazione di algebra lineare alla geometria dello spazio.

Uno dei metodi di rappresentazione più semplici consiste nel proiettare i punti della figura da un centro all'infinito (*proiezione parallela*, o *assonometria*).
Tale proiezione, poiché il centro è un punto improprio, gode di una proprietà fondamentale: conserva il parallelismo. Si tratta quindi di una trasformazione lineare da $\mathbf{R}^3$ (l'insieme dei punti dello spazio) a $\mathbf{R}^2$ (l'insieme dei punti di un piano, il quadro).

Scegliamo il centro di proiezione in modo tale che il piano yz coincida con il piano del disegno (il quadro), e in modo che la proiezione dell'asse x formi un angolo di 45° con le proiezioni degli assi y e z, come nella figura seguente, in cui l'asse x sembra "bucare" il piano del foglio. Il punto $(1,0,0)$ di $\mathbf{R}^3$ è trasformato nel punto $(-1/2,-1/2)$ del quadro: la scelta del numero $1/2$ è arbitraria, ma usuale.

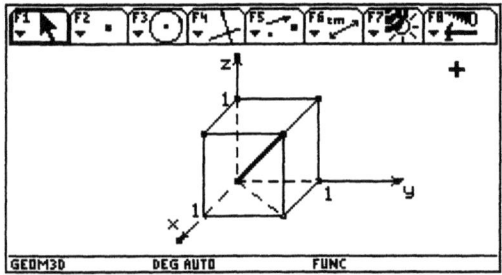

Questa rappresentazione è quella che viene più spesso utilizzata nella pratica di insegnamento e nei testi scolastici. Il centro di proiezione è in questo caso il punto improprio di coordinate omogenee $(2,1,1,0)$, e la direzione di proiezione è data dal vettore $\mathbf{v} = [2,1,1]$. Vogliamo determinare la funzione lineare da $\mathbf{R}^3$ a $\mathbf{R}^2$ che muta un punto (x,y,z) nel corrispondente punto (X,Y) della rappresentazione assonometrica sul quadro.

Indichiamo con $\mathbf{i}, \mathbf{j}, \mathbf{k}$ le proiezioni sul quadro dei versori fondamentali di $\mathbf{R}^3$, e con $\mathbf{I}, \mathbf{J}$ i versori fondamentali di $\mathbf{R}^2$.

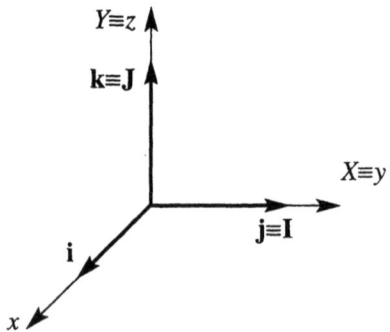

Esprimiamo ora **i**, **j**, **k** come combinazioni lineari di **I** e **J**:

$$\begin{cases} \mathbf{i} = -\dfrac{1}{2}\mathbf{I} - \dfrac{1}{2}\mathbf{J} \\ \mathbf{j} = \mathbf{I} \\ \mathbf{k} = \mathbf{J} \end{cases}$$

Sia $P(x, y, z)$ un punto generico, e sia O l'origine degli assi. Risulta

$$\underline{OP} = [x,y,z]$$

$$= x\mathbf{i} + y\mathbf{j} + z\mathbf{k}$$

$$= x\left(-\frac{1}{2}\mathbf{I} - \frac{1}{2}\mathbf{J}\right) + y\mathbf{I} + z\mathbf{J}$$

$$= \left(-\frac{1}{2}x + y\right)\mathbf{I} + \left(-\frac{1}{2}x + z\right)\mathbf{J}.$$

La trasformazione cercata è dunque la seguente:

$$(x,y,z) \to \left(-\frac{1}{2}x + y, -\frac{1}{2}x + z\right)$$

e in forma matriciale:

$$\begin{bmatrix} X \\ Y \end{bmatrix} = \begin{bmatrix} -\dfrac{1}{2} & 1 & 0 \\ -\dfrac{1}{2} & 0 & 1 \end{bmatrix} \begin{bmatrix} x \\ y \\ z \end{bmatrix}.$$

Possiamo concludere che l'assonometria è pienamente descritta dalla matrice

$$\mathbf{A} = \begin{bmatrix} -\dfrac{1}{2} & 1 & 0 \\ -\dfrac{1}{2} & 0 & 1 \end{bmatrix}.$$

Utilizziamo ora la matrice **A** per rappresentare qualche semplice curva nello spazio. Per esempio, come si disegna la circonferenza γ di centro O e raggio 1 del piano xy? Essa ha in $\mathbf{R}^3$ equazioni parametriche

$$\begin{cases} x = \cos(t) \\ y = \sin(t) \\ z = 0 \end{cases}$$

cioè è il luogo dei punti P tali che $\underline{OP} = [\cos(t),\sin(t),0]$. Moltiplichiamo la matrice **A** per il vettore $\underline{OP}$.

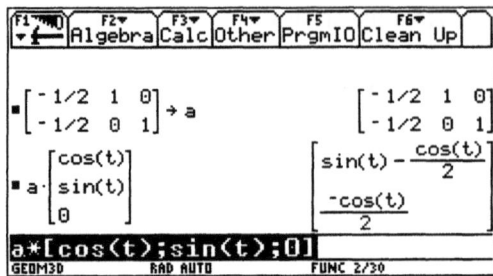

Otteniamo la curva di equazioni parametriche

$$\begin{cases} X = -\dfrac{1}{2}\cos(t) + \sin(t) \\ Y = -\dfrac{1}{2}\cos(t). \end{cases}$$

Eliminando il parametro t otteniamo l'equazione:

$$X^2 - 2XY + 5Y^2 - 1 = 0$$

Si tratta di una ellisse di centro $(0,0)$, compresa nel rettangolo

$$-\frac{\sqrt{5}}{2} \leq X \leq \frac{\sqrt{5}}{2} \qquad \text{e} \qquad -\frac{1}{2} \leq Y \leq \frac{1}{2},$$

e gli assi di simmetria sono le rette di coefficiente angolare

$$m_1 = -2 + \sqrt{5} \qquad \text{e} \qquad m_2 = +2 - \sqrt{5}.$$

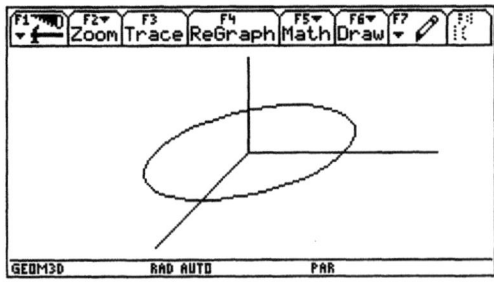

Come si vede, non è affatto banale rappresentare la circonferenza γ sul piano del foglio.

Possiamo divertirci a rappresentare qualunque curva nello spazio. Ecco per esempio l'elica cilindrica [$\cos(t)$, $t/5$, $\sin(t)$]:

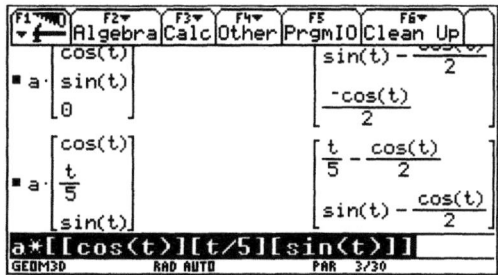

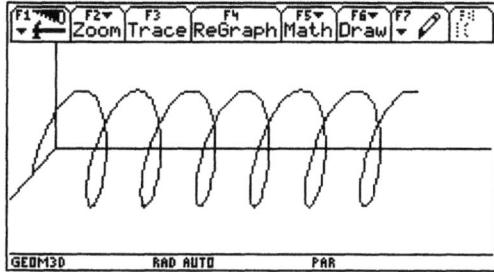

e la spirale [$t\cos(t), t\sin(t), t$].

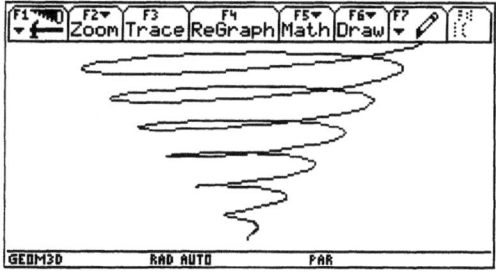

6. Colpire il bersaglio

Quello che segue è il resoconto di un'attività svolta in una classe terza liceo scientifico durante lo studio dei moti parabolici. Riassumiamo alcuni classici risultati.

Il moto parabolico di un proiettile lanciato con velocità iniziale v_0 e angolo di inclinazione α (quindi con vettore velocità iniziale $\mathbf{v}_0 = [v_0\cos(\alpha), v_0\sin(\alpha)]$), in assenza di attrito ha equazioni parametriche

$$\begin{cases} x = v_0 \cos(\alpha)t \\ y = v_0 \sin(\alpha)t - \dfrac{1}{2}gt^2 \end{cases}$$

dove g è l'accelerazione di gravità (circa 9.8 m/s² sulla superficie terrestre). Possiamo descrivere sinteticamente posizione e velocità del punto mediante i vettori **s** e **v**:

$$\mathbf{s} = [v_0 \cos(\alpha)\, t,\, v_0 \sin(\alpha)t - \frac{1}{2}gt^2]$$

$$\mathbf{v} = [v_0 \cos(\alpha),\, v_0 \sin(\alpha) - gt^2].$$

L'equazione cartesiana della traiettoria si ottiene dalle equazioni parametriche del moto eliminando il parametro t:

$$y = \tan(\alpha)x - \frac{g}{2v_0^2 \cos^2(\alpha)} x^2;$$

la *gittata* (la distanza orizzontale percorsa dal proiettile) è

$$l = \sin(2\alpha)\frac{v_0^2}{g}.$$

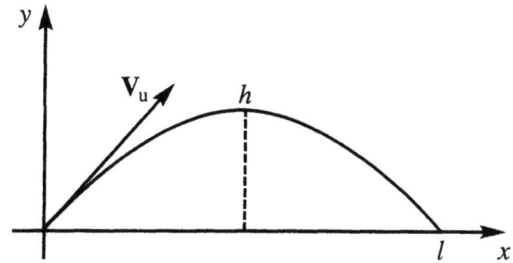

Come è noto si ha quindi un risultato notevole: a parità di velocità iniziale la gittata è massima per $\alpha = 45°$.

L'altezza massima raggiunta si ha quando la componente verticale della velocità è nulla, cioè all'istante

$$t = v_0 \sin(\alpha)/g$$

e vale

$$h = \frac{v_0^2 \sin^2(\alpha)}{2g}.$$

Con la TI-92 è possibile simulare moti fisici, mediante l'ambiente grafico Parametric.

Ecco un esempio: dopo aver scelto la modalità per i grafici, Mode, Graph, Parametric inseriamo in Y=Editor le funzioni

$$\begin{cases} xt1(t) = 40t \\ yt1(t) = 30t - 4.9t^2 \end{cases}$$

che simulano un moto parabolico con

$$\mathbf{v}_0 = [40,30], \ v_0 = 50 \text{ m/s}$$

$$\alpha = \arctan(0.75) \cong 37°.$$

Tale moto parabolico ha una gittata di circa 245 m; l'altezza massima è circa 46 m, raggiunta in circa 3 s.

Impostiamo la finestra WINDOW: tmin = 0, tmax = 6, tstep = 0.1 (si visualizza il moto per 6 secondi, con passo 0.1 s), xmin = 0, xmax = 250, xscl = 10, ymin = 0, ymax = 50, yscl = 10, e visualizziamo il grafico con F2, ZoomSqr (in modo che il sistema di riferimento risulti monometrico). Se impostiamo, dall'ambiente Y=Editor, F6 Path, si ottiene il grafico seguente, che mostra la traiettoria.

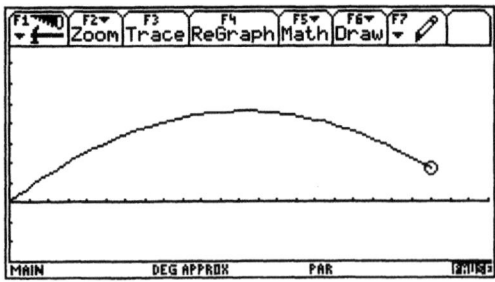

Con F6 Square si ottiene invece un grafico per punti, a intervalli regolari del parametro (cioè di tempo) pari al valore di tstep in Window; per esempio, con tstep = 0.5 si ottiene la posizione del moto ogni mezzo secondo (se, naturalmente, i coefficienti sono espressi nelle unità di misura opportune).

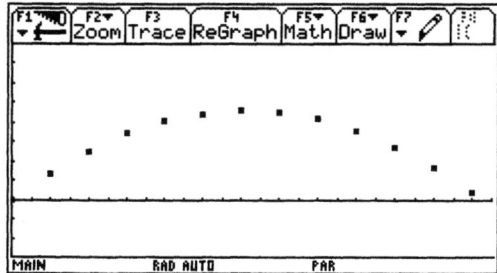

Il fatto che i punti siano più vicini in corrispondenza del vertice della parabola suggerisce che la velocità sia minima nel vertice.

È possibile visualizzare il fatto che la gittata massima si ha per 45°, e che angoli di elevazione complementari hanno la stessa gittata. Ecco per esempio, sempre con velocità iniziale 50 m/s, le traiettorie per angoli di elevazione di 15°, 30°, 45°, 60°, 75°.

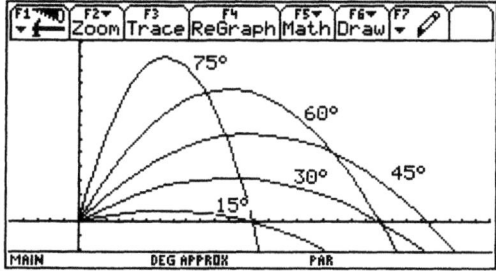

In modo analogo è possibile visualizzare moti parabolici con lo stesso angolo di elevazione, ma con diverse velocità iniziali.

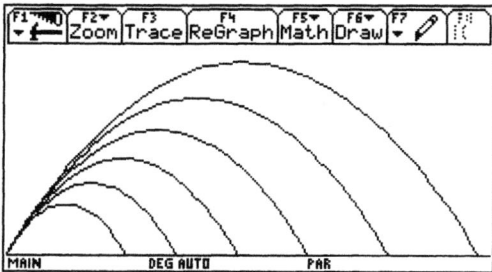

Uno studente ha sollevato ad un certo punto il seguente problema:

Supponiamo di voler colpire un bersaglio posto nel punto (x_0, y_0): quale velocità iniziale e quale angolo di elevazione occorre utilizzare?

Il problema naturalmente ammette infinite soluzioni. Supponiamo che il bersaglio sia nel primo quadrante; se indichiamo con β la coordinata angolare del bersaglio, $\beta = \arctan(y_0/x_0)$, per ogni angolo di elevazione $\alpha > \beta$ (e $\alpha < 90°$) esiste un'opportuna velocità iniziale per colpire il bersaglio.

Nel basket il canestro è ad un'altezza di 3 m e il tiro da tre punti si effettua a 6 m di distanza (orizzontale) dal canestro; per un cestista di altezza 2 m il problema è quello di colpire con la palla un bersaglio di coordinate (6,1) e quindi

$$\beta = \arctan(1/6) \cong 9.5°.$$

Qual è la velocità da imprimere alla palla se l'angolo di tiro è $\alpha = 30°$? Si può andare per tentativi: il grafico seguente è stato ottenuto con velocità iniziali 4, 6, 8, 10, 12 m/s. Come si vede, la velocità corretta è quasi 10 m/s.

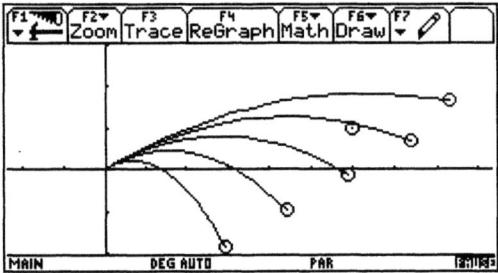

Invece con $\alpha = 45°$ la velocità corretta è poco più di 8 m/s.

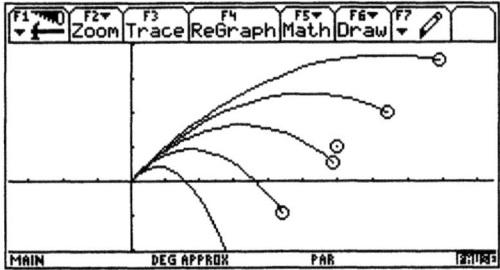

A questo punto è sorta spontanea la domanda: qual è l'angolo di tiro "migliore", cioè:

Per quale angolo α si ha la minima velocità iniziale?

Gli studenti si sono messi a fare esperimenti, con bersagli in punti differenti, cercando di colpirli con tentativi a casaccio: è interessante notare che nessuno, inizialmente, ha adottato un approccio teorico, analizzando e manipolando le formule a disposizione. Di fronte ad un problema ancora grezzo, l'istinto degli alunni (e forse anche quello dell'insegnante) è naturalmente portato all'esperimento e alla congettura. Il lavoro dell'insegnante deve essere quello di guidare tale attività sperimentale, in modo che i tentativi siano organizzati e mirati ad un obiettivo generale. Per esempio, inizialmente gli studenti hanno fissato arbitrariamente le coordinate del bersaglio, e con diverse prove hanno individuato con una certa approssimazione l'angolo di tiro e la minor velocità iniziale. Gruppi diversi hanno ottenuto i dati riportati in Tabella 1.

Tabella 1. Velocità iniziale e angolo di tiro

Bersaglio (x,y)	Velocità iniziale	α
(6,1)	8.3	50°
(3,3)	8.4	67°
(2,5)	10.1	79°
(6,4)	10.5	62°

Come si vede, i dati non sono organizzati, e non sono utili a favorire il sorgere di congetture. È necessario mettere in relazione l'angolo del bersaglio con l'angolo di tiro, cioè chiedersi se esiste una **funzione** che, preso in ingresso β, fornisca in uscita α.

Allora abbiamo trasformato la Tabella 1 come indicato in Tabella 2:

Tabella 2. Angolo del bersaglio e angolo di tiro

Bersaglio (x,y)	$\beta = \arctan(y/x)$	α = angolo di tiro
(6,1)	9.5°	50°
(3,3)	45°	67°
(2,5)	68.2°	79°
(6,4)	33.7°	62°

La Tabella 2 non fornisce apparentemente alcun suggerimento. Il modo migliore di capire se c'è qualche legame tra α e β è, come sempre, quello di fare un grafico dei punti (β,α).

Mettiamo questi quattro punti in una tabella della TI-92: APPS, Data/Matrix Editor, New

e definiamo il grafico di tali punti con F2 Plot Setup, F1 Define, associando le colonne c1 e c2 rispettivamente all'asse x e all'asse y:

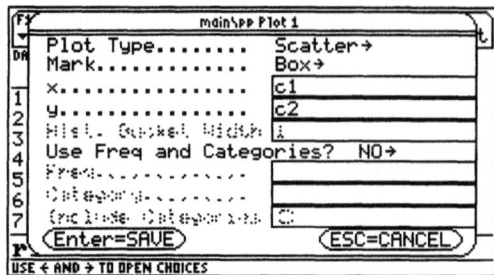

In ambiente `Graph` scegliamo come finestra di visualizzazione quella fornita automaticamente dalla TI-92 per le tabelle: F2 `ZoomData`.

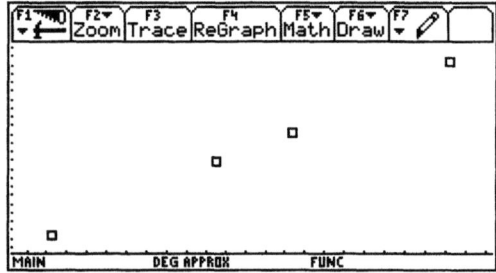

Come si vede i punti sembrano allineati su una retta, suggerendo il fatto che il crescere di α in funzione di β sia di tipo lineare.

Torniamo in `Data/Matrix Editor` e cerchiamo la *miglior retta* (la retta di regressione) che approssima tali punti, utilizzando il menù `Calc`.

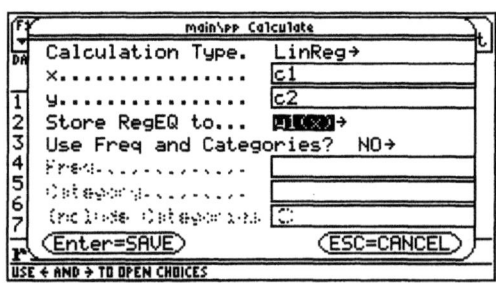

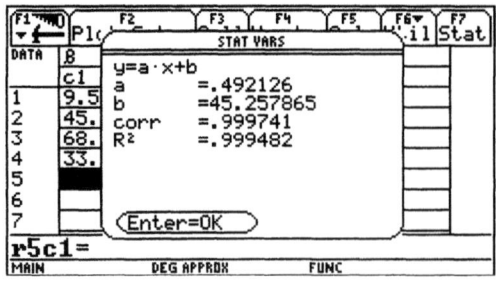

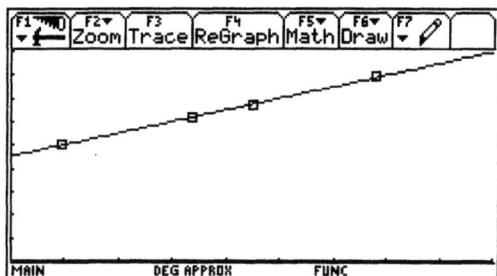

La retta di regressione ha circa equazione α = 0.5β + 45. Che risultato è? Con β = 0, cioè se il bersaglio è sulla stessa retta orizzontale del punto di tiro allora α = 45° (questo si accorda con quanto già sappiamo sulla gittata massima), cioè α è l'angolo della bisettrice tra le direzioni del bersaglio e della verticale.
Ecco la soluzione:

L'angolo di tiro più efficiente (che consente la minima velocità iniziale) è quello della bisettrice tra la direzione del bersaglio e la verticale.

Quindi

$$\alpha = \frac{90°+\beta}{2} = 45° + \frac{\beta}{2},$$

come già avevamo trovato sperimentalmente.

In effetti il risultato è convincente: se α è troppo vicino a β, oppure se a è troppo vicino alla verticale, allora la velocità iniziale deve essere elevata; è ragionevole pensare che α sia la bisettrice di quelle due direzioni.

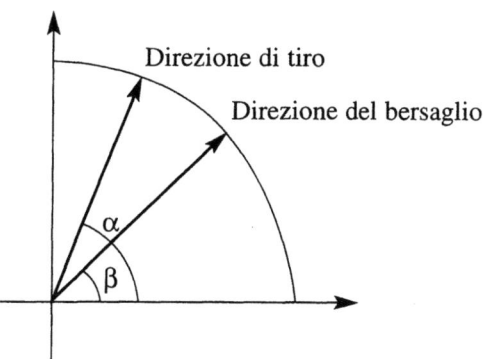

Ora non è difficile determinare la velocità iniziale. Se la traiettoria deve passare per il bersaglio di coordinate (x,y), allora nell'equazione della traiettoria

$$y = \tan(\alpha)x - \frac{g}{2v_0^2 \cos^2(\alpha)}x^2$$

poniamo $\alpha = 45+\beta/2 = 45 + \dfrac{1}{2} \arctan(y/x)$, e ricaviamo v_0 (supponiamo che sia $x > 0$, $y > 0$, $0 < \beta < 90°$):

$$v_0 = \sqrt{\frac{gx^2}{2(\tan(\alpha)x - y)\cos^2(\alpha)}}.$$

L'ultimo lavoro svolto è stato scrivere un programma che sintetizzasse l'intera analisi: date in ingresso le coordinate del bersaglio, il programma calcola l'angolo di tiro e la velocità iniziale, e infine traccia il grafico.

Ecco il programma **mp** (moto parabolico).

```
mp(xx,yy)
Prgm
Local b
ClrIO
setMode("Exact/Approx","APPROXIMATE")
setMode("Graph","PARAMETRIC")
setMode("Angle","DEGREE")
setGraph("graphorder","simul")
FnOff
xx→x0:yy→y0
tan⁻¹(yy/xx)→b
45+b/2→a
√(4.9*xx^2/((cos(a))^2*(tan(a)*xx-yy)))→v
x0→xt1(t):y0→yt1(t)
v*cos(a)*t→xt2(t)
v*sin(a)*t-4.9*t^2→yt2(t)
Disp "velocita=",v
Disp "angolo di tiro=",a
Pause
0→xmin:1.5*xx→xmax:0→ymin:1.5*yy→ymax
0→tmin:sin(a)*v/(4.9)→tmax:
tmax/25→tstep
Style 1,→"path"
Style 2,→"path"
ZoomSqr
setMode("Exact/Approx","AUTO")
EndPrgm
```

Colpire il bersaglio   105

Per esempio, con il comando **mp(6,1)** dall'ambiente HOME si ottengono, in animazione, le seguenti schermate:

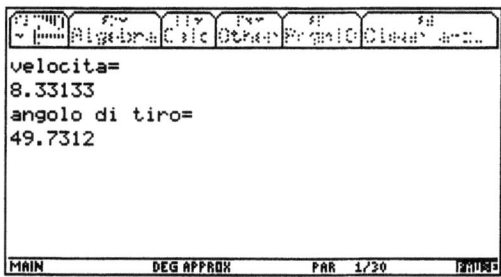

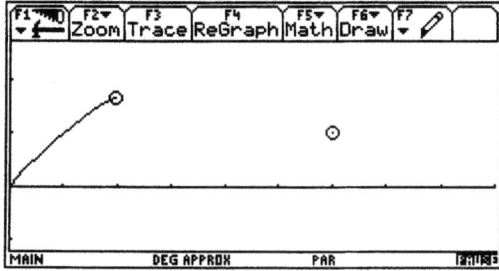

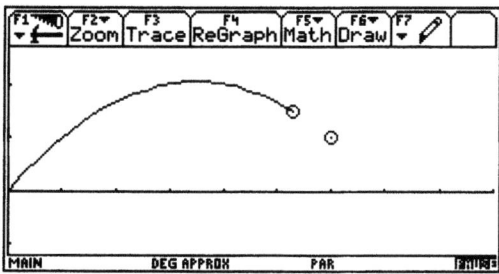

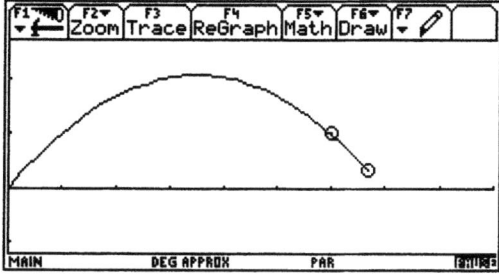

7. Crescite lineari e crescite non lineari

Uno dei concetti fondamentali della matematica, concetto che potrebbe essere visto come asse portante del curriculum, è quello di **funzione**. La variazione di una grandezza A dipende da quella di un'altra grandezza B; la prima domanda che ci poniamo è: come? Come varia A in "funzione" di B?

Uno degli esempi più tipici (e più efficaci per l'apprendimento) è quello di una grandezza che varia in funzione del tempo: ritroviamo esempi di questo genere ovunque nella fisica e nella vita comune.

Alla rappresentazione di una funzione (mediante una tabella di dati, oppure mediante il grafico, oppure per mezzo di una espressione analitica) è immediatamente associato il problema di stabilire se si tratta di una funzione crescente, oppure decrescente, e di stabilire, almeno in prima approssimazione, se si tratta oppure no di una **crescita lineare**.

7.1. La retta di regressione lineare

Nel problema analizzato precedentemente (*Colpire il bersaglio*) abbiamo incontrato un esempio interessante (e assai poco prevedibile) di crescita lineare. Se si vuole colpire un bersaglio posto ad "altezza angolare" β (cioè tale che sia β l'angolo tra la direzione del bersaglio e l'orizzontale), allora l'angolo di tiro α che consente la minima velocità iniziale è legato a β dalla relazione lineare

$$\alpha = \beta/2 + 45°.$$

Siamo arrivati a questa relazione per tentativi, a partire dalla tabella

DATA	β	α			
	c1	c2	c3	c4	c5
1	9.5	50			
2	33.7	62			
3	45	67			
4	68.2	79			
5					
6					
7					

r5c2=

e dal grafico

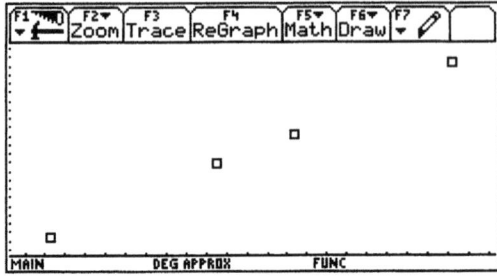

Uno dei temi nuovi e centrali per il rinnovamento dei programmi di matematica, che si impone in modo naturale quando si abbia a disposizione qualunque strumento informatico, è quello di determinare la "miglior" curva che approssima una serie di dati.

Si tratta di stabilire in modo ragionevole, sulla base delle informazioni disponibili, un buon modello (una retta, una curva esponenziale, una funzione potenza, eccetera), e poi utilizzare il metodo dei *minimi quadrati* per calcolare i coefficienti. Nel nostro esempio si tratta di determinare la miglior retta

$$y = mx+q$$

che approssima n punti.

La TI-92, come abbiamo visto, esegue tale calcolo in modo automatico. È necessario tuttavia giungere con gli allievi alla **definizione** di "miglior" retta per gradi e, almeno una volta, svolgere i relativi calcoli.

È bene illustrare il problema con un esempio significativo, e poi svolgere con gli studenti un esempio su dati semplici.

Illustriamo il problema con un esempio concreto: nella tabella seguente sono elencati, per i 21 studenti della mia classe di maturità dell'anno scolastico 97/98, la media dei voti in pagella al primo quadrimestre, e il successivo voto all'esame di maturità.

Crescite lineari e crescite non lineari

```
F1    F2    F3    F4    F5    F6   F7
    Plot Setup Cell Header Calc Util Stat
DATA  Pagella  Esame
      c1       c2       c3       c4
8     5.5      36
9     6.2      40
10    6.1      42
11    7        50
12    8.1      54
13    6.8      43
14    6.3      45
r8c1=5.5
GEOM2D     RAD AUTO     FUNC
```

```
F1    F2    F3    F4    F5    F6   F7
    Plot Setup Cell Header Calc Util Stat
DATA  Pagella  Esame
      c1       c2       c3       c4
15    5.9      37
16    7.6      50
17    8.5      58
18    7.1      52
19    7.7      55
20    6.7      44
21    8.8      60
r15c1=5.9
GEOM2D     RAD AUTO     FUNC
```

Ecco il grafico corrispondente: in ascissa la media dei voti in pagella, in ordinata il voto d'esame.

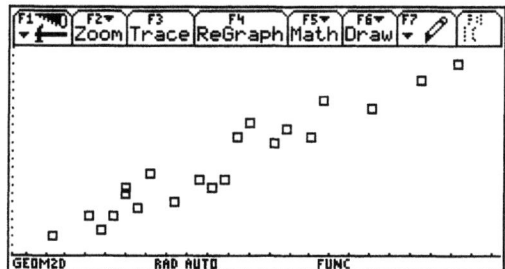

Come si vede la distribuzione sembra avere un andamento lineare: vogliamo trovare quale sia la miglior funzione lineare da adattare ai dati. Chiarito qual è il problema, affrontiamolo su un esempio semplice.

In classe ho dato i seguenti quattro punti: (1,1), (2,3), (3,2), (4,4), memorizzati nella variabile (di tipo `data`) `pti`.

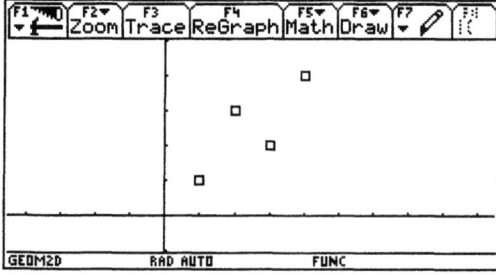

Ho lasciato quindi agli studenti mezz'ora di tempo per dirmi quale fosse, secondo loro, la miglior retta che approssima i quattro punti. Ecco alcune risposte, assegnate nell'ambiente Y = Editor alle funzioni y1, y2, y3:

$y_1: x \to x$ (molto gettonata, per motivi di simmetria, suppongo)

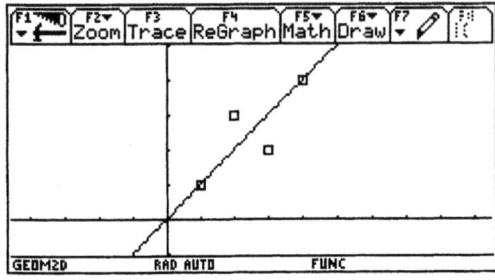

$y_2: x \to \dfrac{5}{6}x + \dfrac{5}{12}$, (ottenuta dalla media delle pendenze)

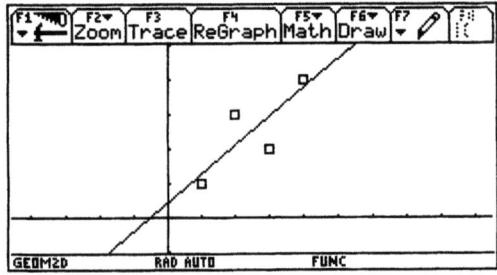

$y_3: x \to \dfrac{3}{4}x + 1$ (ottenuta "a occhio", guardando il grafico).

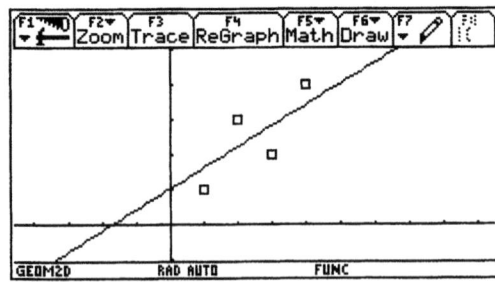

A questo punto ho dato la definizione di *retta di regressione*, o retta dei minimi quadrati.

La retta di regressione, o retta dei minimi quadrati, è la retta di equazione

$$y = mx+q$$

Crescite lineari e crescite non lineari   111

per la quale è minima la somma S dei quadrati degli scarti dei punti (x_i, y_i) dalla retta stessa:

$$S = \sum_{i=1}^{n}(mx_i + q - y_i)^2.$$

Perché proprio la somma dei quadrati degli scarti? È relativamente facile convincere gli alunni che la somma degli scarti non è adatta a quantificare l'aderenza della retta agli n punti. Gli scarti possono essere infatti positivi o negativi e la loro somma può essere piccola in valore assoluto anche per rette palesemente inadatte a descrivere gli n punti. Per esempio, siano dati i tre punti allineati (1,1), (2,2), (3,3). Ovviamente la miglior retta è $y = x$; la somma degli scarti è nulla. Ma è nulla anche per qualunque retta passi per (2,2), quindi di equazione

$$y = m(x-2) + 2.$$

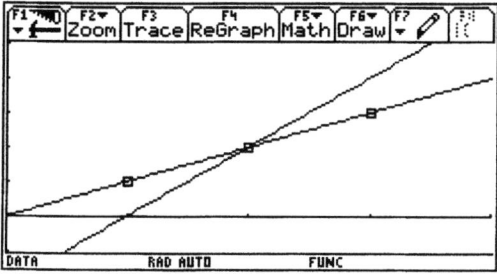

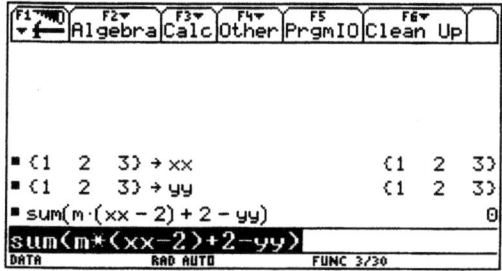

Dunque abbiamo bisogno di rendere positiva la misura dello scarto di ogni punto dalla retta. Ma perché considerare i quadrati degli scarti e non, per esempio, i valori assoluti degli scarti?

La somma dei quadrati degli scarti si sposa in modo naturale con la **media aritmetica**: dati n numeri $x_1, \ldots, x_n$ il numero x tale che la funzione $S(x)$

$$S(x) = \sum_{i=1}^{n}(x_i - x)^2$$

assume valore minimo è proprio la media aritmetica degli x_i. Per esempio, consideriamo la lista $\{1,3,4,8,11\}$, e la funzione $S(x)$, che è sempre data da un polinomio di secondo grado in x.

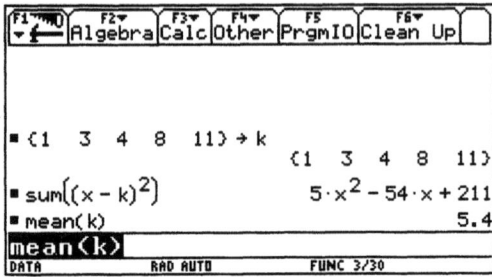

Il valore minimo che essa assume è nel vertice, di ascissa $x = 54/10 = 5.4$, che è proprio la media aritmetica dei valori della lista.

Dimostriamolo in generale.

$$S(x) = \sum_{i=1}^{n}(x_i - x)^2 = \sum_{i=1}^{n} x_i^2 - 2x \sum_{i=1}^{n} x_i + nx^2$$

e l'ascissa del vertice della corrispondente parabola è

$$x = \frac{\sum_{i=1}^{n} x_i}{n},$$

cioè la media aritmetica degli x_i. Ciò che invece rende minima la somma dei valori assoluti degli scarti è la mediana, cioè il numero che divide la distribuzione ordinata degli x_i in due parti equinumerose, nel nostro caso 4.

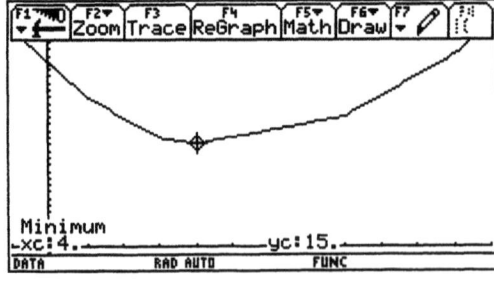

La funzione

$$G(x) = \sum_{i=1}^{n} |x_i - x|$$

ha come grafico una spezzata, con un numero finito di punti non derivabili. Può succedere che il valore minimo di $G(x)$ sia assunto da infiniti valori di x; per esempio per la distribuzione $\{1,3,4,8\}$, con n pari, qualunque valore compreso tra 3 e 4 è un punto di minimo.

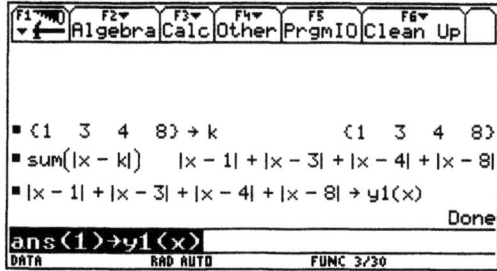

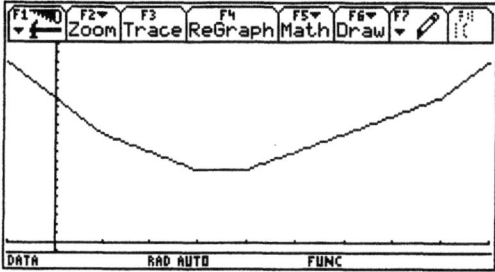

A questo punto dovremmo aver convinto i nostri studenti che la somma dei quadrati degli scarti è la strada più convincente per definire la retta che meglio descrive i dati.

Sulla base di questa definizione abbiamo potuto stabilire quale fosse, tra le rette indicate dagli studenti, la migliore.

Come si vede la retta migliore proposta dagli studenti è

$$y_2 : x \to \frac{5}{6}x + \frac{5}{12},$$

per la quale la somma dei quadrati degli scarti vale circa $S = 1.806$. Vediamo ora se è possibile fare di meglio.

S è un polinomio di secondo grado in a e b; per minimizzare $S(a,b)$ non occorrono le derivate: se si pensa S come polinomio in a (e b come parametro), il grafico di $S(a)$ è una parabola con la concavità verso l'alto; il valore di a che rende minimo S è l'ascissa del vertice.

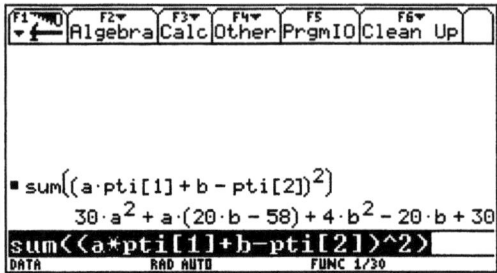

Ordinando tale polinomio prima rispetto ad a e poi rispetto a b si ottengono due relazioni lineari in a e b.

Risolvendo il sistema delle due equazioni si ottiene la soluzione:

$a = 4/5$, $b = 1/2$. La funzione lineare cercata è dunque:

$$x = \frac{4}{5}x + \frac{1}{2}.$$

Crescite lineari e crescite non lineari 115

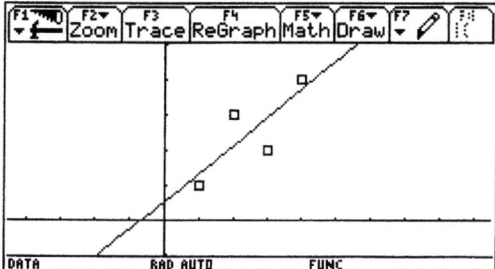

Si osservi che la somma dei quadrati degli scarti è esattamente 1.8, di pochissimo inferiore a $S = 1.806$ di y2.

Naturalmente quando il numero di punti è elevato non ha più senso utilizzare carta e penna. La TI-92 mette a disposizione nell'ambiente `Data/Matrix Editor` la possibilità sia di tracciare un grafico a dispersione dei dati, sia di calcolare la curva di regressione che si vuole adottare, scegliendola tra diverse possibili funzioni di regressione (lineare, quadratica, cubica, esponenziale, potenza, logaritmica, ...).

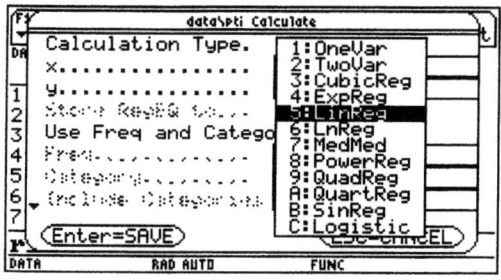

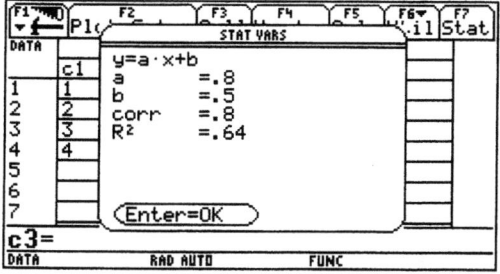

Torniamo all'esempio iniziale della media dei voti in pagella e del voto d'esame, e calcoliamo la retta di regressione.

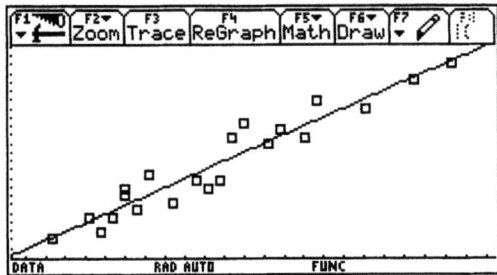

La retta di regressione è

$$x \to 7.33x - 4.08,$$

e si adatta abbastanza bene ai dati. La distanza media tra tale funzione e i voti d'esame è minore di 2: il livello di indeterminatezza dell'esame è quindi molto basso. Uno studente può mediamente aspettarsi un voto (in sessantesimi) che sia maggiore o minore al più di 2 punti rispetto al rendimento certificato dalla pagella.

Una generalizzazione del procedimento di ricerca dei parametri m e q dell'equazione

$$y = mx+q$$

della retta di regressione conduce alle notevoli formule

$$\begin{cases} m = \dfrac{\sum_{i=1}^{n} x_i y_i - n\bar{x}\bar{y}}{\sum_{i=1}^{n} x_i^2 - n\bar{x}^2} \\ q = \bar{y} - m\bar{x} \end{cases}$$

dove $\bar{x}$ e $\bar{y}$ sono rispettivamente la media aritmetica delle ascisse e delle ordinate degli n punti, e il punto $(\bar{x}, \bar{y})$ è il *baricentro* della distribuzione.

Si osservi nella seconda equazione la proprietà notevole secondo cui la retta di regressione lineare passa in ogni caso per il baricentro. Assumendo come valida tale proprietà, l'intero problema si riduce al calcolo di una sola incognita, ed è alla portata di uno studente di biennio.

I due coefficienti m e q della funzione lineare

$$x \to mx+q$$

avranno per tutto il triennio un significato geometrico importantissimo: m è la **pendenza** costante della funzione (*pendenza* è un'espressione migliore di *coefficiente angolare*, che è lunga e in definitiva sbagliata se le grandezze rappresentate sui due assi non sono omogenee: per esempio nel piano spazio-tempo della fisica le unità di misura sono arbitrarie, e quindi sono arbitrari anche gli angoli), cioè l'incremento costante di y per un incremento unitario di x; q è il valore che la funzione assume per $x = 0$.

Ecco ancora un esempio significativo di crescita lineare. Nella tabella seguente sono riportati il numero di residenti in Italia come risulta dai censimenti ufficiali dal 1931 al 1981.

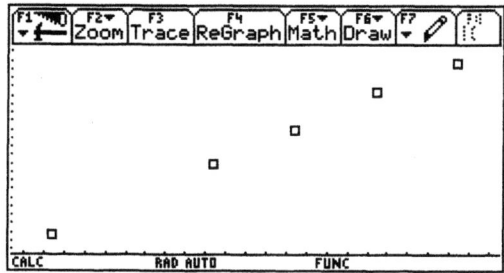

Vediamo il grafico:

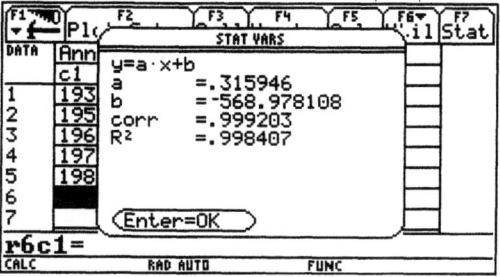

e ricaviamo l'equazione della retta di regressione lineare.

La funzione lineare è dunque del tipo

$$N: t \to 0.316t - 569$$

e si adatta molto bene ai dati.

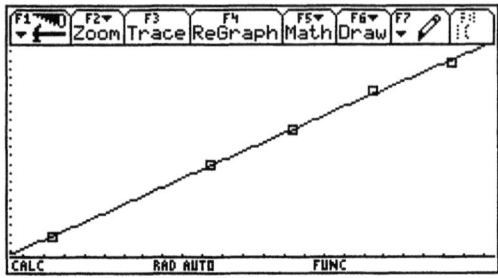

Da questo modello possiamo ragionevolmente *interpolare*, cioè ricavare valori attendibili in un istante compreso tra 1931 e 1981.

L'estrapolazione invece (cioè il ricavare valori esterni all'intervallo considerato) è un'operazione fallimentare nel nostro esempio. Secondo il modello lineare avremmo dovuto aspettarci al censimento del 1991 un numero di abitanti pari a $N(1991) = 60.1$ milioni di abitanti; invece nel decennio 81-91 il calo demografico ha modificato radicalmente il tasso di crescita della popolazione italiana, che al censimento del 1991 è risultata essere pari a 56.8 milioni di abitanti, registrando praticamente una crescita zero.

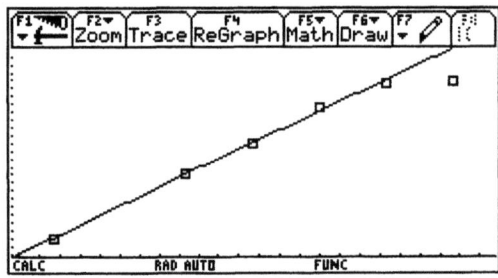

7.2. La retta tangente ad una parabola: primo approccio al calcolo infinitesimale

Ecco un altro esempio affrontato in classe (terza): il tema di partenza è la ricerca della retta tangente in un punto di una parabola.

Sia data la parabola di equazione $y=2x^2-3x+1$. Si vuole determinare la pendenza delle rette tangenti alla parabola nei punti di ascissa 1, 2, 3, 4, 5.

Ci sono diversi metodi per determinare, senza ricorrere alle derivate, la pendenza di una parabola in un punto di ascissa x_0. Il più classico (ma anche il più laborioso) consiste nel mettere a sistema le equazioni della parabola e della retta generica passante per $(x_0, f(x_0))$, imponendo che il discriminante dell'equazione risultante sia nullo. In questo caso la definizione adottata di retta tangente è quella algebrica: è la retta che ha due intersezioni coincidenti con la parabola in x_0.

Vediamo questi calcoli con la TI-92 per esempio nel punto di ascissa $x = 2$ (e ordinata $y = 3$).

$$\begin{cases} y = 2x^2 - 3x + 1 \\ y = m(x-2) + 3. \end{cases}$$

```
F1▼    F2▼    F3▼    F4▼    F5       F6▼
  Algebra Calc Other PrgmIO Clean Up
■ 2·x² - 3·x + 1 → f(x)              Done
■ f(2)                                  3
■ f(x) - (m·(x - 2) + 3) = 0
              2·x² + (-m - 3)·x + 2·m - 2 = 0
■ solve(2·x² + (-m - 3)·x + 2·m - 2 = 0, x)
              x = m - 1 / 2  or  x = 2
solve(ans(1),x)
MAIN          DEG AUTO      FUNC 4/30
```

La retta generica per il punto $(2,3)$ interseca la parabola nei punti di ascissa

$$x = \frac{m-1}{2} \text{ e } x = 2;$$

affinché siano uguali deve essere

$$\frac{m-1}{2} = 2$$

$$m = 5.$$

La pendenza della parabola in $x = 2$ è $m = 5$, e la retta tangente ha equazione

$$y = 5x - 7.$$

Un'altro metodo consiste nel dimostrare una volta per tutte che la retta tangente ad una parabola in un suo punto P è l'asse del segmento FH, dove F è il fuoco e H è la proiezione di P sulla direttrice.

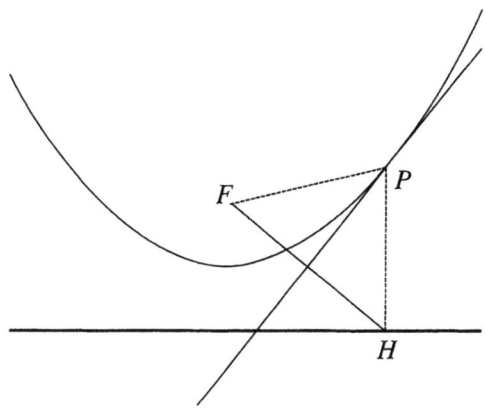

Il vertice della nostra parabola è il punto $V(3/4, -1/8)$; il fuoco F sta sulla retta di equazione $x = 3/4$, a distanza $\dfrac{1}{4a}$ da V (dove $a = 2$ è il coefficiente direttivo). Quindi $F(3/4, 0)$, e la direttrice è la retta $y = -1/4$. La proiezione di P sulla direttrice è il punto $H(2, -1/4)$. L'asse del segmento FH è la stessa retta già trovata.

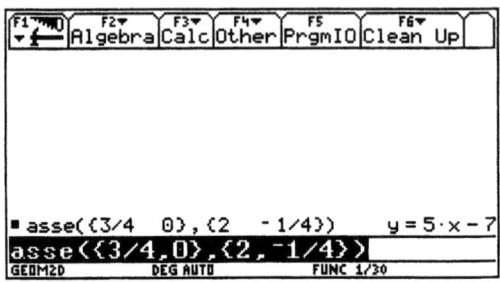

Un altro metodo, essenzialmente sperimentale (che verrà utilizzato sistematicamente nella classe successiva come approccio al concetto di limite e per formulare congetture sensate sulla derivata di una funzione) consiste nell'approssimare la pendenza della parabola in un punto P con la pendenza di una corda PQ, dove Q è un punto della parabola "molto vicino" a P.

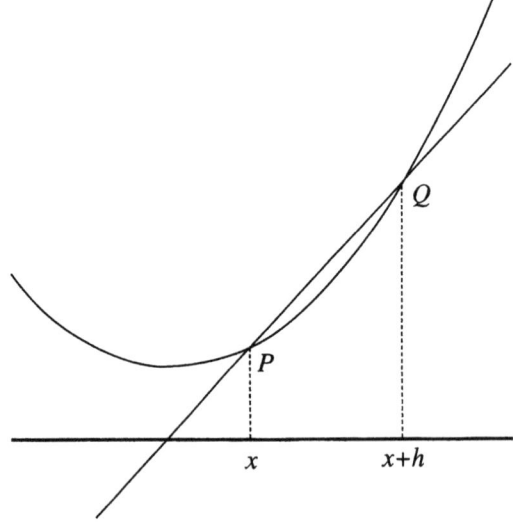

Si tratta in definitiva di calcolare il rapporto incrementale di

$$f: x \to 2x^2 - 3x + 1$$

per h tendente a zero.

Definiamo $f(x) = 2x^2 - 3x + 1$, e poi definiamo il rapporto incrementale m come funzione dell'ascissa del punto x e dell'incremento h. Possiamo ad esempio calcolare il rapporto incrementale in $x = 2$, con $h = 0.01$.

Crescite lineari e crescite non lineari 121

```
┌──────┬──────┬──────┬──────┬──────┬──────┐
│ F1▼  │ F2▼  │ F3▼  │ F4▼  │ F5   │ F6▼  │
│ ▼f── │Algebra│Calc │Other │PrgmIO│Clean Up│
└──────┴──────┴──────┴──────┴──────┴──────┘


■ 2·x² - 3·x + 1 → f(x)                Done
  f(x + h) - f(x)
■ ───────────── → m(x, h)              Done
        h
■ m(2, .01)                            5.02

 m(2,.01)
 CALC        DEG AUTO       FUNC 3/30
```

Possiamo "vedere" a quale valore tende la pendenza di $f(x)$ in $x = 2$ considerando incrementi h via via più vicini a zero. È molto utile in questi casi il comando seq. Nella schermata seguente viene calcolato il rapporto incrementale per $h = 0.1, 0.01, 0.001, 0.0001$.

```
┌──────┬──────┬──────┬──────┬──────┬──────┐
│ F1▼  │ F2▼  │ F3▼  │ F4▼  │ F5   │ F6▼  │
│ ▼f── │Algebra│Calc │Other │PrgmIO│Clean Up│
└──────┴──────┴──────┴──────┴──────┴──────┘

■ 2·x² - 3·x + 1 → f(x)                Done
  f(x + h) - f(x)
■ ───────────── → m(x, h)              Done
        h
■ m(2, .01)                            5.02
■ seq(m(2, 10⁻ⁿ), n, 1, 4)
              {5.2    5.02    5.002    5.0002}
 seq(m(2,10^(-n)),n,1,4)
 CALC        DEG AUTO       FUNC 4/30
```

Si intuisce (e per ora dal punto di vista didattico è sufficiente) che la pendenza della corda PQ si avvicina a 5. Il fatto di aver già dimostrato algebricamente che la pendenza di $f(x)$ in $x = 2$ è 5 avvalora la fiducia in questo metodo sperimentale. Naturalmente si tratta di un momento fertile per l'innescarsi di discussioni in classe sulla esattezza di tale metodo: cosa succede per $h = 0$? Si osservano tra gli alunni le stesse prese di posizione che la comunità scientifica ha storicamente assunto nei confronti del lavoro di Newton e Leibniz: è curioso notare in particolare la presenza di un atteggiamento spregiudicato, che tende a fidarsi ciecamente di questo metodo, perché "è più facile e più rapido che risolvere un sistema di secondo grado e imporre il delta uguale a zero", e un atteggiamento prudente e scettico che ripropone sostanzialmente le obiezioni di Berkeley.

Quest'ultimo metodo sperimentale può essere reso più efficiente dal punto di vista numerico: per approssimare la pendenza della funzione in P, anziché calcolare la pendenza della corda passante per P e per un punto vicino Q, si può calcolare la pendenza della corda AB, dove A e B sono punti della parabola di ascisse simmetriche rispetto all'ascissa di P e "molto vicini" tra loro;

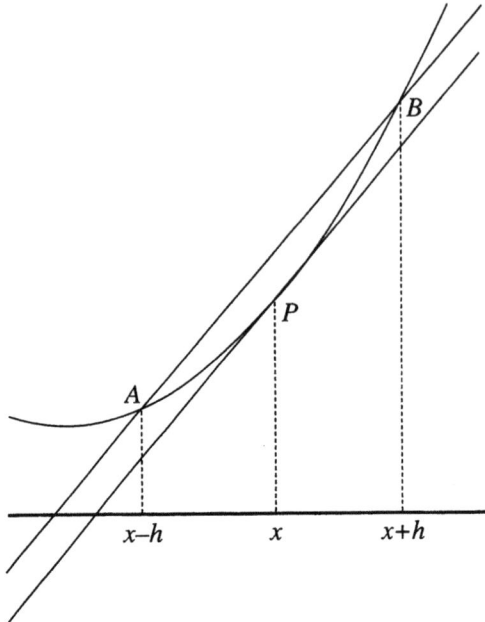

si tratta in definitiva di calcolare il rapporto incrementale

$$\frac{f(x+h)-f(x-h)}{2h}.$$

Tale metodo, chiamiamolo "metodo a forcella", converge più rapidamente del precedente al decrescere di h.

Tuttavia, applicato ad una funzione quadratica, ci riserva una sorpresa. Nella schermata seguente viene calcolato il rapporto incrementale per $h = 0.1, 0.01, 0.001, 0.0001$.

Ecco un fatto a prima vista curioso. Sembra che l'incremento h sia ininfluente per il rapporto incrementale. Per qualunque h esso vale sempre 5. Come mai?

Si tratta di una proprietà che caratterizza le funzioni quadratiche.

L'interpretazione fisica è immediata: in un moto uniformemente accelerato la velocità media in un qualunque intervallo di tempo $[t-h, t+h]$ è uguale alla velocità istantanea in t.

È possibile dimostrare tale proprietà: per la generica funzione quadratica

$$f(x) = ax^2 + bx + c$$

il rapporto

$$\frac{f(x+h) - f(x-h)}{2h}$$

è indipendente da h, e vale $2ax+b$.

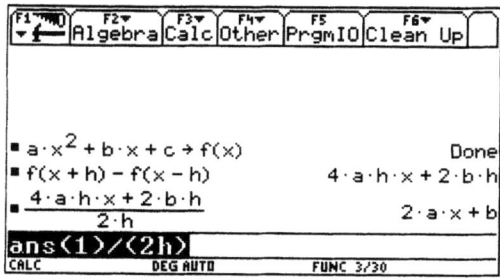

Questo significa che la corda AB di cui dicevamo prima è sempre parallela alla retta tangente in P.

Tuttavia non è necessario giungere subito a questo livello di generalizzazione del problema: l'approccio numerico è sempre vantaggioso per il consolidarsi dei concetti, che possono successivamente essere presentati in forma astratta.

Torniamo finalmente al problema di determinare la pendenza delle rette tangenti alla parabola

$$y = 2x^2 - 3x + 1$$

nei punti di ascissa 1, 2, 3, 4, 5, e vediamo come fare con la TI-92.

Possiamo utilizzare direttamente il metodo a forcella; la funzione m ora non dipende più da h.

Al crescere dell'ascissa x del punto cresce la pendenza della parabola. In che modo? La tabella mostra chiaramente l'andamento lineare: ad ogni incremento unitario della x corrisponde una crescita costante della pendenza di 4 unità.

Abbiamo tutti gli elementi per stabilire, per questa parabola, una legge di tipo generale: la pendenza m nel punto di ascissa x vale

$$m(x) = 4x - 3.$$

La stessa generalizzazione si può effettuare per via analitica:

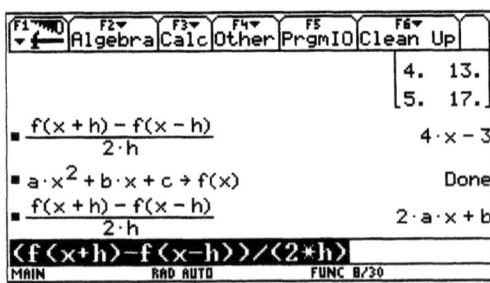

Un ultimo livello di generalizzazione consiste nel chiederci in che modo il polinomio

$$m(x) = 4x - 3$$

dipenda dal polinomio

$$f(x) = 2x^2 - 3x + 1.$$

Anche in questo caso, senza premature generalizzazioni, possiamo lasciare agli alunni il compito di formulare congetture: è un'attività utile, anche perché rafforza il concetto di **legame funzionale** tra oggetti matematici.

È sempre interessante vedere in che modo gli studenti organizzano la ricerca di prove e tentativi per giungere a ipotesi sensate.

Gli alunni più bravi arrivano presto al livello di generalizzazione più opportuno: è sufficiente applicare quanto visto finora alla più generale funzione quadratica:

$$f(x) = ax^2+bx+c.$$

Altri invece si avventurano su strade più sicure: prendono altre parabole, e ripetono per queste lo stesso procedimento, fino ad avere un numero sufficiente di casi numerici da analizzare e su cui formulare congetture.

Ecco infine l'implementazione della funzione rtg che, per $f(x) = ax^2 + bx + c$, prende in ingresso i tre coefficienti a, b, c e l'ascissa x_0 del punto P e fornisce l'equazione della retta tangente alla parabola in P.

Crescite lineari e crescite non lineari   125

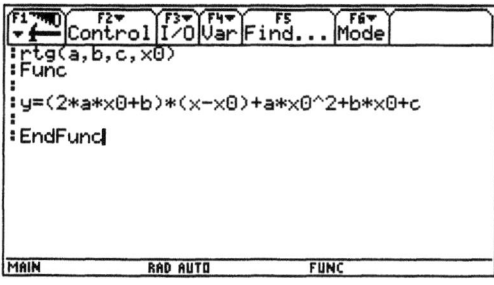

7.3. Una crescita lineare non deterministica

Il numero di iscritti al primo anno dei Corsi di Laurea in Matematica in Italia sta calando rapidamente. Ecco alcuni dati relativi agli ultimi anni accademici.

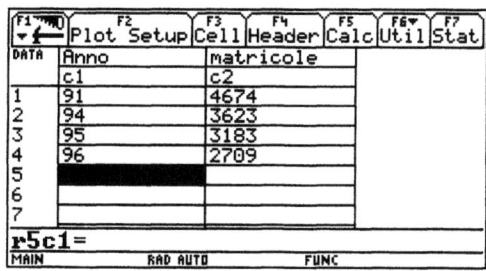

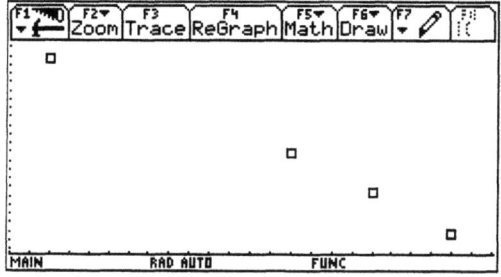

L'andamento approssima una decrescita lineare. Quanti iscritti possiamo ragionevolmente aspettarci nel '98?

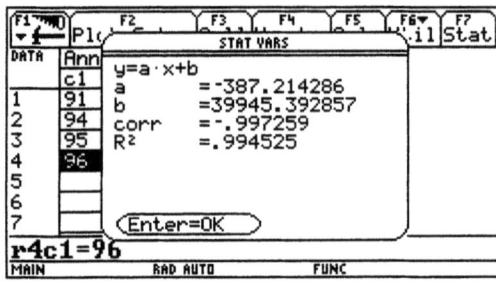

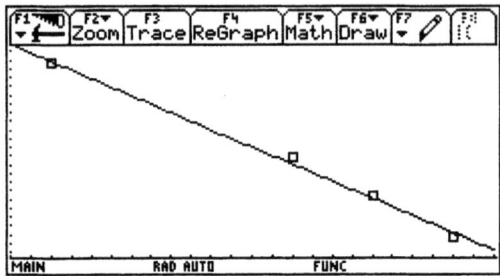

La retta di regressione lineare ha pendenza –387, e ciò significa che il modello lineare di questa decrescita prevede una perdita di 387 studenti all'anno. Nel '98, secondo questo modello, le matricole iscritte ai corsi di laurea in matematica saranno 1935.

Un altro esempio interessante riguarda la relazione tra altezza e peso (massa); abbiamo rilevato, in terza liceo, le altezze (in cm) e le masse (in kg) delle ragazze, come risulta nella seguente tabella, memorizzata nella variabile hm.

C'è qualche legame tra h e m?

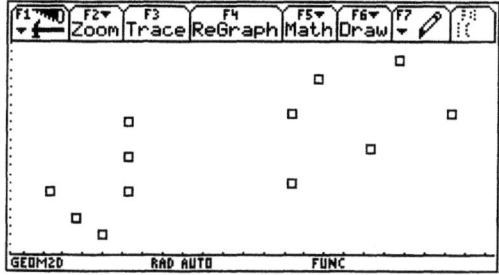

Come si vede non sembra di riconoscere grande regolarità: il campione scelto appare decisamente disomogeneo. Proviamo tuttavia a supporre un andamento lineare.

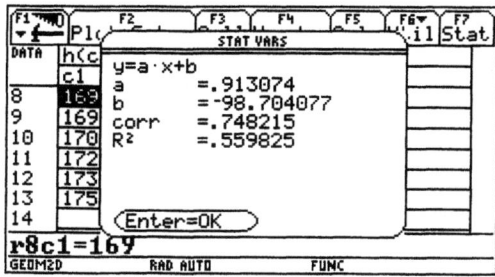

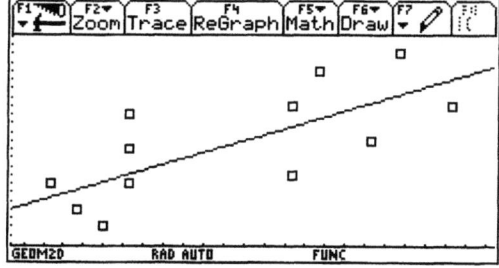

Come si vede l'indice di correlazione è relativamente basso. L'equazione di regressione lineare risulta

$$m = 0.91h - 99.$$

7.4. Il coefficiente di correlazione lineare e il coseno

Nell'esempio appena svolto riguardante altezze e masse, insieme alla equazione della retta di regressione, la TI-92 ci dà il coefficiente di correlazione lineare: 0.748. Tale coefficiente è un numero compreso tra -1 e 1, è negativo o positivo a seconda che si tratti di una decrescita o una crescita, vale 0 in caso di assenza di "linearità" nei dati, vale 1 (valore massimo in modulo che può assumere) quando i dati sono punti allineati. Uno degli aspetti più interessanti della statistica è proprio questo: è possibile misurare il grado di linearità che possiedono i dati grezzi, e quantificare l'adattabilità dei dati ad un andamento lineare. Come è definito il coefficiente di correlazione lineare?

Occorre innanzitutto riferire i dati alla loro media aritmetica.

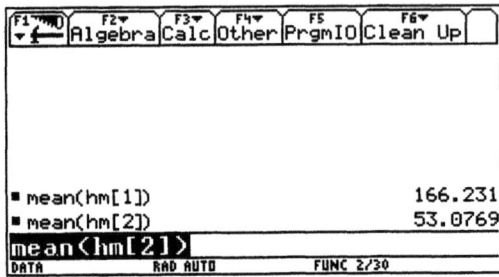

La media delle altezze è circa 166 cm, e la media delle masse è circa 53 kg. Torniamo in hm, e riempiamo le colonne c3 e c4 mediante i comandi

$$c1-mean(c1) \quad e \quad c2-mean(c2).$$

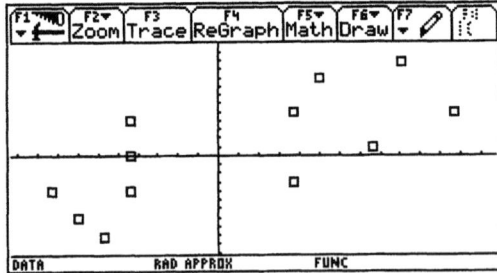

I punti della distribuzione si trovano ora disposti intorno alla nuova origine. Il generico punto ha coordinate

$$(h_i - \overline{h}, m_i - \overline{m})$$

dove $\overline{h}$ e $\overline{m}$ sono i valori medi di h e m.

Una decisa crescita lineare sarà caratterizzata dal fatto che prevalgano punti a coordinate entrambe positive o entrambe negative, cioè punti nel primo o nel terzo quadrante. Quindi il numero

$$(h_i - \bar{h})(m_i - \bar{m})$$

si presta a quantificare il fatto che h e m siano oppure no in correlazione lineare. Sommiamo tali prodotti per tutti i (13) dati.

```
F1  F2    F3   F4    F5     F6
    Algebra Calc Other PrgmIO Clean Up

■ mean(hm[1])                    166.231
■ mean(hm[2])                    53.0769
   13
■  Σ  ((hm[3])[k]·(hm[4])[k])    299.769
  k=1
Σ(hm[3][k]*hm[4][k],k,1,13)
DATA        RAD APPROX    FUNC 3/30
```

In definitiva non abbiamo fatto altro che calcolare il **prodotto scalare** tra i vettori

$$\mathbf{h} = [h_1 -, \bar{h}..., h_{13}-\bar{h}] \quad e \quad \mathbf{m} = [m_1 - \bar{m}, ..., m_{13} - \bar{m}].$$

```
F1  F2    F3   F4    F5     F6
    Algebra Calc Other PrgmIO Clean Up

■ mean(hm[1])                    166.231
■ mean(hm[2])                    53.0769
   13
■  Σ  ((hm[3])[k]·(hm[4])[k])    299.769
  k=1
■ dotP(hm[3], hm[4])             299.769
dotp(hm[3],hm[4])
DATA        RAD APPROX    FUNC 4/30
```

Ora dobbiamo **normalizzare** questo risultato. In generale risulta (disuguaglianza di Cauchy-Schwarz):

$$\sum a_i b_i \leq \sqrt{\sum a_i^2} \sqrt{\sum b_i^2}$$

quindi occorre dividere il prodotto scalare $\mathbf{h} \cdot \mathbf{m}$ per

$$\sqrt{\sum (h_i - \bar{h})^2} \sqrt{\sum (m_i - \bar{m})^2} \ .$$

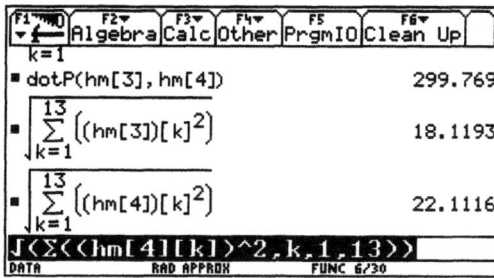

Ma $\sqrt{\sum (h_i - \bar{h})^2}$ e $\sqrt{\sum (m_i - \bar{m})^2}$ non sono altre che le **norme** dei vettori **h** e **m**.

```
┌─────┬──────┬────┬─────┬──────┬────────┐
│ F1  │ F2▼  │F3▼ │ F4▼ │  F5  │  F6▼   │
│  ▼  │Algebra│Calc│Other│PrgmIO│Clean Up│
└─────┴──────┴────┴─────┴──────┴────────┘
      13
■  √ Σ  ((hm[3])[k]²)                18.1193
     k=1
      13
■  √ Σ  ((hm[4])[k]²)                22.1116
     k=1
■ norm(list▶mat(hm[3]))              18.1193
■ norm(list▶mat(hm[4]))              22.1116
norm(list▶mat(hm[4]))
DATA        RAD APPROX      FUNC 8/30
```

Insomma: non abbiamo fatto altro che calcolare il **coseno dell'angolo** (?) tra **h** e **m**.

$$\cos(\mathbf{h}, \mathbf{m}) = \frac{\mathbf{h} \cdot \mathbf{m}}{\|\mathbf{h}\| \|\mathbf{m}\|}.$$

Questo fatto non deve sorprenderci: così come il coseno di due vettori nel piano o nello spazio è un numero reale compreso tra –1 e 1, e in qualche modo misura l'**angolo** tra i due vettori, cioè la loro "distanza angolare", nello stesso modo si può calcolare l'"angolo" (o meglio il suo coseno) tra due vettori qualsiasi, e il risultato ci dà informazioni su quanto i due vettori siano oppure no "indipendenti", siano oppure no linearmente correlati. Evidentemente il concetto di angolo è molto più ricco di quanto siamo abituati a pensare, è più ricco del semplice significato geometrico.

In definitiva: il coefficiente di correlazione lineare è il coseno dei due vettori.

Calcoliamo ora finalmente cos(**h,m**).

```
┌─────┬──────┬────┬─────┬──────┬────────┐
│ F1  │ F2▼  │F3▼ │ F4▼ │  F5  │  F6▼   │
│  ▼  │Algebra│Calc│Other│PrgmIO│Clean Up│
└─────┴──────┴────┴─────┴──────┴────────┘
      13
■  √ Σ  ((hm[4])[k]²)                22.1116
     k=1
■ norm(list▶mat(hm[3]))              18.1193
■ norm(list▶mat(hm[4]))              22.1116
■          dotP(hm[3],hm[4])
    ─────────────────────────────────▶
    norm(list▶mat(hm[3]))·norm(list▶mat(hm[
                                    .748215
...[3]))*norm(list▶mat(hm[4]))
DATA        RAD APPROX      FUNC 9/30
```

Come si vede si ottiene esattamente l'indice `corr` della finestra `Stat Vars`.

L'indice R^2 non è altro che il quadrato di corr.

7.5. Una crescita non lineare: la terza legge di Keplero

Il moto dei pianeti intorno al Sole è circolare? No (prima legge di Keplero): è ellittico. Il moto dei pianeti intorno al Sole è uniforme? No (seconda legge di Keplero): è costante la velocità areolare.

La terza legge di Keplero nasce dalla straordinaria fiducia nel fatto che le leggi di natura siano formulabili matematicamente, cioè dalla fiducia nell'esistenza di una **relazione matematica** tra due grandezze difficili da collegare: la distanza media R dei diversi pianeti del sistema solare dal Sole e il periodo di rivoluzione T degli stessi pianeti intorno al Sole.

Prendiamo come unità di misura i dati relativi alla Terra, quindi misuriamo le distanze in Unità Astronomiche (1 UA è la distanza media Terra-Sole, circa 150 milioni di km) e i tempi in anni; i valori noti ai tempi di Keplero per i pianeti allora conosciuti (quelli visibili ad occhio nudo) sono riassunti nella seguente tabella.

	c1	T(anni) c2	R(UA) c3	c4
1	mercurio	.241	.38	
2	venere	.614	.72	
3	terra	1	1.	
4	marte	1.881	1.52	
5	giove	11.8	5.2	
6	saturno	29.5	9.2	

È arduo cercare una relazione tra R e T in questa tabella, in cui si coglie soltanto il fatto che R è crescente rispetto a T, e che non si tratta certo di una crescita lineare. Come al solito (ecco un obiettivo didattico fondamentale) vediamo se il grafico di quei 6 punti ci propone qualche regolarità.

Utilizziamo ancora [F2] Plot Setup, [F1] Define, Scatter, Box, c2, c3.

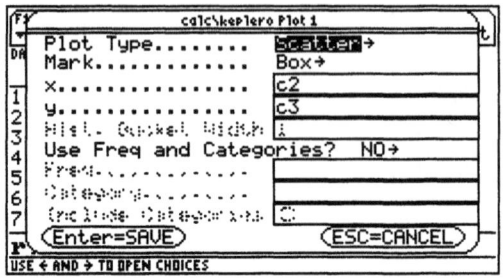

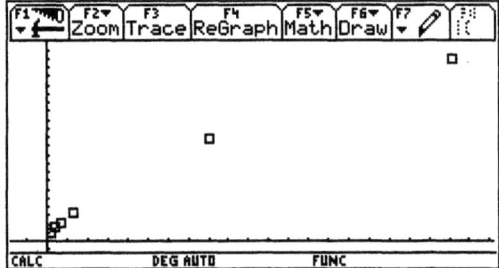

Si comincia a intravedere qualche regolarità. Tuttavia il grafico non è significativo per il fatto che le distanze dei pianeti dal Sole non sono omogeneamente distribuite: Giove e Saturno sono molto più distanti. Limitiamo allora lo schermo ai primi quattro pianeti. In Window poniamo xmin = 0, xmax = 3, ymin = 0, ymax = 1.6.

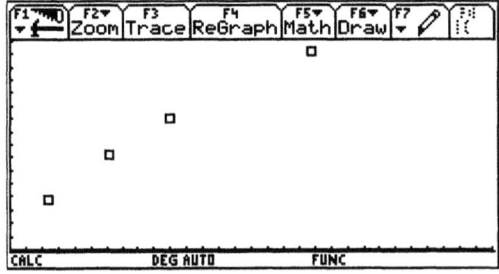

Bene, ora si tratta di formulare una congettura sensata: quale legge può ragionevolmente collegare R a T? A giudicare dal grafico viene spontaneo ipotizzare una *funzione potenza*, cioè una funzione del tipo

$$R = aT^b$$

con $0 < b < 1$, e dato che il grafico passa esattamente per $(1,1)$ risulterà $a = 1$.

Dall'ambiente Data/Matrix Editor usiamo [F5] Calc e utilizziamo, tra le funzioni statistiche della TI-92, la PowerReg, che determina la "miglior" funzione potenza che approssima i dati in tabella.

Crescite lineari e crescite non lineari

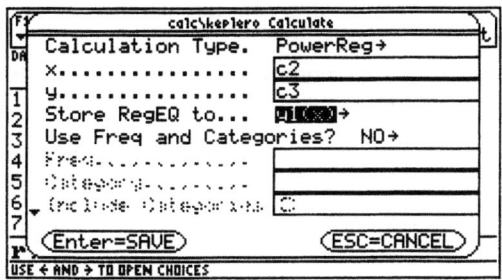

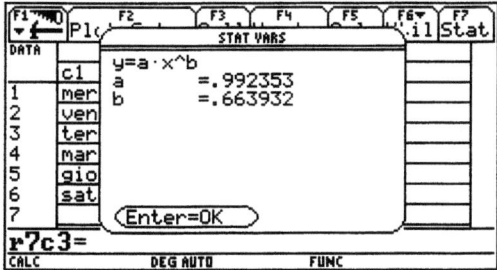

Come ci aspettavamo *a* vale circa 1; l'esponente *b* vale 0.66, circa 2/3.

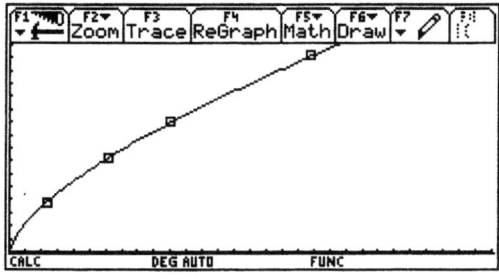

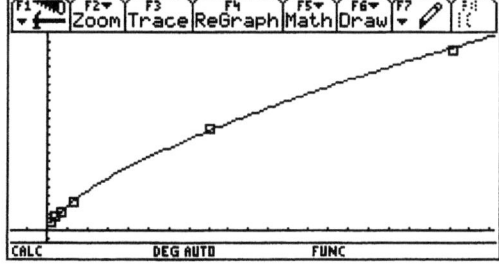

La curva si adatta molto bene ai dati osservativi, lasciando prevedere una relazione del tipo

$$R = T^{2/3}$$

cioè

$$R^3 = T^2,$$

che è esattamente, a meno un fattore di proporzionalità determinato dalle unità di misura (nel nostro caso 1), la terza legge di Keplero.

Tornando alla tabella possiamo valutare se il rapporto R^3/T^2 è costante, definendo nella cella c4 il rapporto tra c3^3 e c2^2.

```
F1    F2        F3    F4    F5    F6    F7
  Plot Setup Cell Header Calc Util Stat
DATA         T(anni) R(UA)
      c1     c2      c3    c4
1  mercurio  .241    .38   .94475
2  venere    .614    .72   .990058
3  terra     1       1.    1.
4  marte     1.881   1.52  .992552
5  giove     11.8    5.2   1.00982
6  saturno   29.5    9.2   .894787
7
c4=c3^3/c2^2
CALC           DEG AUTO      FUNC
```

Nei limiti della precisione dei dati (ai tempi di Keplero le distanze non erano note con grande accuratezza) possiamo dichiararci soddisfatti.

Ancora una precisazione: qual è la "miglior" funzione potenza? Più precisamente, quali sono i valori di a e b nella equazione

$$y = ax^b$$

che minimizzano la somma S

$$S = \sum_{i=1}^{n} (ax_i^b - y_i)^2$$

dei quadrati degli scarti da n punti

$$(x_1, y_1) \ldots (x_n, y_n)?$$

Il metodo dei minimi quadrati conduce a un sistema di equazioni esponenziali assai faticoso da risolvere. Un metodo semplice ed elegante per approssimare i coefficienti a e b nella equazione

$$y = ax^b$$

consiste nel *linearizzare* tale equazione, passando ai logaritmi. Infatti se

$$y = a\,x^b$$

allora

$$\ln(y) = \ln(a) + b\ln(x),$$

cioè una relazione non lineare tra x e y si traduce in una relazione lineare tra $\ln(y)$ e $\ln(x)$; la pendenza della retta è l'esponente b della funzione potenza, e il termine noto è il logaritmo del fattore a. Nel nostro caso, poiché $a = 1$, dovremmo ottenere una retta di pendenza b passante per l'origine.

Torniamo alla tabella, e definiamo nella colonna c4 il logaritmo naturale di c2, e nella colonna c5 il logaritmo naturale di c3.

Il grafico delle colonne c4 e c5 mostra chiaramente l'andamento lineare.

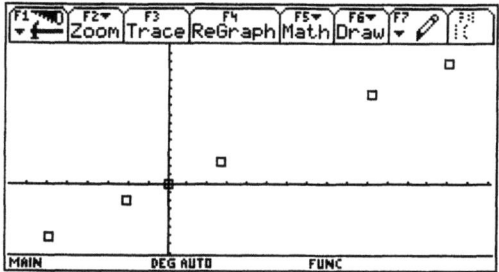

Quindi per determinare la funzione potenza che lega R a T si calcola la retta di regressione che lega $\ln(R)$ a $\ln(T)$.

Come si vede il risultato è uguale a quello già trovato: la pendenza della retta è 0.663932, valore che coincide con l'esponente della funzione potenza, e il termine noto è -0.007677. Questo numero è il logaritmo naturale del fattore a nella funzione aT^b, quindi

$$a = e^{-0.007677} = 0.992352,$$

valore che coincide con il fattore a precedentemente ottenuto.

7.6. Una decrescita esponenziale

Mi ha sempre incuriosito il fatto che nella chitarra i successivi capotasti (un capotasto è lo spazio tra una sbarretta verticale e la successiva sul manico) non siano uguali, ma vadano decrescendo a mano a mano che ci si avvicina alla cassa.

Si tratta di un andamento esponenziale: questo argomento ha suscitato in classe notevole interesse.

Ho incaricato gli studenti che possedevano a casa una chitarra di prendere accuratamente le misure (in centimetri) della lunghezza della corda ai diversi capotasti, e di visualizzarne il grafico. Gli studenti sono arrivati con serie di dati differenti (in particolare per le chitarre con le corde di metallo e con le corde di nylon), ma qualitativamente dello stesso tipo.

Ecco un esempio: nella prima colonna c'è il numero progressivo n del capotasto (in genere le chitarre ne hanno 19); nella seconda colonna c'è la lunghezza della corda, a partire dal ponticello inferiore, bloccata all'n-esimo capotasto. Con $n = 0$ abbiamo indicato la corda libera.

DATA	n	l(cm)		
	c1	c2	c3	c4
1	0	64.5		
2	1	60.8		
3	2	57.3		
4	3	54.1		
5	4	51.1		
6	5	48.3		
7	6	45.6		

c1=

DATA	n	l(cm)		
	c1	c2	c3	c4
8	7	43.		
9	8	40.6		
10	9	38.3		
11	10	36.1		
12	11	34.1		
13	12	32.2		
14	13	30.4		

r8c1=7

DATA	n	l(cm)		
	c1	c2	c3	c4
15	14	28.6		
16	15	27		
17	16	25.4		
18	17	24		
19	18	22.6		
20	19	21.3		
21				

r15c1=14

La decrescita non è lineare, come si può osservare. Vediamo il grafico.

Crescite lineari e crescite non lineari   137

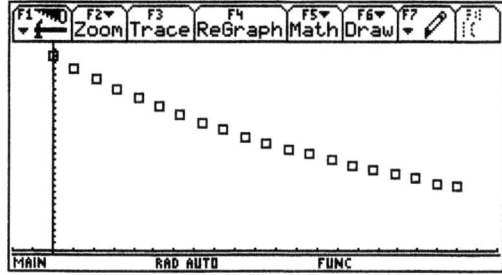

Un modo per verificare se il comportamento è esponenziale è quello di controllare i rapporti tra ciascun termine e il precedente. Infatti per la funzione

$$f(x) = a\, b^x$$

risulta per ogni n

$$\frac{f(n+1)}{f(n)} = b.$$

La variabile di tipo DATA in cui abbiamo memorizzato la tabella si chiama "chitarra". Estraiamo la colonna 2, calcoliamo i rapporti tra ogni elemento e il precedente, e calcoliamone la media.

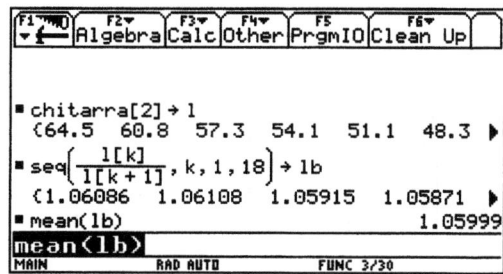

Il rapporto medio è

$$b \cong 0.94.$$

Possiamo prendere come valore di a il valore $f(0)$, cioè la lunghezza della corda libera:

$$a = 64.5.$$

Otteniamo la funzione esponenziale

$$y = 64.5 \cdot 0.94^x.$$

138   M. Impedovo

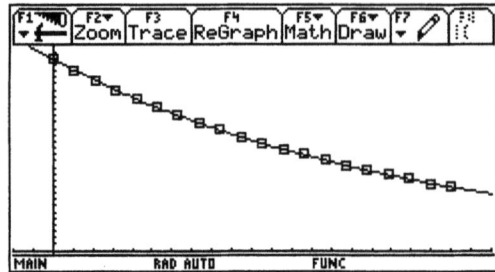

In effetti se chiediamo alla TI-92 la funzione di regressione esponenziale otteniamo con ottima approssimazione lo stesso risultato.

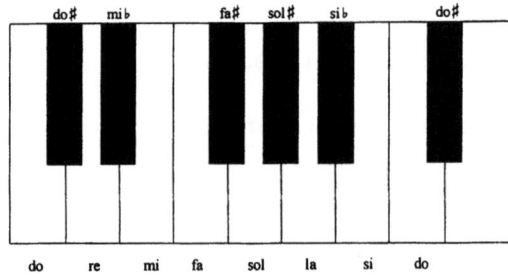

L'interpretazione del numero b è molto interessante. Nella scala temperata l'intervallo di frequenze comprese tra f e $2f$ prende il nome di **ottava**; due note di frequenze f e $2f$ hanno lo stesso nome. Per esempio il Do centrale di un pianoforte ha frequenza 262 Hz, il Do dell'ottava superiore ha frequenza 524 Hz, il Do dell'ottava inferiore 131 Hz. Tra due Do successivi sono comprese 12 note.

L'intervallo tra una nota di frequenza f_n e la nota successiva di frequenza f_{n+1} (l'intervallo di un semitono) è caratterizzato, per ogni nota, dallo stesso rapporto

$$k = \frac{f_{n+1}}{f_n}.$$

Nel passaggio da una nota di frequenza f_0 alla stessa nota dell'ottava superiore $f_{12} = 2f_0$ si ha:

$$f_1 = kf_0, \quad f_2 = kf_1, \quad f_3 = kf_2, \ldots, \quad f_{12} = kf_{11}$$

da cui

$$2f_0 = f_{12} = kf_{11} = k^2 f_{10} = k^3 f_9 = \ldots = k^{12} f_0,$$

e quindi

$$2f_0 = k_{12} f_0,$$
$$2 = k_{12},$$
$$k = \sqrt[12]{2}.$$

Poiché le frequenze delle note emesse da uno strumento a corda sono inversamente proporzionali alla lunghezza delle corde, ci aspettiamo che la base della funzione esponenziale che abbiamo prima determinato sia l'inverso di $\sqrt[12]{2}$.
In effetti

$$\frac{1}{\sqrt[12]{2}} = 0.94387\ldots$$

7.7. Incrementi

Analizzare gli incrementi di una funzione è un primo passo, nel discreto, per giungere al più generale concetto di pendenza di una curva nel continuo. Abbiamo visto in precedenza che per una funzione quadratica $f(x) = ax^2 + bx + c$ vale la seguente proprietà: consideriamo la successione $f(n)$ e associamo ad essa la successione degli incrementi

$$d_1(n) = f(n) - f(n-1);$$

tale successione è linearmente crescente (o decrescente). Questo significa che la successione degli incrementi di d_1

$$d_2 = d_1(n) - d_1(n-1) = f(n) - f(n-1) - f(n-1) + f(n-2)$$

è costante, e vale $2a$.

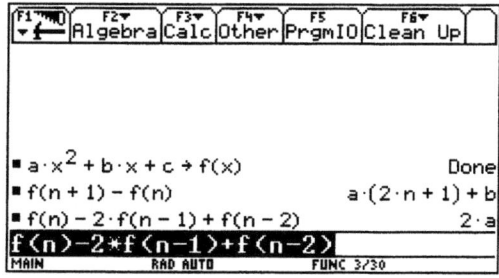

Possiamo evidenziare questo comportamento mediante l'utilizzo degli ambienti Y=Editor e Table. Memorizziamo in y1(x) per esempio la funzione

$$x \to 2x^2 - 5x + 3.$$

Per visualizzare gli incrementi di y1 inseriamo in y2 la funzione y1(x+1)-y1(x), e in y3 la funzione degli incrementi di y2.

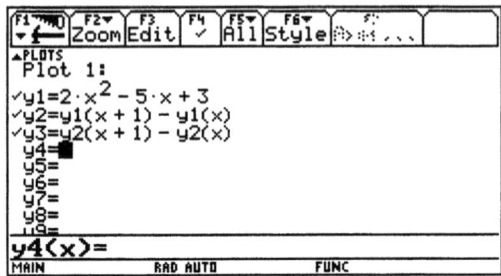

Dunque la proprietà di avere $d_2(n)$ costante caratterizza le funzioni quadratiche.

È possibile generalizzare? Cosa accade per una funzione di terzo grado? Analizziamo per esempio $f(x) = x^3 - 3x^2 + 4x + 2$.

Come si vede $d_2(n)$ non è costante, ma è a sua volta una crescita lineare (di pendenza 6), quindi è costante $d_3(n)$.

Crescite lineari e crescite non lineari   141

```
┌─────┬─────┬─────┬─────┬─────┬─────┐
│F1  │ F2  │ F3  │ F4  │ F5  │ F6  │
│  ← │Setup│Cell │Header│Del │Ins Pos│
├─────┼─────┼─────┼─────┼─────┼─────┤
│ x   │ y1  │ y2  │ y3  │ y4  │     │
├─────┼─────┼─────┼─────┼─────┼─────┤
│ 0.  │ 2.  │ 2.  │ 0.  │ 6.  │     │
│ 1.  │ 4.  │ 2.  │ 6.  │ 6.  │     │
│ 2.  │ 6.  │ 8.  │ 12. │ 6.  │     │
│ 3.  │ 14. │ 20. │ 18. │ 6.  │     │
│ 4.  │ 34. │ 38. │ 24. │ 6.  │     │
│ 5.  │ 72. │ 62. │ 30. │ 6.  │     │
│ 6.  │ 134.│ 92. │ 36. │ 6.  │     │
│ 7.  │ 226.│ 128.│ 42. │ 6.  │     │
├─────┴─────┴─────┴─────┴─────┴─────┤
│ x=0.                              │
│ MAIN     RAD AUTO     FUNC        │
└───────────────────────────────────┘
```

Gli esempi svolti ci inducono a formulare la seguente congettura:

Per un polinomio di grado k è costante la successione $d_k(n)$, cioè la successione degli incrementi k-esimi.

La congettura è dimostrabile per induzione.

In definitiva per le funzioni polinomiali l'operatore d diminuisce di un'unità il grado del polinomio. In altri termini (passando al continuo): la derivata di una funzione polinomiale di grado n è una funzione polinomiale di grado $n - 1$.

Per le funzioni esponenziali questo non accade: vediamo per esempio $f(x) = 2^x$.

```
┌─────┬─────┬─────┬─────┬─────┬─────┐
│F1  │ F2  │ F3  │ F4  │ F5  │ F6  │
│  ← │Setup│Cell │Header│Del │Ins Pos│
├─────┼─────┼─────┼─────┼─────┼─────┤
│ x   │ y1  │ y2  │ y3  │ y4  │     │
├─────┼─────┼─────┼─────┼─────┼─────┤
│ 0.  │ 1.  │ 1.  │ 1.  │ 1.  │     │
│ 1.  │ 2.  │ 2.  │ 2.  │ 2.  │     │
│ 2.  │ 4.  │ 4.  │ 4.  │ 4.  │     │
│ 3.  │ 8.  │ 8.  │ 8.  │ 8.  │     │
│ 4.  │ 16. │ 16. │ 16. │ 16. │     │
│ 5.  │ 32. │ 32. │ 32. │ 32. │     │
│ 6.  │ 64. │ 64. │ 64. │ 64. │     │
│ 7.  │128. │128. │128. │128. │     │
├─────┴─────┴─────┴─────┴─────┴─────┤
│ x=0.                              │
│ MAIN     RAD AUTO     FUNC        │
└───────────────────────────────────┘
```

Come si vede le successioni $d_1, d_2, \ldots$ restano uguali alla successione $f(n)$.

Per una generica funzione della forma $f(x) = a\, b^x$ risulta invece costante il **rapporto** e non l'incremento tra i valori della successione $f(n)$.

In altri termini (passando al continuo): la derivata di una funzione esponenziale è una funzione esponenziale.

La TI-92 ci fornisce agimente la tabulazione dei valori di una funzione; lo studente si trova così nelle condizioni di "vedere" una gran quantità di numeri, e ciò può far solo bene. Prendere confidenza con il variare di una funzione, osservarne gli incrementi e ipotizzarne la variazione è un'utile attività di ricerca che prepara alle nozioni del calcolo infinitesimale.

8. Polinomi e interpolazione

L'analisi strutturale, la manipolazione e l'utilizzo dei polinomi (a coefficienti in un campo, per esempio **Q**, oppure **R**) è certamente uno dei temi più interessanti del triennio e uno dei fili conduttori dell'intero curriculum: si parte dal polinomio di primo grado, visto come espressione analitica di una funzione lineare, e si arriva ai polinomi di Taylor per l'approssimazione di una funzione.

I polinomi a coefficienti in un campo costituiscono un anello euclideo: dati due polinomi $a(x)$ e $b(x)$ esistono e sono unici i polinomi **quoziente** $q(x)$ e **resto** $r(x)$ in modo che
1) $a(x) = q(x) b(x) + r(x)$;
2) il grado di $r(x)$ è minore del grado di $b(x)$.

La dimostrazione dell'esistenza di tali polinomi è costruttiva, e scaturisce dall'algoritmo di divisione tra polinomi.
Indicheremo con **Q**[x] e con **R**[x] rispettivamente l'anello dei polinomi a coefficienti in **Q** e a coefficienti in **R**.

La TI-92 possiede un buon numero di comandi per la gestione di polinomi.

Il comando `factor(pol)` fattorizza un polinomio in **Q**[x], mentre il comando `factor(pol,var)` fattorizza il polinomio in **R**[x] (affermazione da prendere naturalmente con le molle).

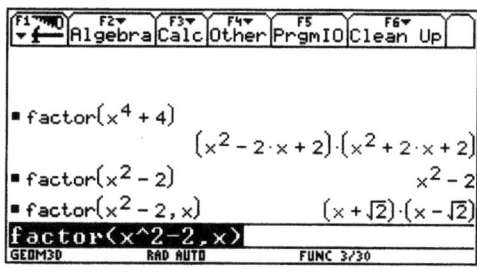

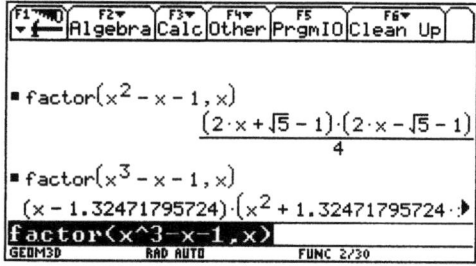

Il comando `cFactor` fattorizza in $\mathbb{C}[x]$, anello dei polinomi a coefficienti nel campo dei numeri complessi.

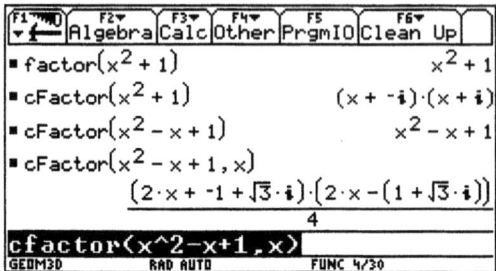

Il comando `propFrac` trasforma una frazione algebrica $a(x)/b(x)$ nella forma $q(x) + r(x)/b(x)$.

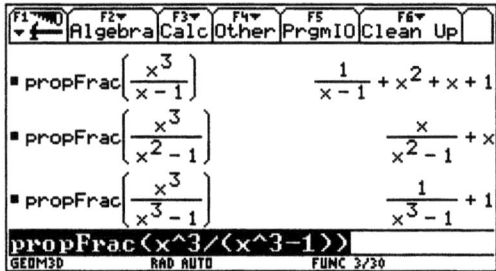

Ecco un programma che prende in ingresso due polinomi e restituisce il polinomio quoziente e il polinomio resto; l'algoritmo è quello classico della divisione tra due polinomi.

```
poldiv(pa,pb)
Func
©Input: due polinomi in x, output: quoziente e resto
Local a,b,ga,gb,q,i,j
coef(expand(pa))→a:coef(expand(pb))→b
dim(a)→ga:dim(b)→gb
If ga<gb Then
{0}→q
Else
newList(ga-gb+1)→q
For i,1,ga-gb+1
a[i]/(b[1])→q[i]
For j,1,gb
a[i+j-1]-q[i]*b[j]→a[i+j-1]
EndFor
EndFor
EndIf
{polyEval(q,x),polyEval(a,x)}
EndFunc
```

Polinomi e interpolazione 145

```
┌F1─▼─┐┌F2▼──┐┌F3▼─┐┌F4▼──┐┌F5────┐┌F6▼─────┐
│ ▼ ┌─┤│Algebra││Calc││Other││PrgmIO││Clean Up│
```

■ poldiv(x³, x⁴ − 1)   {0   x³}
■ poldiv(x³ − x, x + 1)   {x² − x   0}
■ poldiv(x⁵ − 2·x³ − x + 2, x² + 1)
                              {x³ − 3·x   2·x + 2}
`poldiv(x^5−2x^3−x+2,x^2+1)`
POLINOMI   RAD AUTO   FUNC 3/30

Il comando `polyEval(lista,var)`, come abbiamo visto, interpreta gli n elementi della lista come i coefficienti di un polinomio di grado n. Il secondo argomento può essere una variabile o un'espressione.

```
┌F1─▼─┐┌F2▼──┐┌F3▼─┐┌F4▼──┐┌F5────┐┌F6▼─────┐
│ ▼ ┌─┤│Algebra││Calc││Other││PrgmIO││Clean Up│
```

■ polyEval({1 −3 2}, x) $x^2 − 3·x + 2$
■ polyEval({1 −3 2}, x²) $x^4 − 3·x^2 + 2$
■ polyEval({1 −3 2}, −x) $x^2 + 3·x + 2$
■ polyEval({1 −3 2}, x − 1) $x^2 − 5·x + 6$
`polyEval({1,−3,2},x−1)`
GEOM3D   RAD AUTO   FUNC 4/30

Inoltre è possibile valutare il polinomio in uno o più valori, a seconda che il secondo argomento sia un numero o una lista.

```
┌F1─▼─┐┌F2▼──┐┌F3▼─┐┌F4▼──┐┌F5────┐┌F6▼─────┐
│ ▼ ┌─┤│Algebra││Calc││Other││PrgmIO││Clean Up│
```

■ polyEval({1 −3 2}, t) $t^2 − 3·t + 2$
■ polyEval({1 −3 2}, 5)   12
■ polyEval({1 −3 2}, {1 3 5})
                                 {0   2   12}
`polyEval({1,−3,2},{1,3,5})`
GEOM3D   RAD AUTO   FUNC 3/30

8.1. Un'applicazione del Teorema di Ruffini: la retta tangente ad una funzione polinomiale

Dato un polinomio $p(x)$ e un numero a risulta $p(a) = 0$ se e solo se $p(x)$ è divisibile per $(x − a)$. Il Teorema di Ruffini fa da ponte tra l'aspetto sintattico di un polinomio (elemento di un anello con certe operazioni e con certe proprietà) e l'aspetto *funzionale* (il polinomio come funzione polinomiale). Nell'insegnamento secondario spesso questa distinzione non è sufficientemente sottolineata: in molti manuali ci si sofferma ancora sulla "Regola di Ruffini" (tipico esempio di matematica da rottamare) più che sul Teorema, e non si enfatizza a sufficienza il legame tra l'aspetto sintattico (divisibilità tra polinomi) e l'aspetto funzionale (gli zeri di un polinomio).

Vogliamo qui risolvere il problema di determinare l'equazione della retta tangente al grafico di una funzione polinomiale di grado qualsiasi in un punto di ascissa fissato.

Determinare l'equazione della retta tangente alla curva di equazione

$$y = x^3 - x + 1$$

nel punto di ascissa $x_0 = 3$.

Indicata con $f(x)$ la funzione polinomiale di terzo grado, la retta tangente in $x = 3$ ha pendenza m incognita e avrà equazione della forma

$$y = m(x - 3) + f(3)$$

$$y = m(x - 3) + 25.$$

Con la TI-92 definiamo con la funzione `f(x)` la cubica e con `rt(a)` la funzione lineare di pendenza m (che possiamo per estensione chiamare *pendenza di* $f(x)$ *in* a) passante per $(a, f(a))$.

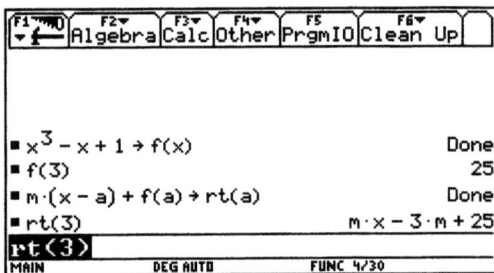

Mettiamo ora a sistema tale retta con la $y = f(x)$; l'equazione risultante è

`f(x)-rt(3)`.

Si ottiene un'equazione risolvente di terzo grado, che ammette (al più) tre soluzioni reali; di queste, per definizione di retta tangente, due devono essere uguali a 3, pertanto per il Teorema di Ruffini il polinomio dell'equazione risolvente deve essere divisibile per $(x - 3)^2$; questo è quanto dire che il resto della divisione del polinomio

$$f(x)-rt(3)$$

per il polinomio

$$(x-3)\wedge 2$$

deve essere nullo. Utilizziamo il programma poldiv.

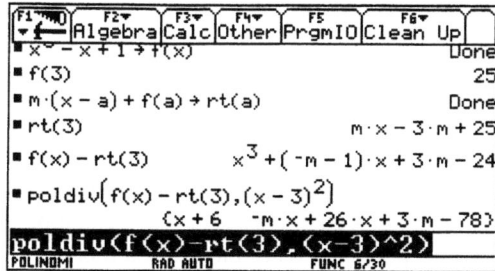

Il resto tra i due polinomi è

$$(26 - m) x + 3m - 78.$$

Questo polinomio è il polinomio nullo se e solo se sono nulli i suoi coefficienti. Le equazioni $26 - m = 0$ e $3m - 78 = 0$ forniscono la stessa soluzione: $m = 26$. Dunque la retta tangente ha equazione

$$y = 26x - 53.$$

Allo stesso risultato potevamo pervenire utilizzando propFrac.

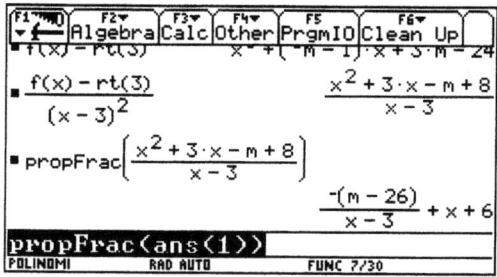

Il resto è il numeratore della frazione; a denominatore, come si vede, non compare $(x - 3)^2$ ma $(x - 3)$: questo significa che qualunque retta della forma

$$y = m (x - 3) + 25$$

ha una intersezione in 3 con $f(x)$ (ovviamente). Se vogliamo una seconda intersezione imponiamo che sia nullo il resto, cioè $m - 26 = 0$.

Il quoziente tra i due polinomi è $x + 6$: la retta tangente ha un'ulteriore intersezione con il grafico di $f(x)$ nel punto di ascissa -6.

Possiamo confermare graficamente i risultati ottenuti. Nell'ambiente Graph sfruttiamo il comando F5 Math A:Tangent.

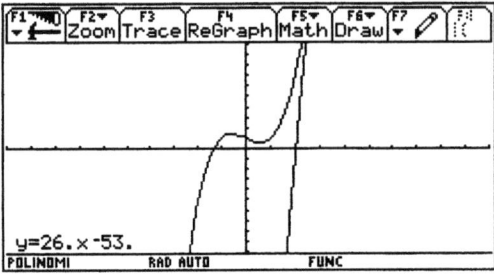

Una conclusione è la seguente: non sono necessarie le derivate per determinare la pendenza di una funzione polinomiale $f(x)$ in un punto di ascissa a: è sufficiente imporre che il resto tra i polinomi $f(x) - (m(x - a) + f(a))$ e $(x - a)^2$, che dipende dal parametro m, sia il polinomio nullo; poiché il resto ha grado minore di 2, indipendentemente dal grado di $f(x)$, la soluzione è sempre alla portata di qualsiasi studente di biennio.

Per esempio: determinare la pendenza di una funzione polinomiale di 5° grado in $x = 1$.

```
F1    F2     F3    F4    F5     F6
    Algebra Calc Other PrgmIO Clean Up

■ randPoly(x,5)
            -9·x^5 + 8·x^4 + 8·x^3 - 5·x^2 - 4·x + 4
■ -9·x^5 + 8·x^4 + 8·x^3 - 5·x^2 - 4·x + 4 → f(x)
                                         Done
■ poldiv(f(x) - rt(1),(x - 1)^2)
    {-9·x^3 - 10·x^2 - 3·x - 1    -m·x - 3·x + m +▶
poldiv(f(x)-rt(1),(x-1)^2)
POLINOMI      RAD AUTO        FUNC 3/30
```

Come si vede risulta $x = -3$.

Un'altra osservazione: così come abbiamo imposto che la retta passante per $(a, f(a))$ avesse 2 intersezioni coincidenti in a con $f(x)$, possiamo chiederci se esistono punti della curva in cui la retta tangente ha 3 intersezioni coincidenti. Per una cubica questo accade per uno ed un solo punto, il punto di flesso. Possiamo allora introdurre un nuovo parametro, a, e imporre che il resto della divisione di $f(x) - rt(a)$ per $(x - a)^3$ sia nullo.

Prendiamo un polinomio casuale (randpoly) e valutiamo questo procedimento.

Polinomi e interpolazione

```
F1 F2 F3 F4 F5 F6
 Algebra Calc Other PrgmIO Clean Up
■ randPoly(x,3)          3·x³+9·x²+4·x−7
■ 3·x³+9·x²+4·x−7 → f(x)           Done
■ poldiv(f(x)−rt(a),(x−a)³)
   {3  9·a·x²+9·x²−9·a²·x−m·x+4·x−9▶
poldiv(f(x)-rt(a),(x-a)^3)
POLINOMI        RAD AUTO     FUNC 3/30
```

Come si vede il resto è un polinomio di secondo grado.

```
F1 F2 F3 F4 F5 F6
 Algebra Calc Other PrgmIO Clean Up
■ randPoly(x,3)          3·x³+9·x²+4·x−7
■ 3·x³+9·x²+4·x−7 → f(x)           Done
■ poldiv(f(x)−rt(a),(x−a)³)
   {3  9·a·x²+9·x²−9·a²·x−m·x+4·x−9▶
■ {3  9·a·x²+9·x²−9·a²·x−m·x+4·x−9▶
   (9·a+9)·x²+(−9·a²−m+4)·x−9·a²+a·▶
ans(1)[2]
POLINOMI        RAD AUTO     FUNC 4/30
```

Il coefficiente di x^2 è $9a + 9$: dunque deve essere $a = -1$. Il punto di flesso della curva è il punto $(-1, -5)$, cosa che viene confermata da Math, Inflection.

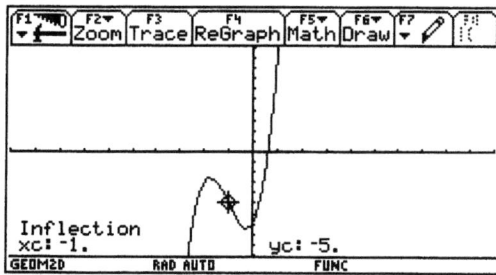

Imponendo nel resto che $a = -1$ otteniamo che la tangente inflessionale ha pendenza $m = -5$.

```
F1 F2 F3 F4 F5 F6
 Algebra Calc Other PrgmIO Clean Up
■ poldiv(f(x)−rt(a),(x−a)³)
   {3  9·a·x²+9·x²−9·a²·x−m·x+4·x−9▶
■ {3  9·a·x²+9·x²−9·a²·x−m·x+4·x−9▶
   (9·a+9)·x²+(−9·a²−m+4)·x−9·a²+a·▶
■(9·a+9)·x²+(−9·a²−m+4)·x−9·a²+a·▶
                     (−m−5)·x−m−5
ans(1)|a=⁻1
POLINOMI        RAD AUTO     FUNC 5/30
```

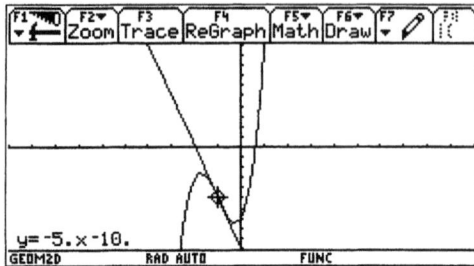

8.2. Principi (?) e teoremi

Un altro principio famigerato è il *Principio di identità dei polinomi*. Esso dice che due polinomi sono uguali dal punto di vista sintattico (cioè hanno lo stesso grado e gli stessi coefficienti, sono formalmente uguali) se e solo se sono uguali come **funzioni**: due funzioni $f(x):\mathbf{R}\to\mathbf{R}$ e $g(x): \mathbf{R}\to\mathbf{R}$ sono uguali se per ogni $a \in \mathbf{R}$ risulta $f(a) = g(a)$. In sostanza non esistono due distinti polinomi che hanno lo stesso grafico.

In realtà anche in questo caso si tratta di un teorema, e come tutti i teoremi ha le sue belle ipotesi.

Teorema di identità dei polinomi. Se A è un campo con **infiniti elementi** allora $f(x), g(x) \in A[x]$ sono uguali come funzioni se e solo se sono uguali come polinomi.

Dimostrazione. È ovvio che se $f(x)$ e $g(x)$ sono lo stesso polinomio allora sono la stessa funzione. Viceversa, se $f(x)$ e $g(x)$ sono la stessa funzione, cioè $f(a) = g(a)$ per ogni $a \in A$, allora il polinomio $h(x) = f(x) - g(x)$ ammette infiniti zeri: l'unico polinomio che ammette infiniti zeri è il polinomio nullo, dunque $f(x) - g(x) = 0$, e $f(x) = g(x)$.

È evidente quindi che finché trattiamo polinomi di $\mathbf{R}[x]$ vale il teorema di identità. È possibile trovare un controesempio significativo? Sì, è sufficiente considerare come campo dei coefficienti un campo finito, per esempio le classi di resto moulo p, con p numero primo: ricordiamo che $\mathbf{Z}_n$ è un anello per ogni $n \in \mathbf{N}$, ed è un campo per ogni n primo. Le tavole pitagoriche rispetto alla somma e al prodotto hanno entrambe la configurazione di gruppo commutativo. Ecco per esempio la tavola pitagorica di $\mathbf{Z}_7$ rispetto al prodotto.

```
■ seq(seq(mod(a·b,7),a,1,6),b,1,6)
       ⎡1 2 3 4 5 6⎤
       ⎢2 4 6 1 3 5⎥
       ⎢3 6 2 5 1 4⎥
       ⎢4 1 5 2 6 3⎥
       ⎢5 3 1 6 4 2⎥
       ⎣6 5 4 3 2 1⎦
```

Possiamo ora fornire il controesempio: i polinomi

$$f(x) = x^3 + x^2 + 1 \qquad e \qquad g(x) = x^2 + x + 1$$

in $\mathbf{Z}_3[x]$ sono diversi come polinomi, ma uguali come funzioni. Infatti
$f(0) = 1 = g(0)$
$f(1) = 0 = g(1)$
$f(2) = 1 = g(2)$.

8.3. Somme di potenze

Quanto vale la somma dei primi n numeri naturali? Esistono molti modi per dimostrare la relazione

$$S(n) = \sum_{k=1}^{n} k = \frac{n(n+1)}{2}.$$

Qui siamo interessati all'aspetto funzionale del problema. Abbiamo una grandezza S che varia in funzione del numero n. Come varia? È crescente, naturalmente. Come cresce? Vogliamo determinarlo sperimentalmente.

Nell'ambiente Data/Matrix Editor apriamo una tabella; nella intestazione della colonna c1 immettiamo il comando
seq(n,n,0,6)
e nella colonna c2 il comando
Σ(k,k,1,c1);
(si può anche usare il comando cumsum che, applicato ad una lista, restituisce la lista delle somme parziali).

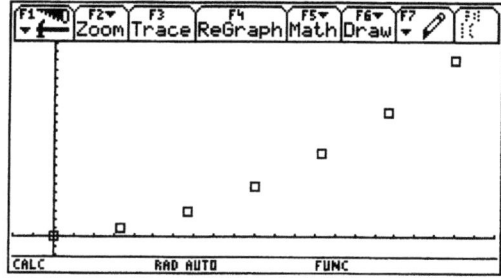

Ecco il grafico, impostato con [F2] Plot Setup, [F1] Define, Scatter, Box, c1, c2.

Come si vede sia dalla tabella (gli incrementi di c2 non sono costanti) sia dal grafico (i punti non sono allineati), non si tratta di una crescita lineare.

Potrebbe essere una parabola? Proviamo a calcolare l'equazione della parabola che passa per i primi tre punti della tabella, e tracciamone il grafico.

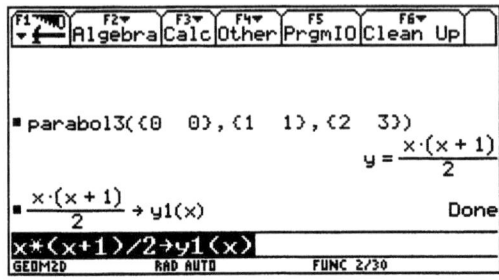

Il grafico è convincente. Possiamo formulare la congettura

$$\sum_{k=1}^{n} k = \frac{n(n+1)}{2},$$

che si dimostra rapidamente con il metodo utilizzato dal giovanissimo Gauss nel celebre aneddoto.

Se osserviamo la tabella notiamo che gli incrementi Δy della variabile dipendente (corrispondenti ad incrementi unitari della variabile indipendente) formano la successione

$$1, 2, 3, 4, 5, \ldots$$

Si tratta di una caratteristica comune alle funzioni quadratiche?

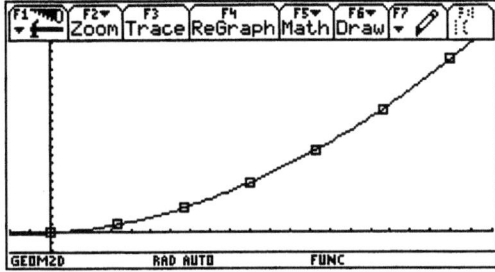

Come si vede gli incrementi Δy della funzione $f(x) = ax^2 + bx + c$ relativi a incrementi unitari della x costituiscono in generale una progressione aritmetica, di base $a + b$ e ragione $2a$.

Andiamo oltre: quanto vale la somma dei **quadrati** dei primi n numeri naturali?

Immettiamo in c3 il comando
$\Sigma(k\wedge 2,k,1,c1)$.

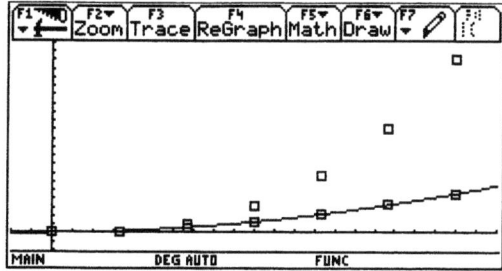

Si tratta di una funzione che cresce più rapidamente di una funzione quadratica. Infatti gli incrementi Δy della variabile dipendente corrispondenti ad incrementi unitari della variabile indipendente formano la successione

$$1, 4, 9, 16, 25, 36, \ldots$$

che non è una progressione aritmetica: è la successione dei quadrati perfetti.

Potrebbe essere una funzione polinomiale di terzo grado, cioè del tipo

$$x \to ax^3 + bx^2 + cx + d?$$

Utilizziamo ancora le funzioni statistiche della TI-92: F5 Calc, CubicReg, c1, c3, y2(x).

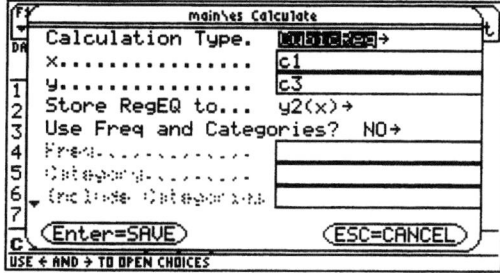

Il polinomio di terzo grado che approssima c3 sembra essere dunque

$$p(x) = \frac{1}{3}x^3 + \frac{1}{2}x^2 + \frac{1}{6}x.$$

Si verifica facilmente che effettivamente $p(x)$ passa per tutti i punti relativi alle colonne c1 (ascisse) e c3 (ordinate).

Fattorizzando

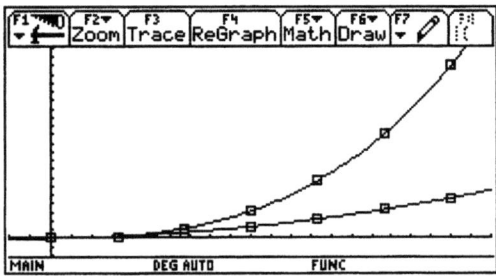

si ottiene il risultato generale:

La somma dei primi n quadrati è

$$\frac{n(n+1)(2n+1)}{6}.$$

In modo analogo possiamo proseguire con la ricerca della somma dei primi n cubi; la TI-92 possiede l'approssimazione con il metodo dei minimi quadrati mediante polinomi fino al quarto grado (QuartReg).

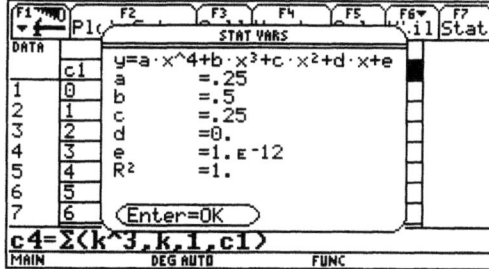

Il polinomio cercato è

$$\frac{1}{4}x^4 + \frac{1}{2}x^3 + \frac{1}{4}x^2$$

e la somma dei primi n cubi vale dunque

$$\frac{n^2(n+1)^2}{4}.$$

Sfrutteremo questi risultati nell'approccio al concetto di integrale definito.

Si osservi infine (ma va segnalato solo ora) che la TI-92 ha già implementate in memoria tali somme:

8.4. Interpolazione e polinomi

Abbiamo fin qui utilizzato le funzioni statistiche dell'ambiente Data/Matrix Editor. Il problema affrontato fa sorgere un'esigenza più generale: dati $n+1$

punti (x_0, y_0), (x_1, y_1), ..., (x_n, y_n) determinare il polinomio $p(x)$ di grado n (più precisamente di grado minore o uguale a n: un teorema ci assicura che se le ascisse sono tutte distinte tale polinomio esiste ed è unico) tale che $p(x_i) = y_i$ per $i = 0, 1, ..., n$.

Si tratta di un lavoro di un certo impegno, che ha coinvolto gli studenti di quarta liceo.

Vediamo su un esempio qual è l'algoritmo, e poi cerchiamo di implementarlo in un programma. Supponiamo di cercare il polinomio di terzo grado che soddisfi i primi quattro punti relativi alla somma dei primi quadrati (e memorizzati nella colonna c3):

$$(0,0), (1,1), (2,5), (3,14).$$

Si tratta di risolvere il sistema delle equazioni

$$\begin{cases} ax_1^3 + bx_1^2 + cx_1 + d = y_1 \\ ax_2^3 + bx_2^2 + cx_2 + d = y_2 \\ ax_3^3 + bx_3^2 + cx_3 + d = y_3 \\ ax_4^3 + bx_4^2 + cx_4 + d = y_4 \end{cases}$$

dove x_i e y_i sono le ascisse e le ordinate dei quattro punti.

La TI-92 possiede, come sappiamo, il potente comando

$$\mathtt{simult(mat,vet)}$$

che risolve il sistema lineare di n equazioni in n incognite in cui `mat` è la matrice $n \times n$ dei coefficienti, e `vet` è il vettore colonna $n \times 1$ dei termini noti.

Si tratta di utilizzare funzioni predefinite della TI-92 dedicate al trattamento di liste e matrici.

La nostra tabella si trova nella variabile di tipo `Data` di nome `es`.

Richiamiamo la prima e la terza colonna nell'ambiente `Home`, con i comandi `es[1]` e `es[3]`, che restituiscono due liste.

Polinòmi e interpolazione 157

```
F1▾  F2▾    F3▾  F4▾  F5     F6▾
  ← Algebra Calc Other PrgmIO Clean Up

■ es[1]           {0  1  2   3   4   5   6}
■ es[3]           {0  1  5  14  30  55  91}
 es[3]
MAIN       DEG AUTO        FUNC 2/30
```

Estraiamo dalle due liste i primi 4 elementi, e memorizziamoli nelle variabili xx e yy.

```
F1▾  F2▾    F3▾  F4▾  F5     F6▾
  ← Algebra Calc Other PrgmIO Clean Up

■ es[1]              {0  1  2   3   4   5   6}
■ es[3]              {0  1  5  14  30  55  91}
■ left(es[1],4)→xx                {0  1  2  3}
■ left(es[3],4)→yy                {0  1  5 14}
 left(es[3],4)→yy
MAIN       DEG AUTO        FUNC 4/30
```

Dobbiamo quindi risolvere il sistema

$$\begin{cases} 0a+0b+0c+d=0 \\ a+b+c+d=1 \\ 8a+4b+2c+d=5 \\ 27a+9b+3c+d=14. \end{cases}$$

La matrice dei coefficienti di questo sistema ha come prima colonna i cubi delle ascisse x_i. È possibile operare con le liste in modo che ogni elemento della lista sia sottoposto all'operazione svolta; per esempio xx^3 restituisce la lista

$$\{0, 1, 8, 27\}.$$

```
F1▾  F2▾    F3▾  F4▾  F5     F6▾
  ← Algebra Calc Other PrgmIO Clean Up

■ es[1]              {0  1  2   3   4   5   6}
■ es[3]              {0  1  5  14  30  55  91}
■ left(es[1],4)→xx                {0  1  2  3}
■ left(es[3],4)→yy                {0  1  5 14}
■ xx³                             {0  1  8 27}
 xx^3
MAIN       DEG AUTO        FUNC 5/30
```

Scriviamo dunque la matrice che ha per righe le liste xx^3, xx^2, xx, xx^0 (per la TI-92 una lista di liste è automaticamente una matrice), e poi calcoliamo la matrice trasposta, che trasforma le righe nelle colonne.

```
         ┌F1──┐┌F2─┐┌F3─┐┌F4─┐┌─F5─┐┌─F6──┐
         │ ▼ ⌂│Algebra│Calc│Other│PrgmIO│Clean Up│
                                    ┌0  1  4  9┐
 ▪ {xx³  xx²  xx  xx⁰} → m          │0  1  2  3│
                                    └1  1  1  1┘
                                    ┌0  0  0  1┐
                                    │1  1  1  1│
 ▪ mᵀ → m                           │8  4  2  1│
                                    └27 9  3  1┘

 mᵀ→m
 MAIN        DEG AUTO      FUNC 6/30
```

Il simbolo "T" si ottiene digitando
CATALOG, T, Enter.

La matrice m è la matrice dei coefficienti.

Per avere la colonna (o meglio la matrice 4×1) dei termini noti trasformiamo la lista yy in matrice, e passiamo alla trasposta.

```
         ┌F1──┐┌F2─┐┌F3─┐┌F4─┐┌─F5─┐┌─F6──┐
         │ ▼ ⌂│Algebra│Calc│Other│PrgmIO│Clean Up│
                                    ┌1  1  1  1┐
 ▪ mᵀ → m                           │8  4  2  1│
                                    └27 9  3  1┘
                                         ┌0 ┐
                                         │1 │
 ▪ (list▸mat(yy))ᵀ → yy                  │5 │
                                         └14┘

 (list▸mat(yy))ᵀ→yy
 MAIN        DEG AUTO      FUNC 7/30
```

Abbiamo tutti gli elementi per risolvere il sistema, utilizzando il comando simult.

```
         ┌F1──┐┌F2─┐┌F3─┐┌F4─┐┌─F5─┐┌─F6──┐
         │ ▼ ⌂│Algebra│Calc│Other│PrgmIO│Clean Up│
                                          └14┘
                                         ┌1/3┐
                                         │1/2│
 ▪ simult(m,yy) → coef                   │1/6│
                                         └ 0 ┘

                              x·(2·x² + 3·x + 1)
 ▪ polyEval(coef,x)          ───────────────────
                                      6

 polyEval(coef,x)
 MAIN        DEG AUTO      FUNC 9/30
```

Abbiamo trovato lo stesso polinomio suggerito dalle funzioni statistiche dell'ambiente Data/Matrix Editor.

Si tratta ora di generalizzare e di costruire un programma che prenda in ingresso due liste: la lista xx delle ascisse e la lista yy delle corrispondenti ordinate (ciascuna di n elementi), e dia in uscita il relativo polinomio di grado $n-1$; il programma "polinomi" non fa altro che generalizzare il procedimento analizzato nel precedente caso particolare.

polinomi(xx,yy,var)

Polinomi e interpolazione 159

```
Func
©Dare le liste di ascisse e ordinate e la variabile
Local m,n,i,coef
dim(xx)→n
(seq(xx^i,i,n-1,0,-1))ᵀ→m
list▶mat(yy,1)→yy
simult(m,yy)→coef
mat▶list(coef)→coef
polyEval(coef,var)
EndFunc
```

Si osservi che quando si eleva la lista xx alla potenza 0, se tra gli elementi della lista compare 0 (come nel nostro caso) si ha l'operazione indefinita 0^0: la TI-92 calcola $0^0 = 1$, ma dà un messaggio di pericolo:

Warning: 0^0 replaced by 1.

Facciamo ora un test del nostro programma: valutiamo la correttezza del polinomio di quarto grado che fornisce la somma dei primi n cubi; la colonna relativa nella tabella è c4.

Il risultato è corretto, coincide con quello già trovato.

Il cuore del programma polinomi è il comando simult, che abbiamo usato come una "scatola nera", cioè come un algoritmo di cui gli studenti ignorano i dettagli; tuttavia essi sanno bene quale significato abbia il risultato. È didatticamente opportuno usare la calcolatrice come una scatola nera, quando si sappia esattamente quale sia l'obiettivo.

È possibile implementare un programma analogo a polinomi che sfrutti un algoritmo del tutto differente, consentendo così di rispolverare un po' di storia della matematica.

Siano dati $n + 1$ punti (x_0, y_0), (x_1, y_1), ..., (x_n, y_n) con ascisse tutte distinte. Indichiamo con $l_i(x)$ i polinomi (detti *di Lagrange*)

$$l_i(x) = \prod_{\substack{j=0 \\ j \neq i}}^{n} \frac{x - x_j}{x_i - x_j} \qquad i = 0, \ldots, n.$$

Per esempio, per i quattro punti già trattati

$$(0,0), (1,1), (2,5), (3,14)$$

risulta:

$$l_0(x) = \frac{x-1}{0-1} \frac{x-2}{0-2} \frac{x-3}{0-3} = -\frac{1}{6}(x-1)(x-2)(x-3)$$

$$l_1(x) = \frac{x-0}{1-0} \frac{x-2}{1-2} \frac{x-3}{1-3} = \frac{1}{2}x(x-2)(x-3)$$

$$l_2(x) = \frac{x-0}{2-0} \frac{x-1}{2-1} \frac{x-3}{2-3} = -\frac{1}{2}x(x-1)(x-3)$$

$$l_3(x) = \frac{x-0}{3-0} \frac{x-1}{3-1} \frac{x-2}{3-2} = \frac{1}{6}x(x-1)(x-2)$$

Si dimostra facilmente che il polinomio interpolatore è

$$p(x) = \sum_{i=0}^{n} y_i l_i(x).$$

Infatti per ogni x_i risulta $l_i(x_i) = 1$, e quindi $p(x_i) = y_i$.

Nel nostro esempio risulta

$$p(x) = 0 \cdot l_0(x) + 1 \cdot l_1(x) + 5 \cdot l_2(x) + 14 \cdot l_3(x)$$
$$= \frac{1}{2}x(x-2)(x-3) - \frac{5}{2}x(x-1)(x-3) + \frac{7}{3}x(x-1)(x-2)$$
$$= \frac{1}{6}x(2x^2 + 3x + 1).$$

Ecco il brevissimo programma lagrange.

```
lagrange(xx,yy,var)
Func
Local   k,r,p
∅→p
For   k,1,dim(xx)
(var-xx)/(xx[k]-xx)→r
1→r[k]
```

```
p+yy[k]*product(r)→p
EndFor
EndFunc
```

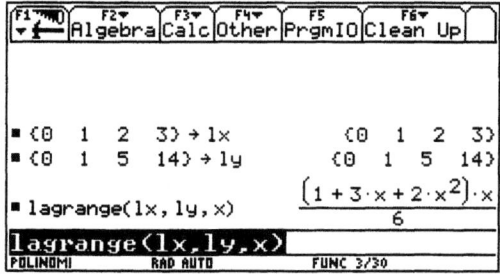

Ci siamo così dotati di uno strumento potente: siamo d'ora in poi in grado di determinare agilmente il polinomio di grado n il cui grafico passa per $n + 1$ punti fissati.

La caratteristica nuova e interessante nell'utilizzo della TI-92 è proprio questa: a poco a poco cresce l'insieme degli strumenti, immagazzinati una volta per tutte, con i quali possiamo via via affrontare problemi nuovi senza lasciarci scoraggiare dalla complessità di calcolo. Per esempio, abbiamo risolto il problema di determinare la somma dei primi n numeri naturali, dei primi n quadrati e dei primi n cubi, sfruttando le funzioni statistiche della TI-92. Ora possiamo generalizzare, e calcolare le prime n potenze k-esime, con k arbitrario. Vediamo qui soltanto le somma delle prime potenze quarte.

162   M. Impedovo

Quindi

$$\sum_{k=1}^{n} k^4 = \frac{1}{5}n^5 + \frac{1}{2}n^4 + \frac{1}{3}n^3 - \frac{1}{30}n$$

$$= \frac{n(n+1)(2n+1)(3n^2+3n-1)}{30}.$$

Possiamo ora utilizzare il programma polinomi per un altro obiettivo.

Sia data una funzione $f(x)$ definita su un intervallo $[a, b]$; dividiamo l'intervallo in n parti, mediante gli $n+1$ punti equispaziati

$$x_0 = a, x_1, x_2, \ldots, x_n = b.$$

Il polinomio di grado n che passa per i punti

$$(x_i, f(x_i)),$$

con $i = 0, 1, \ldots, n$ costituisce un'approssimazione della funzione f (del tutto differente dall'approssimazione fornita dai polinomi di Taylor).

Il brevissimo programma interpol(a,b,n), che sfrutta a sua volta il programma polinomi, prende in ingresso gli estremi a e b dell'intervallo e il grado n e fornisce in uscita tale polinomio; $f(x)$ è una funzione già memorizzata nella variabile f.

```
interpol(a,b,n)
Func
Local   dx,k,lx,ly
(b-a)/n→dx
seq(a+k*dx,k,0,n)→lx
f(lx)→ly
polinomi(lx,ly)
EndFunc
```

Vediamo un esempio: approssimiamo $f(x) = \sin(x)$ nell'intervallo $[0, 2\pi]$ mediante un polinomio di terzo grado; il programma interpol non fa altro che applicare il programma polinomi ai quattro punti

$$(0,0), \left(\frac{2}{3}\pi, \frac{\sqrt{3}}{2}\right), \left(\frac{4}{3}\pi, -\frac{\sqrt{3}}{2}\right), (2\pi, 0).$$

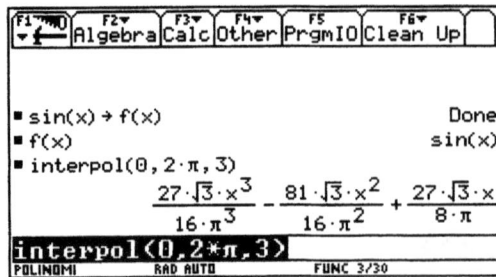

Il confronto tra i due grafici è interessante: le funzioni si comportano in modo abbastanza diverso (il polinomio interpolante è in spessore).

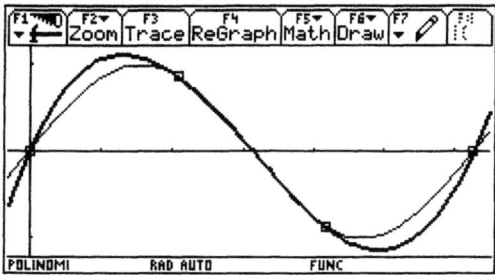

Passiamo al polinomio interpolatore di quarto grado.

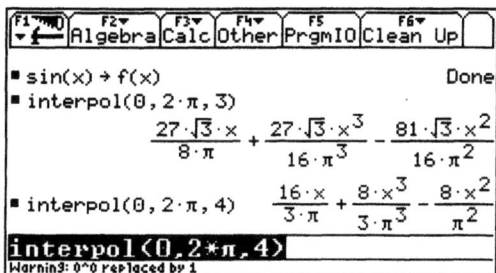

Come si vede, il polinomio interpolatore di quarto grado è ... di terzo grado. Non deve sorprendere, data la simmetria di sin(x): noi sappiamo a priori che il polinomio che passa per $n+1$ punti distinti ha grado minore o uguale a n. Vediamo il grafico.

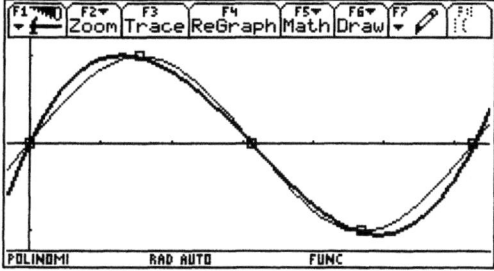

Vediamo ora il polinomio di quinto grado; i calcoli in forma simbolica sono proibitivi con carta e penna, e impegnano la TI-92 per qualche secondo. Proviamo a ottenere il risultato anche in forma approssimata.

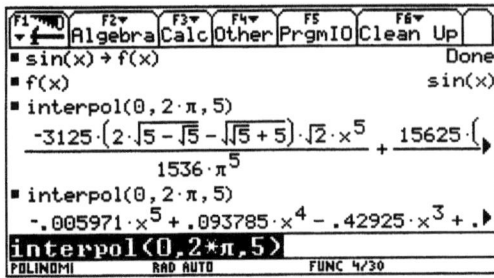

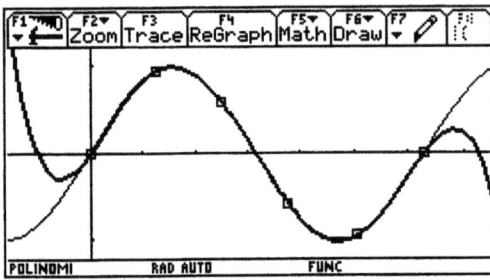

I due grafici sono praticamente sovrapposti nell'intervallo $[0,2\pi]$.
Possiamo renderci conto della loro differenza tracciando il grafico della funzione

$$f(x) - \texttt{interpol}(0,2\pi,5)$$

con ymin = –0.03, ymax = 0.03.

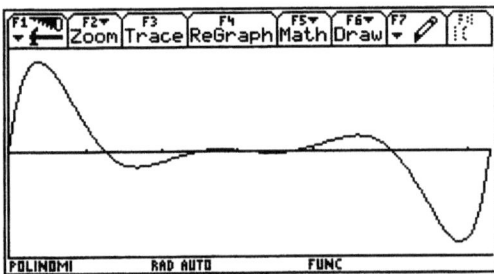

Svolgiamo un altro esempio: approssimiamo e^x con un polinomio di secondo grado nell'intervallo $[-1,1]$.

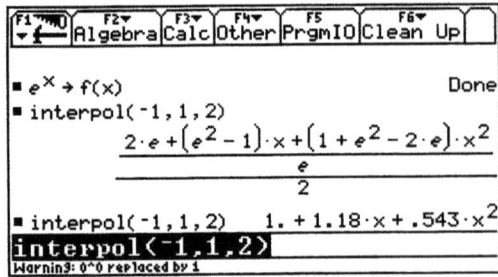

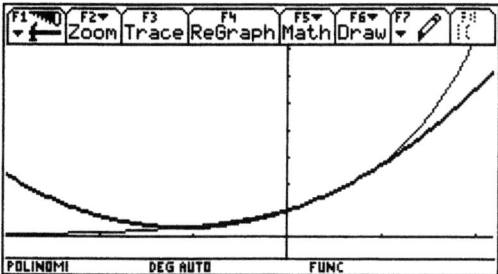

La curva più spessa nella figura precedente è la funzione quadratica

$$P_2(x) = 1+1.18x + 0.543x^2.$$

Nella figura seguente è rappresentata la differenza delle due funzioni nel rettangolo di visualizzazione $[-1,1]\times[-0.08,0.07]$.

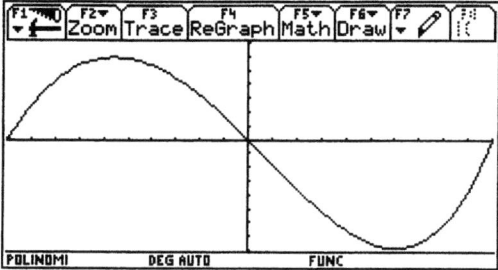

Si noti che il polinomio di Taylor di secondo grado di e^x con centro in $x = 0$

$$T_2(x) = 1 + x + \frac{1}{2}x^2$$

ha una migliore approssimazione *locale* vicino a 0, ma sull'intervallo $[-1,1]$ le due approssimazioni sono mediamente equivalenti. Il grafico seguente mostra le differenze $e^x - P_2(x)$ (in spessore) e $e^x - T_2(x)$ nel rettangolo $[-1,1] \times [-0.13, 0.22]$.

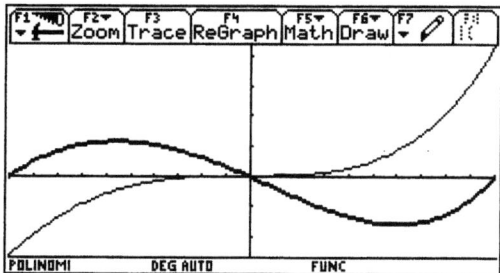

L'ultimo esempio che vogliamo mostrare è un esempio critico: gli esempi svolti potrebbero infatti lasciar supporre che all'aumentare di n il polinomio interpolante di grado n si avvicini indefinitamente alla funzione f sull'intervallo $[a, b]$. Non è così in generale.

Vediamo cosa accade per la funzione

$$f : x \to \frac{1}{1+x^2}$$

nell'intervallo [−5,5]. Iniziamo con $n = 5$.

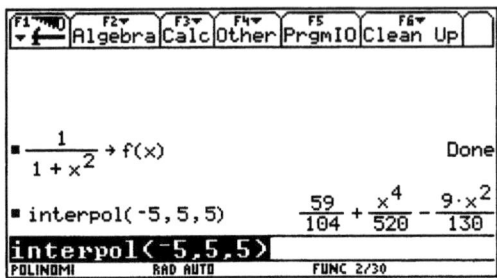

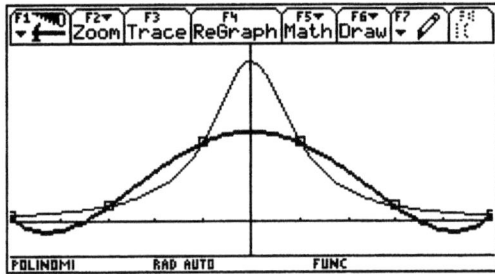

Il polinomio interpola malamente la funzione. Passiamo a $n = 10$.

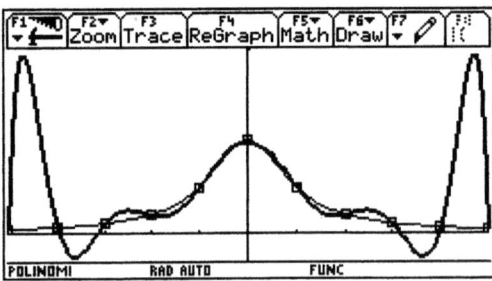

Le cose migliorano vicino all'origine, diciamo tra −1 e 1, ma peggiorano drasticamente agli estremi dell'intervallo: anziché schiacciarsi a zero il polinomio raggiunge un massimo che ha circa valore 2.

E non giova salire di grado: ecco il cosa accade con $n = 20$: la finestra di visualizzazione è [−5,5] × [−60,5].

Polinomi e interpolazione   167

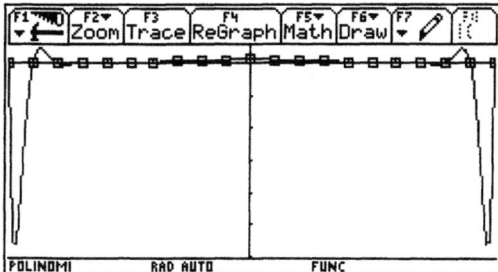

Come si vede il polinomio interpolante anziché tendere a zero se ne discosta ancora di più, toccando un valore minimo circa uguale a -60. Tale andamento diviene via via più disastroso al crescere di n. Come mai?

Il comportamento poco amichevole della funzione

$$f: x \to \frac{1}{1+x^2}$$

nell'intervallo $[-5,5]$ non si comprende se non si pensa che un Computer Algebra System lavora in **C**, non in **R**. Sulla TI-92, come in qualunque sistema simbolico, è possibile scegliere se lavorare in **R** o in **C**, mediante i comandi Mode, Complex Format.

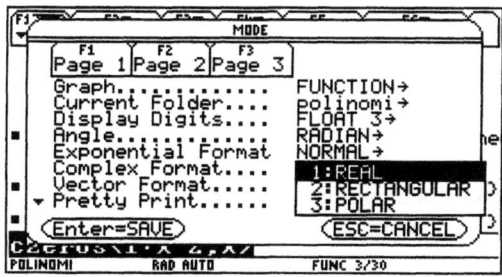

Impostando Rectangular oppure Polar si lavora in **C**, e i risultati vengono forniti rispettivamente in forma algebrica ($a + bi$) oppure polare (re^{it}).

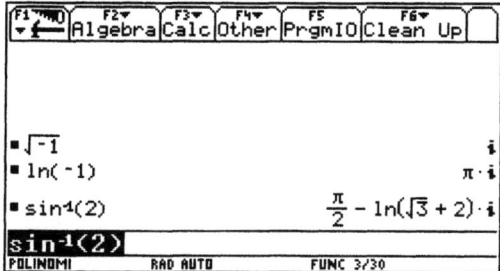

Con Real si sceglie di lavorare in **R**, e se il risultato di un calcolo è un numero complesso viene segnalato errore.

168   M. Impedovo

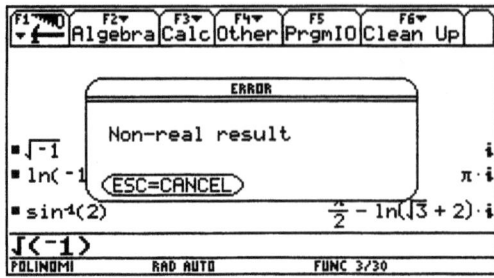

Ma attenzione: il risultato di un calcolo può essere reale anche se i singoli termini delle operazioni sono complessi. Per esempio la funzione

$$x \to \sqrt{x}\ \ln(x)$$

non è definita in **R** se non per $x > 0$. Tuttavia la TI-92, in modalità Real, dà risultato reale anche per $x = -1$:

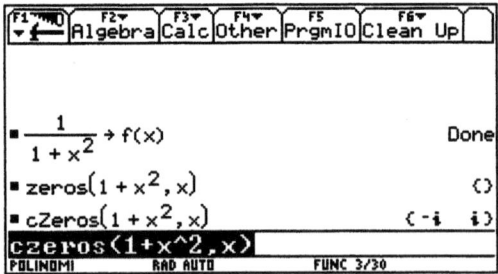

Questo perché il prodotto di due immaginari puri dà un numero reale.

Tornando alla funzione f: in **R** la funzione non presenta irregolarità di sorta; in **C** invece il denominatore si annulla in due punti:

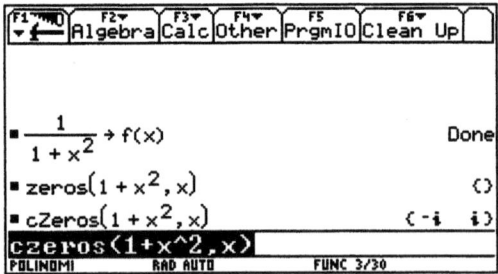

nel piano complesso f possiede dunque due singolarità, entrambe di modulo 1. Questo significa che il cerchio di convergenza di una serie di potenze che converga a f non può avere raggio maggiore di 1.

8.5. Quella sinusoide è una parabola

Una mattina stavo illustrando in quarta il grafico della funzione sinusoidale nell'intervallo tra 0 e $\pi/2$.

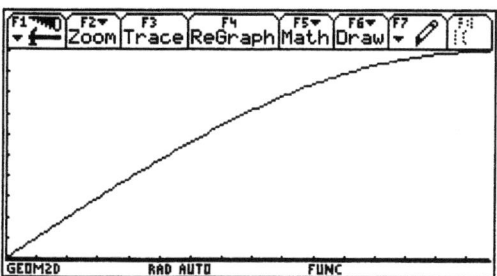

Uno studente, con aria scettica, commenta: ma è un arco di parabola! No, dico io, nessuna parabola coincide con questa curva. Lo studente non è convinto: "Provi allora a tracciare il grafico della parabola che passa per l'origine e ha vertice in $(\pi/2,1)$".

Abbiamo utilizzato la funzione già costruita in precedenza: `parabol3(a,b,c)` prende in ingresso le coordinate di tre punti, e fornisce in uscita l'equazione della parabola.

```
• parabol3[{0 0},{π/2 1},{π 0}]
                y = 4·x/π − 4·x²/π²
parabol3({0,0},{π/2,1},{π,0})
```

Inseriamo ora in Y=Editor le due funzioni $y1 = \sin(x)$ e $y2 = \dfrac{4}{\pi}x - \dfrac{4}{\pi^2}x^2$

```
PLOTS
✓y1=sin(x)
✓y2= 4·x/π − 4·x²/π²
y3=
y4=
y5=
y6=
y7=
y8=
y3(x)=
```

e tracciamone i grafici nel rettangolo $[0,\pi/2]\times[0,1]$, impostando stili grafici diversi con F6 Style: y1 con Line, e y2 con Dot.

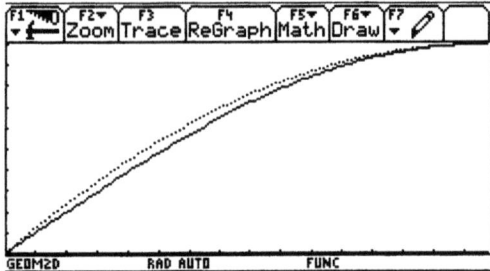

Come si vede nell'intervallo fissato la parabola è sempre maggiore della sinusoide, ma lo studente non si dà per vinto: "Proviamo allora con la parabola che passa per l'origine, per ($\pi/6, 1/2$), e per ($\pi/2, 1$). Utilizziamo ancora la funzione `parabol3`, memorizziamo il risultato in $y3(x)$ e tracciamo i grafici di $\sin(x)$ e $y3(x)$.

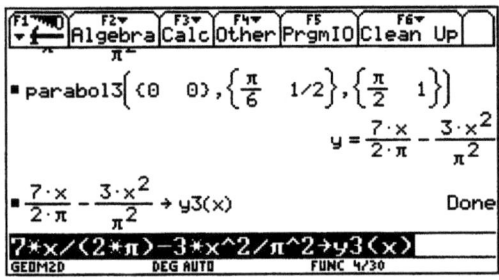

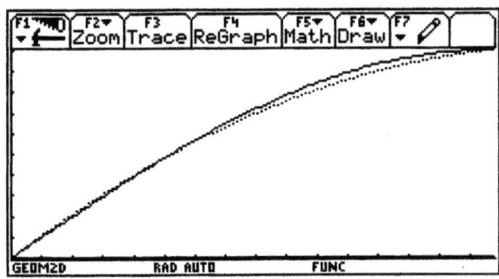

Si osserva che la parabola $y3$ è maggiore della sinusoide tra 0 e $\pi/6$, la interseca in $\pi/6$ ed è minore tra $\pi/6$ e $\pi/2$. Decidiamo di provare con un'altra parabola $y4$, scegliendo tre punti equispaziati, e quindi il punto intermedio è ($\pi/4, \sqrt{2}/2$).

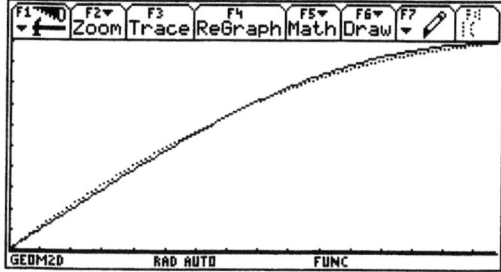

La parabola y4 è maggiore di sin(x) tra 0 e π/4, ed è minore di sin(x) tra π/4 e 0.
Per evidenziare meglio la differenza tra la sinusoide e le parabole y3 e y4, tracciamo i grafici di y3(x) − sin(x) e di y4(x) − sin(x) nel rettangolo [0,π/2]×[−0.04,0.04].

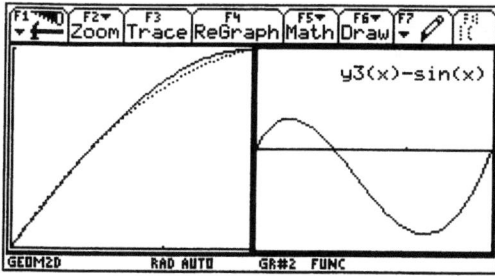

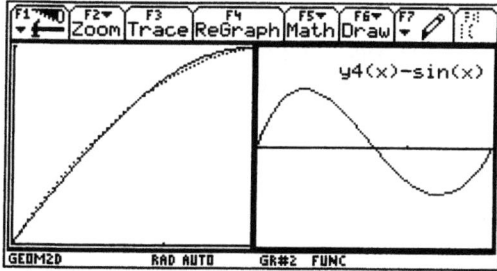

Lo studente è finalmente convinto, ma sono io ora a pormi un nuovo problema. Guardando i grafici sembra evidente che le parabole analizzate approssimano in modo diverso sin(x): y2 sembra la peggiore, y4 sembra migliore di y3. È possibile dare una valutazione quantitativa di tale approssimazione?
Tabuliamo le quattro funzioni tra 0 e π/2, con passo 0.1:

x	y1	y2	y3	y4
.1	.09983	.12327	.10837	.11304
.2	.19867	.23844	.21066	.21937
.3	.29552	.3455	.30687	.31899
.4	.38942	.44445	.397	.41189
.5	.47943	.5353	.48105	.49807
.6	.56464	.61804	.55902	.57754
.7	.64422	.69268	.63092	.65029
.8	.71736	.75921	.69673	.71633

x= .1

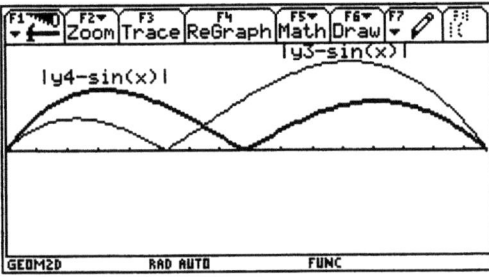

Anche dalla tabella sembra che y3 approssimi sin(x) meglio di y4. Decido di mostrare i grafici di |y3−sin(x)| e di |y4−sin(x)|.

Quest'ultimo grafico è illuminante: si vede bene che l'approssimazione di y3 è migliore di y4 soltanto tra 0 e 0.65 circa, mentre "mediamente" sembra che sia da preferire y3.

Chiedo allora agli allievi in quale modo secondo loro è possibile quantificare questa impressione; dopo una concitata discussione, salta fuori la parola AREA! In breve sono tutti d'ccordo: la parabola migliore $y(x)$ è quella per cui la funzione $|y(x) - \sin(x)|$ sottende l'area minore.

Già, ma come si fa a calcolare quell'area? Questo è un momento importante dal punto di vista didattico: è sorta l'esigenza di un nuovo strumento, non fine a se stesso, ma necessario a risolvere un problema. Dico che per ora possiamo calcolare quelle aree usando la TI-92 come scatola nera.

Polinomi e interpolazione 173

Otteniamo i due risultati

$$\int_0^{\pi/2} |y3 - \sin(x)|\, dx \approx 0.0266,$$

$$\int_0^{\pi/2} |y4 - \sin(x)|\, dx \approx 0.0215.$$

Abbiamo raggiunto lo scopo che ci eravamo fissati: quantificare la bontà con cui le parabole y3 e y4 approssimano "in media" sin(x). Come si vede y4 è migliore di y3: considerando che l'area sottesa da sin(x) tra 0 e $\pi/2$ vale 1, l'errore relativo è del 2.7% per y3, e del 2.2% per y4.

Per inciso, il polinomio di Taylor di 3° grado con centro nell'origine

$$y = x - \frac{x^3}{6}$$

approssima sin(x) tra 0 e $\pi/2$ meglio di y4 (l'errore relativo è del 2%), ma l'errore è accumulato quasi interamente in prossimità di $\pi/2$.

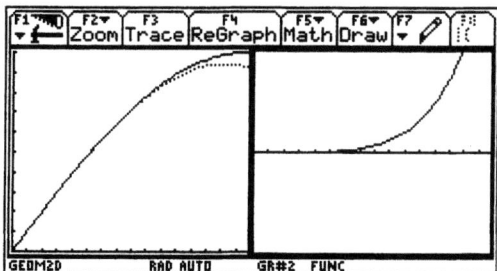

Questo lavoro, nato in modo spontaneo da una osservazione di uno studente, mi ha dato l'occasione di raggiungere più di un obiettivo: parlare di approssimazione di una curva trascendente mediante polinomi, e soprattutto introdurre un concetto fondamentale, l'integrale, in forma semplice e con una naturale motivazione.

È molto utile didatticamente che l'integrazione sia vista in stretta connessione con il magico concetto di "media", e non tanto (non solo) come strumento per calcolare aree.

Nulla di tutto ciò sarebbe stato possibile, in un'ora, senza l'ausilio di uno strumento capace in modo versatile di tracciare grafici, programmare, compilare tabelle, calcolare integrali.

9. Computer Algebra e calcolo infinitesimale

Il tradizionale percorso didattico che al liceo scientifico rimanda all'ultimo anno lo svolgimento del tema "calcolo infinitesimale" potrebbe essere radicalmente modificato. Anziché proporre la teoria organica dei **limiti** come fondamento preliminare a derivate e integrali è opportuno mostrare la definizione di limite come punto di arrivo, attraverso passi successivi di approccio sperimentale a due strumenti fondamentali dal punto di vista concettuale: la pendenza di una funzione in un punto, e il valor medio di una funzione in un certo intervallo.

Si possono utilizzare, come esempi paradigmatici di grande impatto intuitivo, la rapidità con cui una grandezza varia nel tempo, e il valore medio di una grandezza che evolve nel tempo.

Viviamo in un mondo in cui il concetto di derivata e di integrale è presente a più livelli nella vita sociale: per esempio la temperatura media è l'integrale della temperatura (in rapporto all'intervallo di tempo) in funzione del tempo, il tasso di inflazione è la derivata del costo della vita, il tasso di disoccupazione è la derivata del numero di disoccupati in funzione del tempo. Così il numero di disoccupati può aumentare, ma può diminuire il tasso di disoccupazione: si tratta allora di una funzione con derivata seconda negativa.

Il calcolo infinitesimale si presta in modo particolare ad essere affrontato con strumenti automatici di calcolo: si tratta di ripercorrere lo stesso cammino storico che ha condotto dal metodo di Archimede attraverso le flussioni di Newton fino alla definizione di limite di Cauchy.

9.1. Approssimazione della pendenza: funzioni algebriche

Il concetto di retta tangente dell'Analisi (la tangenza è *locale*) è del tutto differente dall'idea intuitiva che gli studenti acquisiscono con la definizione di retta tangente ad una circonferenza (e poi ad una parabola), cioè come retta che "ha un solo punto di intersezione" con la curva. La definizione "algebrica" di retta tangente ad una curva algebrica $y = f(x)$ in un punto di ascissa x_0 è più sofisticata: è la retta passante per $(x_0, f(x_0))$ che ha in x_0 almeno due punti di intersezione coincidenti con la curva; quindi il sistema tra $y = f(x)$ e $y = mx + q$ deve ammettere la soluzione x_0 di molteplicità (almeno) 2. L'applicazione del Teorema di Ruffini, come abbiamo già visto nel capitolo sui polinomi, consente di determinare la pendenza di tale retta, che per naturale estensione chiameremo *pendenza* di $f(x)$ in x_0.

La pendenza della retta tangente ad una funzione può essere *approssimata* mediante il calcolo del rapporto incrementale

$$\frac{f(x_0+h)-f(x_0)}{h}$$

prendendo h "abbastanza piccolo". È decisamente più efficiente (per le parabole conduce addirittura al valore esatto per qualunque h) utilizzare il rapporto incrementale "a forcella"

$$\frac{f(x_0+h)-f(x_0-h)}{2h}.$$

Per le funzioni algebriche (polinomiali, razionali fratte, irrazionali) i due metodi possono essere trattati simultaneamente (per esempio alcuni alunni seguono il metodo algebrico, altri quello di approssimazione), in modo che il giungere a risultati coincidenti rafforzi la fiducia nel metodo di approssimazione.

Abbiamo già trattato il metodo algebrico con la curva di equazione

$$y = x^3 - x + 1$$

nel punto $x_0 = 3$.

Vediamo sullo stesso esempio il metodo di approssimazione.

Definiamo mediante la funzione $m(x,h)$ il rapporto incrementale nel punto di ascissa x con incremento h.

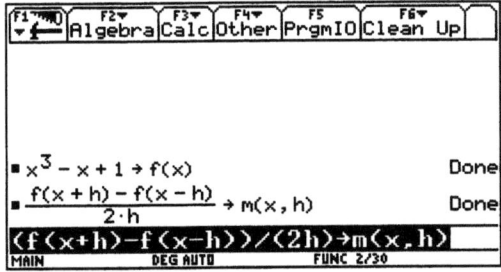

Vediamo cosa succede per $h = 0.1, 0.01, 0.001$.

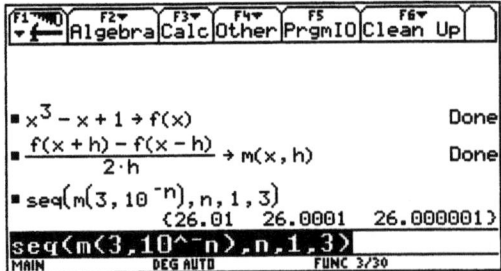

Il tendere di m a 26 è evidente. Si osservi che il metodo a forcella converge molto rapidamente; con $h = 10^{-3}$ si ha un errore $\varepsilon = 10^{-6}$.

Computer Algebra e calcolo infinitesimale 177

Una prima fase di generalizzazione può essere la seguente: approssimare la pendenza $m(x)$ delle curve di equazione

$$y = x^2, x^3, x^4, \ldots, x^n$$

nel generico punto di ascissa x.

Abbiamo già visto la generalizzazione per la parabola, che conduce alla funzione

$$m(x) = 2x.$$

Approssimiamo $m(x)$ per $y = x^3$ nei punti di ascissa 1, 2, 3, 4.

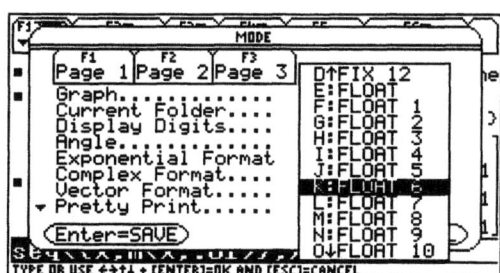

È possibile ottenere l'approssimazione in numeri interi (noi sappiamo che la derivata di una funzione polinomiale a coefficienti interi ammette valori interi per $x \in \mathbf{Z}$). È sufficiente usare $h = 10^{-3}$, e impostare 6 cifre in virgola mobile mediante Mode, Display Digits, FLOAT 6,

in modo che l'errore sia minore della sesta cifra significativa.

178   M. Impedovo

A questo punto è utile lasciare agli alunni il compito di formulare congetture sul legame tra x e $m(x)$ che si ricava dalla tabella.

Come abbiamo già visto, un modo per "leggere" una funzione è quello di analizzare gli incrementi. La successione 3, 12, 27, 48, 75 ha incrementi dati dalla successione 9, 15, 21, 27, che a sua volta ha incrementi costanti pari a 6. Sulla base di un'analisi già svolta a suo tempo siamo in grado di affermare che la pendenza di x^3 si comporta come una funzione di secondo grado. Non è difficile giungere alla funzione $m(x) = 3x^2$.

In modo analogo per x^4.

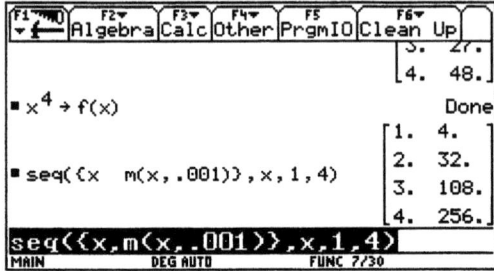

Si giunge in breve tempo alla generalizzazione:

$$f(x) = x^n \quad \rightarrow \quad m(x) = n x^{n-1}.$$

Da qui alla congettura più generale sulla funzione $m(x)$ (che diventerà poi la funzione derivata) per un polinomio qualsiasi il passo è breve.

Usiamo ancora il metodo a forcella per le funzioni $1/x$ e $\sqrt{x}$.

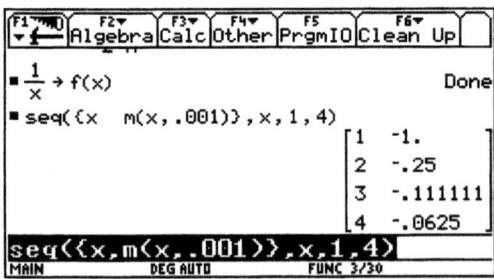

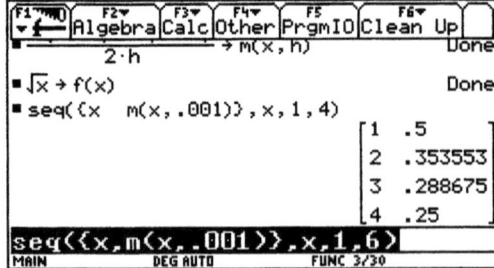

Per $1/x$ la congettura sulla forma generale di $m(x)$ non è difficile:

$$m(x) = x \to -\frac{1}{x^2}$$

(insisto nel dire che il formulare congetture è per gli allievi un'attività molto stimolante e didatticamente importante, soprattutto per quelli più deboli, che sentono in qualche modo di poter padroneggiare la disciplina), e in ogni caso si può dimostrare con qualche calcolo: imponiamo che il sistema

$$\begin{cases} y = f(x) \\ y = m(x-a) + f(a) \end{cases}$$

abbia due soluzioni coincidenti in a.

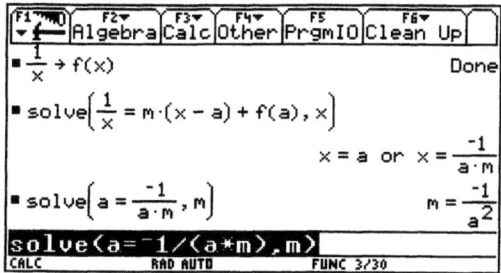

Per $\sqrt{x}$ le congetture non sono facili. È forse il momento di accettare il suggerimento di qualche allievo (il solito spregiudicato) che propone la generalizzazione

$$m(x) = n\, x^{n-1}$$

anche per esponenti n negativi o razionali.

Il fatto importante è che per curve algebriche ogni congettura può essere dimostrata o refutata: è sufficiente controllare se funzione e retta hanno due soluzioni coincidenti nel punto fissato.

Per consolidare il concetto di pendenza è necessario ricorrere continuamente al grafico, e verificare i risultati via via ottenuti. Per esempio, se la pendenza di $1/x$ è $-1/x^2$, allora nel punto di ascissa 2 la pendenza è $-1/4$, e l'equazione della retta tangente è

$$y = m(x-a) + f(a) = -\frac{1}{4}(x-2) + \frac{1}{2} = -\frac{1}{4}x + 1\,.$$

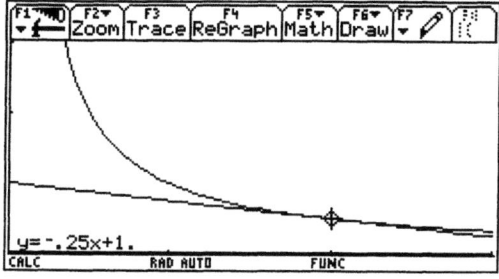

Uno dei metodi che può radicare il concetto di pendenza e preludere a quello di derivata è l'approssimazione lineare di una funzione nell'intorno di un punto. Per intenderci: la retta tangente alla funzione

$$x \to \sqrt{x}$$

nel punto di ascissa 1 è

$$y = \frac{1}{2}x + \frac{1}{2}.$$

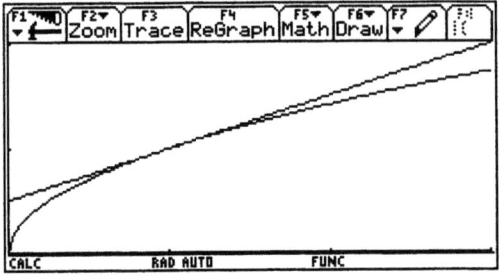

Alla funzione $f: x \to \sqrt{x}$ è associata dunque la funzione lineare

$$rt: x \to \frac{1}{2}x + \frac{1}{2}.$$

Come si intuisce dal grafico, vicino a 1 la funzione lineare rt approssima bene la f. Questo significa (per esempio) che, invece di calcolare $\sqrt{1.5} = f(1.5)$ possiamo calcolare più facilmente $rt(1.5) = 1.25$. In effetti $\sqrt{1.5} = 1.2247...$, e l'errore relativo commesso è soltanto del 2%.

Vediamo un caso più significativo: la radice cubica. Definiamo in $f(x)$ la funzione

$$x \to x^{1/3}.$$

Qualche prova sulla sua pendenza conferma il fatto che

$$m(x) = \frac{1}{3\sqrt[3]{x^2}}.$$

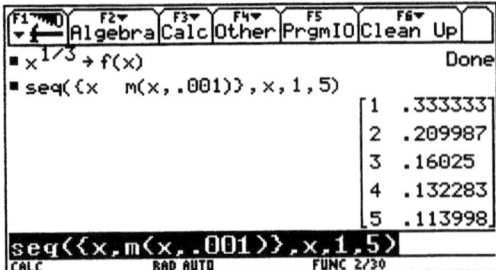

Consideriamo ancora il punto di ascissa 1. La funzione lineare individuata dalla retta tangente è

$$rt : x \to \frac{1}{3}x + \frac{2}{3}.$$

Possiamo approssimare allora $\sqrt[3]{2}$ con $rt(2) = 4/3$. L'errore che commettiamo è del 5.8%: è alto, ma per la fatica che ci è costata l'approssimazione possiamo dichiararci soddisfatti. Per apprezzare la bontà dell'approssimazione lineare vicino a 1, tabuliamo le due funzioni: in y1 c'è la radice cubica, in y2 l'approssimazione lineare, in y3 c'è l'errore relativo che commettiamo con l'approssimazione lineare rispetto alla funzione data: $|y1 - y2|$.

x	y1	y2	y3
.4	.73681	.8	.08577
.5	.7937	.83333	.04993
.6	.84343	.86667	.02755
.7	.8879	.9	.01362
.8	.92832	.93333	.0054
.9	.96549	.96667	.00122
1.	1.	1.	0.
1.1	1.0323	1.0333	.00102

x=.4

x	y1	y2	y3
1.2	1.0627	1.0667	.00377
1.3	1.0914	1.1	.00789
1.4	1.1187	1.1333	.01309
1.5	1.1447	1.1667	.01918
1.6	1.1696	1.2	.02599
1.7	1.1935	1.2333	.03339
1.8	1.2164	1.2667	.04129
1.9	1.2386	1.3	.0496

x=1.2

Come si vede, tra 0.5 e 1.9 l'errore è inferiore al 5%.

Supponiamo ora di voler approssimare il numero $\sqrt[3]{45}$. Per avere un'approssimazione lineare senza radici cubiche possiamo scegliere tra l'approssimazione lineare in $x_1 = 27$:

$$rt1 : x \to \frac{1}{27}x + 2$$

e in $x_2 = 64$:

$$rt2 : x \to \frac{1}{48}x + \frac{8}{3}.$$

Risulta $rt1(45) = 11/3 = 3.66...$, e $rt2(45) = 173/48 = 3.604...$. Poiché $\sqrt[3]{45} = 3.556...$, l'errore commesso è nei due casi rispettivamente del 3% e dell'1%.

Il grafico seguente mostra la funzione radice cubica e le due approssimazioni lineari nel rettangolo [27, 64]×[3,4].

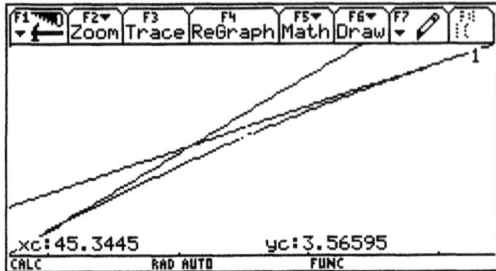

Si può notare che fino a circa 41 è migliore *rt*1, perché è più vicina alla curva, e da 41 in poi è migliore *rt*2.

9.2. La pendenza: funzioni trascendenti

La definizione algebrica di retta tangente è inutilizzabile per le funzioni trascendenti, per le quali il concetto di molteplicità di uno zero non è (in prima istanza) recuperabile.

A questo riguardo vorrei aprire una parentesi: per esempio, la retta $y = x + 1$ è tangente a $y = e^x$ nel punto (0,1), ma il sistema

$$\begin{cases} y = e^x \\ y = x+1 \end{cases}$$

non è trattabile algebricamente: non è possibile definire il concetto di *molteplicità* della soluzione $x = 0$. Tuttavia, quando si dà della funzione esponenziale la descrizione mediante le serie di potenze

$$e^x = 1 + x + \frac{1}{2!}x^2 + \frac{1}{3!}x^3 + \ldots$$

è possibile contare (attenzione: il "polinomio" ha infiniti termini) le soluzioni. Infatti il sistema

$$\begin{cases} y = 1 + x + \frac{1}{2!}x^2 + \frac{1}{3!}x^3 + \ldots \\ y = x+1 \end{cases}$$

ha equazione risultante

$$1 + x + \frac{1}{2!}x^2 + \frac{1}{3!}x^3 + \ldots = x + 1$$

$$\frac{1}{2!}x^2 + \frac{1}{3!}x^3 + \ldots = 0$$

$$x^2 \left(\frac{1}{2!} + \frac{1}{3!}x + \ldots \right) = 0$$

e si vede che $x_0 = 0$ è una soluzione doppia del sistema.

Diventa necessario quindi ricorrere ad una nuova definizione di retta tangente, che coinvolge necessariamente il concetto di limite. È qui che il metodo di approssimazione svolge un ruolo fondamentale per avvicinare gli studenti alla definizione di limite, che verrà definita solo più avanti.

Problema: analisi della pendenza di $f(x) = \sin(x)$. Usare l'ambiente Data/Matrix Editor per tabulare nella colonna C1 le ascisse x da 0 a 2π, con passo 0.1:

`seq(x,x,0,6.3,0.1)`,

e tabulare nella colonna C2 i rispettivi rapporti incrementali $m(x)$ con $h = 0.01$:

`(sin(c1+.01)-sin(c1-.01))/.02`

Confrontare il grafico di $m(x)$ con quello di $\sin(x)$, e formulare congetture sulla espressione generale della pendenza (derivata) di $\sin(x)$.

Il valore $h = 0.01$ è più che sufficiente per una buona approssimazione della derivata di $\sin(x)$, che in valore assoluto resta compresa tra 0 e 1.

Si ottengono i seguenti risultati.

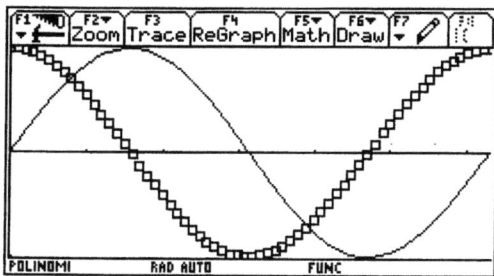

Non è difficile congetturare che la derivata di $\sin(x)$ sia $\cos(x)$.

Un lavoro analogo può essere svolto per la funzione $f(x) = \ln(x)$.

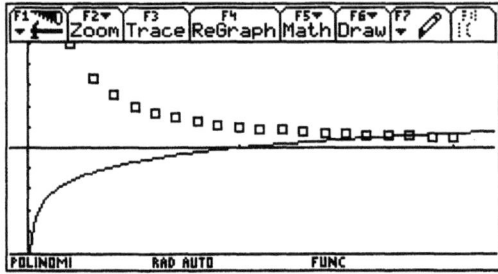

In questo caso la tabella, più del grafico, dà una indicazione chiara per formulare l'ipotesi che la derivata di ln(x) sia 1/x. È un'ipotesi che può essere verificata con la precisione desiderata.

Questa attività di approssimazione della pendenza di una funzione deve essere svolta per ogni nuova funzione analizzata: in un certo senso è proprio la pendenza che caratterizza in modo significativo una curva. È necessario che uno studente, nell'approccio al grafico di sin(x) sappia che esso *esce* dall'origine con pendenza 1, che ln(x) intersechi l'asse delle x con pendenza 1, che la pendenza di 1/x sia $-1/x^2$, e così via.

9.3. Approssimazione del numero *e*

Ad una prima analisi risulta evidente che la derivata (stiamo sempre analizzando approssimazioni della derivata) di una funzione esponenziale è anch'essa una funzione esponenziale. Vediamo ad esempio cosa accade per $x \to 2^x$.

Computer Algebra e calcolo infinitesimale 185

```
F1   F2        F3   F4     F5   F6   F7
    Plot Setup Cell Header Calc Util Stat
DATA  x         2^x       D(2^x)
      c1        c2        c3        c4
1     0         1         .693153
2     1         2         1.38631
3     2         4         2.77261
4     3         8         5.54522
5     4         16        11.0904
6     5         32        22.1809
7     6         64        44.3618
c3=(2^(c1+.01)-2^(c1-.01))/(.…
POLINOMI       RAD AUTO        FUNC
```

Si nota che ad ogni incremento $\Delta x = 1$ la pendenza di $f(x) = 2^x$ raddoppia: per la derivata di 2^x possiamo congetturare una funzione del tipo $f'(x) = k\, 2^x$. Cerchiamo di avvalorare l'ipotesi con la funzione 3^x.

```
F1   F2        F3   F4     F5   F6   F7
    Plot Setup Cell Header Calc Util Stat
DATA  x         3^x       D(2^x)
      c1        c2        c3        c4
1     0         1         1.09863
2     1         3         3.2959
3     2         9         9.88771
4     3         27        29.6631
5     4         81        88.9894
6     5         243       266.968
7     6         729       800.904
ar1c3=1.0986343882865
POLINOMI       RAD AUTO        FUNC
```

Ora la pendenza di 3^x triplica ad ogni incremento unitario. Possiamo formulare (e ulteriormente verificare) l'ipotesi generale:

La derivata della funzione esponenziale b^x è una funzione del tipo kb^x.

Il valore di k si ottiene semplicemente osservando che $f(0) = 1$, e $f'(0) = k$. Nel caso di 2^x il valore di k è circa 0.69, nel caso di 3^x è circa 1.1: che numeri sono?

Poniamoci ora il problema di fare ipotesi su k. Calcoliamo allora il rapporto incrementale in $x = 0$ di b^x per diverse basi e vediamo il grafico.

```
F1   F2        F3   F4     F5   F6   F7
    Plot Setup Cell Header Calc Util Stat
DATA  x         D(c1^x)
      c1        c2        c3        c4
1     .5        -.69315
2     1.        0.
3     1.5       .405466
4     2.        .693153
5     2.5       .916304
6     3.        1.09863
7     3.5       1.2528
c2=(c1^(.01)-c1^(-.01))/(.02)
POLINOMI       RAD AUTO        FUNC
```

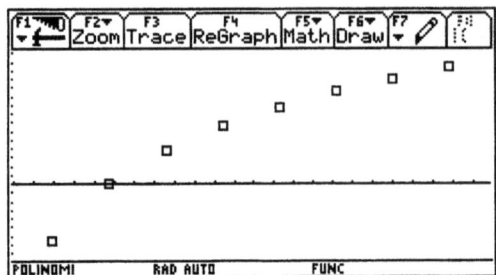

Si tratta di una funzione crescente, definita per $x > 0$, che interseca l'asse x in 1: non è difficile pensare alla funzione $\ln(x)$ (e in ogni caso si può verificare con l'approssimazione voluta).

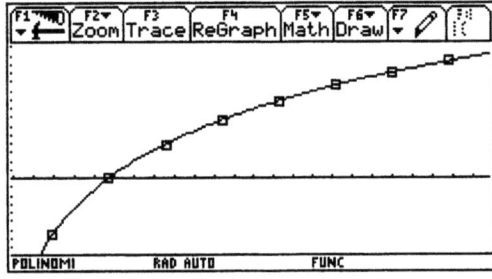

Quindi: la derivata di

$$f(x) = b^x$$

è *con tutta probabilità*

$$f'(x) = \ln(b)\, b^x.$$

Possiamo a questo punto pensare al numero e come a quel numero reale tale che la derivata di

$$f(x) = e^x$$

sia uguale a

$$f'(x) = e^x.$$

Per approssimare e, cerchiamo quel numero, che già abbiamo visto essere compreso tra 2.5 e 3, tale che la derivata in $x = 0$ sia 1.

	x	D(c1^x)		
	c1	c2	c3	c4
1	2.5	.916304		
2	2.6	.955526		
3	2.7	.993268		
4	2.8	1.02964		
5	2.9	1.06473		
6	3.	1.09863		
7				

r1c1=2.5

```
┌F1─F2────F3───F4─────F5──F6─F7──┐
│ ┌─ Plot Setup Cell Header Calc Util Stat│
│DATA  x        D(c1^x)            │
│      c1       c2       c3    c4  │
│1     2.7      .993268            │
│2     2.71     .996965            │
│3     2.72     1.00065            │
│4     2.73     1.00432            │
│5     2.74     1.00797            │
│6     2.75     1.01162            │
│7     2.76     1.01525            │
│c1=seq(x,x,2.7,2.8,.01)           │
│POLINOMI      RAD AUTO      FUNC  │
└────────────────────────────────┘

┌F1─F2────F3───F4─────F5──F6─F7──┐
│ ┌─ Plot Setup Cell Header Calc Util Stat│
│DATA  x        D(c1^x)            │
│      c1       c2       c3    c4  │
│1     2.714    .99844             │
│2     2.715    .998809            │
│3     2.716    .999177            │
│4     2.717    .999545            │
│5     2.718    .999913            │
│6     2.719    1.00028            │
│7     2.72     1.00065            │
│c1=seq(x,x,2.714,2.72,.001)       │
│POLINOMI      RAD AUTO      FUNC  │
└────────────────────────────────┘
```

Ad una prima analisi il numero e risulta compreso tra 2.718 e 2.719.

9.4. L'algoritmo di Newton

Una delle applicazioni più interessanti dei concetti di pendenza e retta tangente è quella, nota come algoritmo di Newton, che approssima la soluzione c di un'equazione $f(x) = 0$.

L'algoritmo è iterativo: si costruisce, a partire da un tentativo iniziale x_0 una successione x_n (che chiameremo *successione di Newton*) tale che

$$\lim_{n \to +\infty} x_n = c.$$

Il metodo di generazione della successione è noto: si manda nel punto di ascissa x_k la retta tangente a $f(x)$, e il punto in cui tale retta interseca l'asse delle ascisse è x_{k+1}.

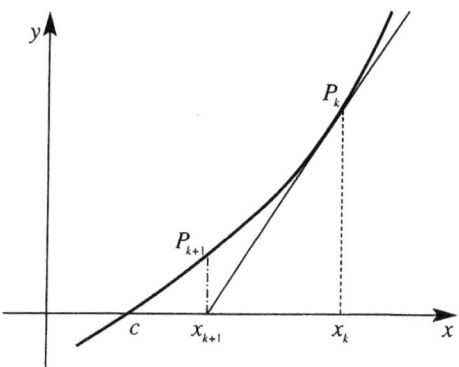

Sotto certe ipotesi di regolarità il limite di tale successione esiste e non dipende dalla scelta iniziale x_0.

Poiché l'equazione della retta tangente nel punto di ascissa x_k è

$$y = f'(x_k)(x-x_k) + f(x_k)$$

e poiché tale retta interseca l'asse x in

$$f'(x_k)(x - x_k) + f(x_k) = 0$$

$$x = x_k - \frac{f(x_k)}{f'(x_k)}.$$

la successione cercata, data una scelta iniziale x_0 è definita nel seguente modo ricorsivo:

$$x = x_k - \frac{f(x_k)}{f'(x_k)}.$$

Proviamo a risolvere l'equazione $x^{10} = e^x$; i grafici delle funzioni x^{10} e e^x in modalità `ZoomStd` lasciano riconoscere due soluzioni, rispettivamente prossime a -1 e 1.

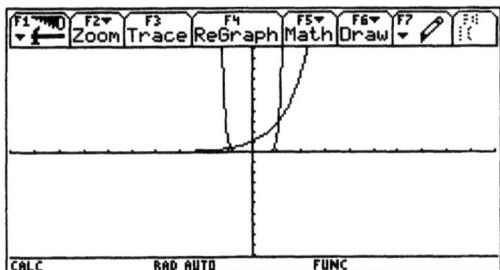

Noi siamo interessati alla terza soluzione, che certamente esiste perché e^x è infinito di ordine superiore a qualunque potenza di x e che (a giudicare dal grafico) è certamente maggiore di 10.

Passando ai logaritmi si ottiene l'equazione più abbordabile

$$10 \ln(x) - x = 0.$$

Applichiamo l'algoritmo di Newton utilizzando la modalità `Sequence` per i grafici.

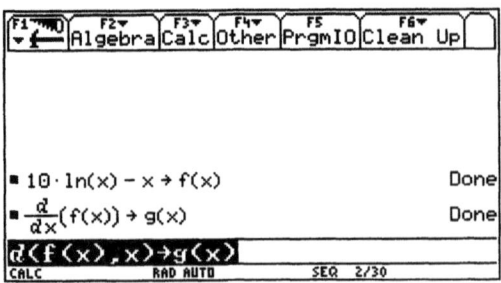

Computer Algebra e calcolo infinitesimale   189

```
▼f  Zoom Edit  ✓  All Style Axes...
▲PLOTS
 Plot 2:
 Plot 1:
✓ u1=u1(n - 1) - f(u1(n - 1))/g(u1(n - 1))
  ui1=100
  u2=■
  ui2=
  u3=
  ui3=
  u4=
u2(n)=
CALC       RAD AUTO      SEQ
```

Iniziamo con $x_0=100$ e vediamo in ambiente Table cosa succede.

n	u1				
1.	undef				
2.	100.				
3.	40.0574				
4.	35.8537				
5.	35.7716				
6.	35.7715				
7.	35.7715				
8.	35.7715				

n=1.

La successione converge molto rapidamente alla soluzione $c \cong 35.7715$.
Ecco cosa succede se invece partiamo da $x_0 = 10$.

n	u1				
1.	undef				
2.	10.				
3.	undef				
4.	undef				
5.	undef				
6.	undef				
7.	undef				
8.	undef				

n=8.

La funzione reale $x \to 10 \ln(x) - x$ è definita per $x > 0$. Vediamo il grafico in $[0,60] \times [-5,15]$.

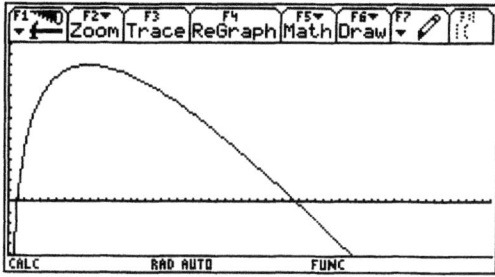

Il massimo si ha proprio in $x = 10$. Infatti $f'(x) = 10/x - 1$. Se $x_0 = 10$ la retta tangente è parallela all'asse x e non interseca l'asse x.

Cosa succede per $x_0 < 10$, per esempio $x_0 = 9$?

n	u1				
1.	undef				
2.	9.				
3.	-107.75				
4.	undef				
5.	undef				
6.	undef				
7.	undef				
8.	undef				

n=1.

La retta tangente in $x = 9$ interseca l'asse x in un punto in cui $f(x)$ non è definita.

L'algoritmo di Newton converge dunque soltanto per $x > 10$.

Non è difficile implementare un programma che prenda in ingresso $f(x)$, x_0, e il numero di iterazioni n da effettuare, e dia in uscita la lista $\{x_0, x_1, ..., x_n\}$.

```
newton(f,a,n)
Func
Local c,k,g
d(f,x)→g
{a}→c
For k,1,n
approx(a-(f|x=a)/(g|x=a))→a
augment(c,{a})→c
EndFor
c
EndFunc
```

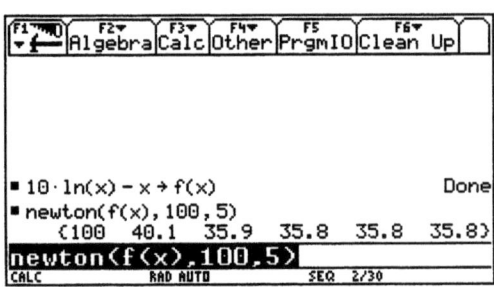

Se partiamo da $x_0 = 9$ otteniamo, come ci aspettiamo, un messaggio di errore.

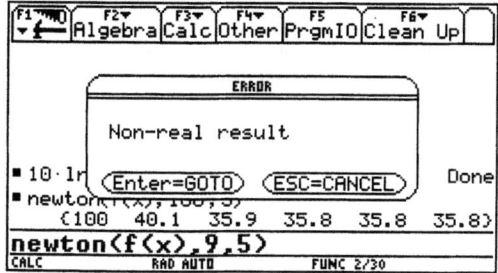

Sorge ora un interessante problema: se consideriamo un'equazione polinomiale che ammetta più soluzioni, e applichiamo ad essa l'algoritmo di Newton a partire da un certo x_0, a quale soluzione converge la successione di Newton?

Il problema non è di facile soluzione nemmeno se le radici sono tutte reali. Analizziamo per esempio l'equazione

$$x^3 - 3x - 1 = 0.$$

Il grafico della funzione polinomiale a primo membro è il seguente.

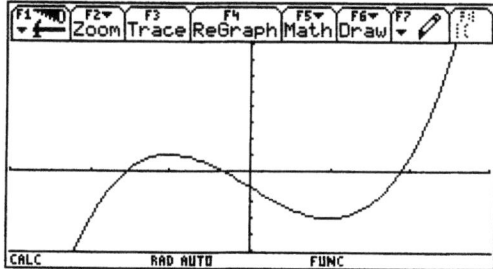

Le radici sono tutte e tre reali e valgono circa

$$c_1 = -1.53, \qquad c_2 = -0.347, \qquad c_3 = 1.88.$$

La funzione ammette un massimo relativo in $x = -1$ e un minimo relativo in $x = 1$.

Se $x_0 = 1$ oppure $x_0 = -1$ la successione di Newton non converge.

Come si può controllare, e come si può intuire dal grafico, se $x_0 > 1$ allora la successione di Newton converge a c_3.

In modo analogo se $x_0 < -1$ la successione converge a c_1.

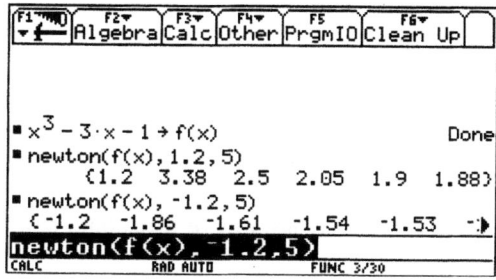

Se x_0 è compreso tra -1 e 1, allora le cose si complicano alquanto.

Modifichiamo di poco il programma `newton` in modo che ci restituisca solo l'ultima iterazione; se spazziamo l'intervallo $(-1,1)$ troviamo delle irregolarità.

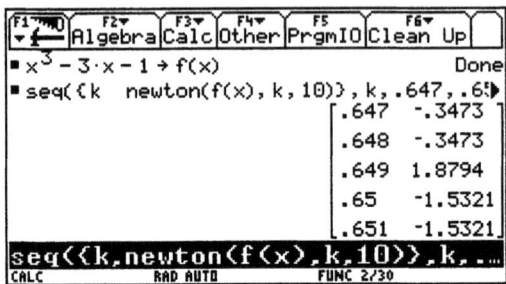

Se $x_0 = 0.648$ la successione converge a c_2, se $x_0 = 0.649$ converge a c_3, se $x_0 = 0.650$ converge a c_1; questi dati lasciano intravedere un comportamento poco prevedibile (una *struttura frattale*?). Torneremo sul problema estendendo l'algoritmo di Newton al campo complesso.

9.5. I numeri complessi e il teorema fondamentale dell'algebra

Abbiamo visto che il programma `Newton` applicato alla funzione

$$x \to 10 \ln(x) - x$$

opera correttamente solo per valori iniziali maggiori di 10. Questo perché di default la TI-92 è impostata su calcoli in **R**.

Se invece viene settata in `Mode, Complex Format, RECTANGULAR`,

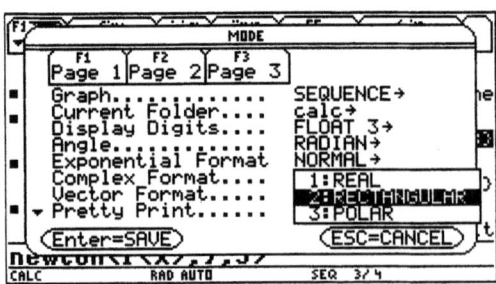

allora tutte le operazioni nell'ambiente `Home` sono svolte in **C** e il risultato complesso viene restituito in forma algebrica.

Computer Algebra e calcolo infinitesimale   193

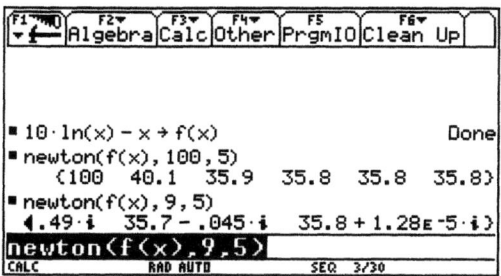

Il programma ci riserva ora una sorpresa nel caso $x_0 = 9$.

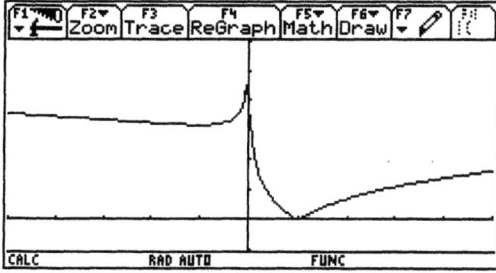

Il programma newton, anziché dare il messaggio di errore Non-real result, ci restituisce una sequenza di numeri complessi, che converge ancora a c.

In effetti il campo **C** è il più naturale per lo sviluppo strutturato dei concetti dell'Analisi e non a caso tutti i programmi di manipolazione simbolica lavorano in **C**, non in **R**. Questo significa che in qualunque modalità la TI-92 e tutti i programmi di computer algebra tracciano il grafico di

$$x \to \sqrt{x}\,\sqrt{x}$$

su tutto l'asse reale anziché solo per $x \geq 0$. Lo stesso accade per il grafico di

$$x \to |\ln(x)|$$

poiché la funzione "valore assoluto" viene sempre interpretata in **C**, e

$$\text{abs}(z)$$

ha il significato di distanza di z dall'origine. È ovvio che per $z \in \mathbf{R}$ le due funzioni coincidono.

In **C** acquista un'aspetto fortemente strutturato la risoluzione di equazioni algebriche. Vale infatti il celebre *Teorema fondamentale dell'algebra*: un'equazione polinomiale di grado n a coefficienti complessi ammette in **C** esattamente n radici (contate con le molteplicità di ciascuna).

La TI-92 possiede i comandi `cSolve, cFactor, cZeros` che permettono di risolvere equazioni in **C**.

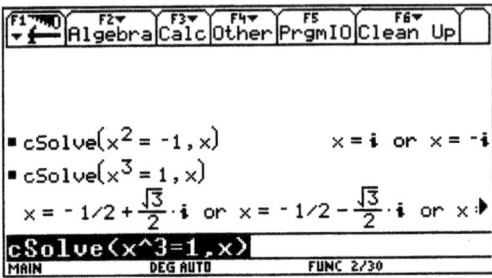

I numeri complessi possono essere visualizzati in forma algebrica, oppure in forma polare, settando opportunamente `Complex Format`.

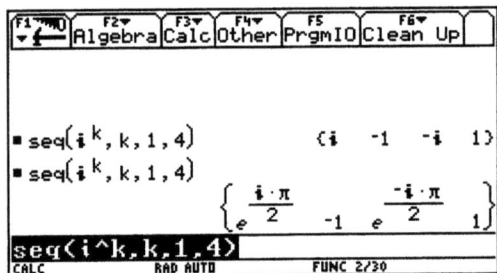

Un'attività didattica molto interessante per vedere gli studenti alle prese con congetture e verifiche è riassunta dal seguente problema, da proporre quando gli allievi conoscono solo la forma algebrica dei numeri complessi.

La somma di due numeri complessi ha una chiara interpretazione geometrica, data dalla somma di vettori. Esiste un'interpretazione geometrica analoga per il prodotto di numeri complessi? Più precisamente: considerati sul piano complesso due punti z_1 e z_2, quale posizione occupa il numero complesso $z_1 \cdot z_2$?

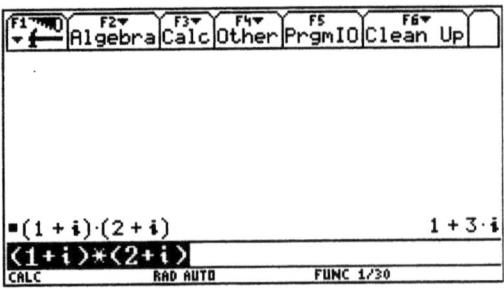

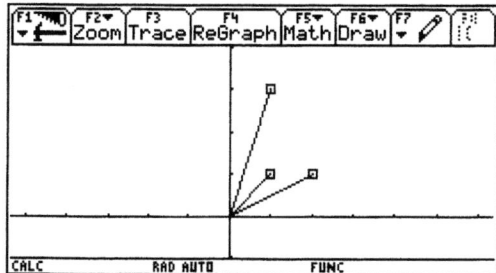

La soluzione non è difficile, ma mette chiaramente in mostra quanto gli studenti sappiano organizzare prove ed errori al fine di giungere ad una ragionevole congettura.

Il teorema fondamentale dell'algebra è suscettibile di una notevole "visualizzazione" con la TI-92. Se, per esempio, l'equazione $z^3 = 1$ ammette tre soluzioni in C, queste dovrebbero essere gli unici numeri complessi tali che $z^3 - 1$ ha modulo nullo. Rappresentando graficamente la funzione a due variabili

$$f:(x,y) \to \left|(x+iy)^3 - 1\right|$$

dovremmo "vedere" una superficie i cui punti hanno tutti quota positiva, tranne le tre soluzioni, che "toccano" il piano xy.

Impostiamo la modalità Mode, Graph, 3D e impostiamo in z1 la funzione f.

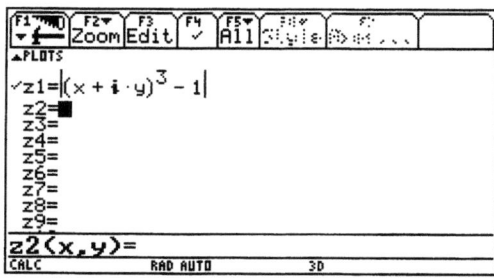

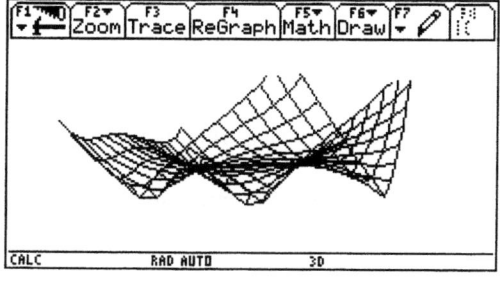

9.6. Arthur Cayley e il primo frattale

Abbiamo visto che già in **R** il problema di stabilire a quale soluzione converga la successione dell'algoritmo di Newton in funzione del valore iniziale non è di semplice soluzione. Questo stesso problema, affrontato in **C**, è stato proposto da Cayley (che non aveva a disposizione un Pentium...) nel 1879. In un breve saggio dal titolo *The Newton-Fourier imaginary problem* scrive:

> Un numero immaginario $x + iy$ può essere rappresentato da un punto di coordinate (x, y): le radici dell'equazione sono allora rappresentate da certi punti A, B, C, ..., e i valori $x_0, x_1, x_2, \ldots$ dai punti $P_0, P_1, P_2, \ldots$ il primo dei quali è assunto a piacere, e gli altri si ottengono ciascuno dal precedente mediante la costruzione geometrica data. Il problema è determinare le regioni del piano tali che, preso P a piacere ovunque dentro una di quelle regioni, arriviamo alla fine al punto A; preso P in un'altra regione arriviamo al punto B; e così via per i diversi punti che rappresentano le radici dell'equazione. La soluzione è facile ed elegante nel caso di una equazione di secondo grado, <u>ma il caso successivo delle equazioni cubiche sembra presentare difficoltà considerevoli</u>.

Consideriamo come esempio ancora l'equazione $z^3 = 1$, che ammette in **C** le tre soluzioni

$$z_1 = 1, \quad z_2 = -\frac{1}{2} + \frac{\sqrt{3}}{2}i, \quad z_3 = -\frac{1}{2} - \frac{\sqrt{3}}{2}i.$$

Iniziamo da un numero complesso x_0, cioè da un punto P_0 del piano complesso, e costruiamo la successione di Newton: a quale soluzione converge? Vediamo qualche esempio.

```
F1      F2     F3   F4   F5      F6
   f   Algebra Calc Other PrgmIO Clean Up

■ x^3 - 1 → f(x)                              Done
■ newton(f(x), 1 + i, 8)        1. - 4.55624E-16·i
■ newton(f(x), -1 + i, 8)
                               -.5 + .866025403784·i
■ newton(f(x), -1 - i, 8)
                               -.5 - .866025403784·i
newton(f(x),-1-i,8)
CALC        RAD AUTO         3D    4/30
```

Il numero $1 + i$ converge a z_1, il numero $-1 + i$ converge a z_2, il numero $-1 - i$ converge a z_3.

Il programma `cayley` prende in ingresso un numero complesso e rappresenta graficamente sul piano complesso la successione di Newton (con 20 iterazioni).

```
cayley(z)
Prgm
Local k,a,g(x)
setMode("Exact/Approx","APPROXIMATE")
ClrIO
z→a:{real(a)}→re:{imag(a)}→im
(2*x^3+1)/(3*x^2)→g(x)
For k,1,20
g(a)→a
augment(re,{real(a)})→re
augment(im,{imag(a)})→im
EndFor
{1,⁻0.5,⁻0.5}→lx
{0,√(3)/2,⁻√(3)/2}→ly
NewPlot   2,1,lx,ly,,,,4
NewPlot   1,2,re,im
Circle    0,0,1
ZoomSqr
setMode("Exact/Approx","AUTO")
EndPrgm
```

Ecco per esempio cosa accade per $x_0 = 1 + i$.

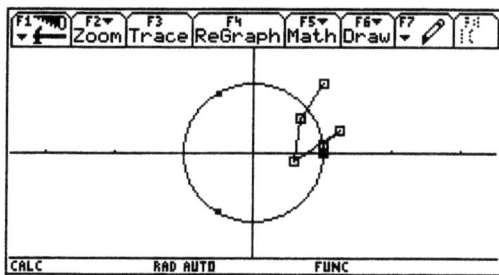

Dopo qualche oscillazione (non molto simmetrica, per la verità) la successione converge a 1.

Ecco invece cosa accade per il punto iniziale $x_0 = -1.2 + 0.1i$.

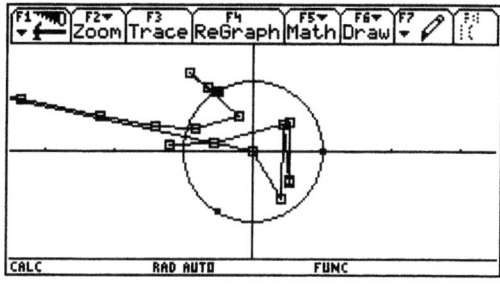

La successione sembra caotica, occorrono 40 iterazioni affinché, dopo aver toccato numeri lontanissimi dall'origine come $-7495 + 1601i$, converga a z_2.

Quest'ultimo esempio fa capire quali fossero le difficoltà a cui accennava Cayley.

Per arricchire il problema dal punto di vista cromatico possiamo immaginare di assegnare al punto P_0 un colore diverso a seconda della soluzione a cui converge la successione che inizia con P_0: se la successione che ha come punto iniziale P_0 converge a z_1 coloriamo P_0 di verde, se converge a z_2 coloriamo P_0 di giallo, se converge a z_3 coloriamo P_0 di blu. Così possiamo immaginare l'intero piano colorato di verde, giallo e blu: che figura viene generata? Una congettura ragionevole potrebbe essere la seguente: la successione che inizia con P_0 converge alla soluzione più vicina a P_0. Il piano verrebbe così suddiviso in tre regioni regolari, ciascuna con il proprio colore, delimitate dalle semirette uscenti dall'origine che formano angoli di ampiezza $\pi/3$, π, $5\pi/3$ con l'asse x.

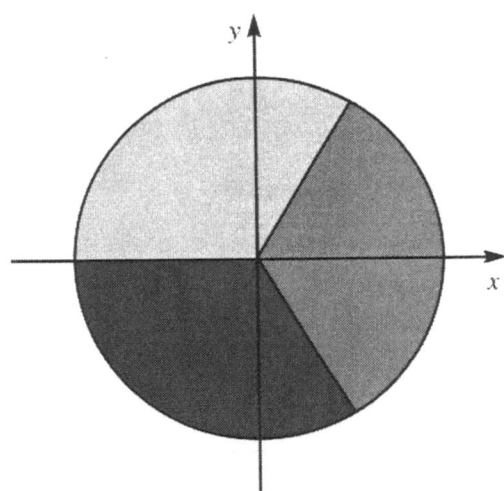

In realtà le cose non stanno affatto così. Si può già presentire l'esistenza di un comportamento caotico controllando che la nostra congettura è falsa: il punto

$$x_0 = \frac{1}{2} + \frac{\sqrt{3}}{2}i$$

che si trova sull'asse di z_1 e z_2 produce una successione che converge al punto più lontano z_3.

Computer Algebra e calcolo infinitesimale 199

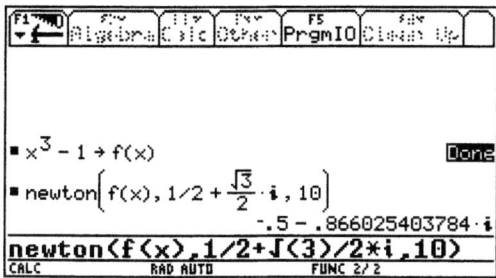

Anche il punto $x_0 = -0.42 + 0.15i$ converge alla soluzione più lontana z_1.

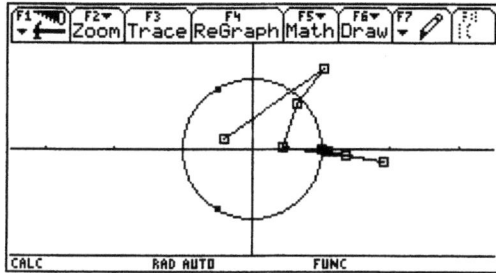

La figura seguente (ottenuta con *Winfract* e riprodotta in sfumature di grigio) illustra quale sia effettivamente la colorazione del piano per l'equazione $z^3 - 1 = 0$.

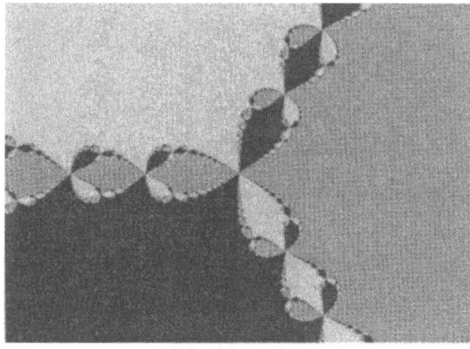

Lungo le semirette che escono dall'origine si notano delle configurazioni a forma di goccia che presentano la tipica omotetia interna delle figure frattali di cui parla Benoit Mandelbrot nel suo splendido *Gli oggetti frattali*. Ingrandendo una di queste gocce si osservano figure simili via via più piccole.

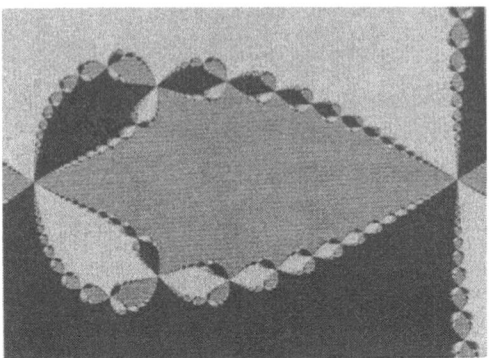

9.7. Integrali e media di una funzione

Abbiamo già visto che l'esigenza di misurare l'area sottesa dal grafico di $f(x)$ nell'intervallo $[a,b]$ può nascere dalla necessità di misurare la bontà con cui una funzione polinomiale approssima una funzione trascendente.

Quando approssimiamo $f(x) = \sin(x)$ nell'intervallo $[0,\pi/2]$ per esempio con la funzione quadratica

$$g(x) = \frac{7}{2\pi}x - \frac{3}{\pi^2}x^2$$

passante per i punti

$(0,0)$, $(\pi/6,1/2)$, $(\pi/2,1)$:

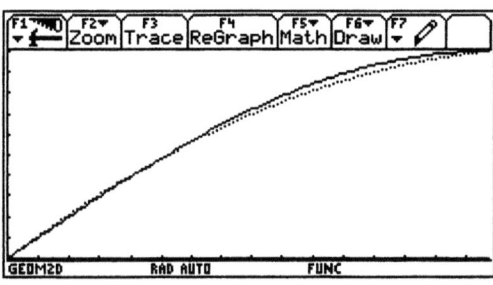

una misura della bontà di tale approssimazione è data dall'integrale definito

$$\int_0^{\pi/2} |f(x) - g(x)|\,dx.$$

Minore è il valore numerico di questo integrale, minore è la "distanza" tra $f(x)$ e $g(x)$ e quindi migliore è l'approssimazione.

Un altro approccio all'integrale è dato dalla necessità di definire in modo convincente il **valore medio** di una funzione $f(x)$ continua in un intervallo $[a,b]$.

Per esempio, se immaginiamo la temperatura come funzione continua del tempo, come definire la temperatura media in un certo intervallo di tempo?

È interessante proporre agli studenti un confronto fra funzioni che abbiano gli stessi valori iniziale e finale, e che crescano in modo differente. Per esempio, qual è la funzione che ha il valore medio maggiore tra quelle mostrate nel seguente grafico?

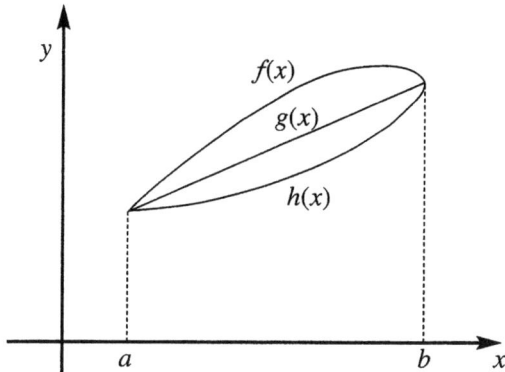

La discussione con gli studenti mette in luce livelli di comprensione differenti della "lettura" di un grafico; non sono pochi coloro che insistono nel sostenere che le tre funzioni hanno lo stesso valore medio, che è uguale alla semisomma dei valori iniziali e finali. Interpretando i grafici come andamento del mio stipendio in funzione del tempo qualcuno ammette che lo stipendio $f(x)$ è il più desiderabile in quell'intervallo.

Vediamo due esempi tratti dalla fisica.

ESEMPIO 1. Qual è la **velocità media** in un moto armonico? Supponiamo di avere un moto armonico di ampiezza A e periodo T, e quindi di equazione parametrica

$$s = A \cos\left(\frac{2\pi}{T} t\right),$$

che oscilla tra A e $-A$, con velocità nulla in A e velocità massima nel punto di ascissa 0. Naturalmente la velocità media nell'intervallo da 0 ad A è uguale al rapporto tra A (spazio percorso) e $T/4$ (tempo impiegato), quindi

$$v_m = 4A/T.$$

Analizziamo il problema da un altro punto di vista. La velocità si ottiene derivando $s(t)$ rispetto al tempo, e ha equazione parametrica

$$v = s'(t) = -A\frac{2\pi}{T}\sin\left(\frac{2\pi}{T}t\right)$$

(quindi la velocità massima è $A\frac{2\pi}{T}$). Qual è il valore medio di questa funzione nell'intervallo [0,T/4]?

Vediamo un esempio numerico, con $A = 1$ m, $T = 2\pi$ s, $|v| = \sin(t)$.

La velocità media v_m è quella che in un moto uniforme a velocità uguale a v_m percorrerebbe nello stesso tempo lo stesso spazio. Stiamo perciò cercando un valore v_m per il quale il rettangolo sotteso dalla funzione costante di valore v_m nell'intervallo [0, π/2] abbia la stessa area sottesa nello stesso intervallo dalla funzione $|v|$.

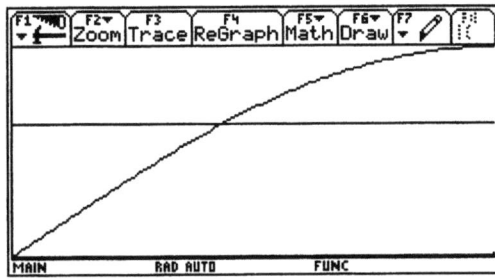

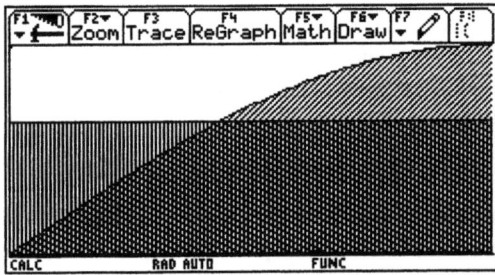

Poiché

$$v_m = \frac{4A}{T} = \frac{2}{\pi}$$

otteniamo un risultato notevole: l'area sottesa dalla sinusoide $y = \sin(x)$ nell'intervallo [0,π/2] è esattamente uguale a 1.

ESEMPIO 2. La forza di repulsione elettrica di una carica positiva q_1 nei confronti di un'altra carica positiva q_2 decresce, secondo la legge di Coulomb, secondo l'inverso del quadrato della distanza dei centri delle cariche. Qual è la forza media esercitata lungo un certo tratto radiale, dal punto di ascissa a al punto di ascissa b (sia 0 l'ascissa di q_1)? Il problema ha una certa rilevanza: tale forza media può essere utilizzata per il calcolo del lavoro che il campo generato da q_1 compie su q_2 e quindi per la definizione di differenza di potenziale tra due punti in un campo elettrico.

Riduciamo all'osso il problema: una grandezza varia in funzione di un'altra secondo la legge

$$y = \frac{1}{x^2}.$$

Qual è il valore medio di y nell'intervallo $[a,b]$?

Stiamo cercando, come prima, un valore per il quale una forza costante produrrebbe in quell'intervallo lo stesso **lavoro** di questa. Ancora una volta si tratta di calcolare l'area sottesa dal grafico.

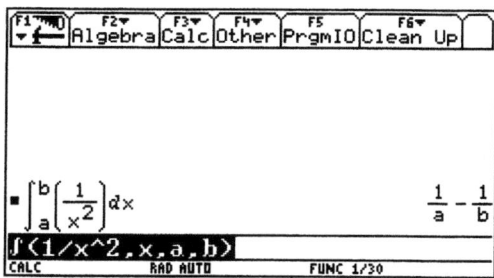

Poiché

$$\int_a^b \frac{1}{x^2} dx = \frac{1}{a} - \frac{1}{b}$$

possiamo definire la differenza di potenziale tra due punti a distanza a e b da q_1 con un valore proporzionale a

$$\frac{1}{a} - \frac{1}{b}.$$

Torniamo dunque al problema più generale di misurare l'area sottesa dalla funzione $f(x)$ nell'intervallo $[a,b]$.

Di solito comincio il lavoro in quarta, proponendo a sorpresa, senza alcun nesso con gli argomenti svolti in quel momento, un lavoro di gruppo.

Tracciare, per $x > 0$, il grafico della funzione $f(x) = 1/x$. Approssimare al meglio l'area compresa tra il grafico di $f(x)$, l'asse x e le rette $x = 1$ e $x = 2$.

Il comportamento degli alunni in questa situazione è davvero interessante; innanzitutto nessuno ha dubbi sul significato del testo, e nessuno (ovviamente) pone il problema epistemologico della **definizione** di area delimitata da un tratto di curva. L'area c'è, e si vede: è uno dei concetti più forti che gli alunni posseggono. Molti gruppi si orientano spontaneamente verso l'algoritmo di approssimazione che in seguito utilizzeremo più spesso: dividono l'intervallo [1,2] in 5 o 10 intervalli, e calcolano l'area dei rettangoli inscritti, o circoscritti; qualche gruppo usa addirittura i trapezi. Non sempre invece è chiaro che l'altezza dei rettangoli è semplicemente il valore della funzione. Qualche gruppo sembra dimenticare che quel grafico è caratterizzato dall'espressione 1/x, e finisce per non usare questo dato indispensabile. Ho visto qualcuno usare il righello per misurare l'altezza dei rettangoli! Molti usano la calcolatrice in modo spietato, pochi cercano di utilizzare tutta l'algebra che dovrebbero conoscere per semplificare i calcoli.

Una breve discussione al termine dei lavori conduce a questa idea da tutti condivisa: per approssimare l'area richiesta si divide l'intervallo [a,b] in n intervalli di ampiezza

$$\Delta x = \frac{b-a}{n},$$

si calcola il valore della funzione $f(x)$ nei punti di suddivisione

$$a + \Delta x, a + 2\Delta x, \ldots, a + n\Delta x = b,$$

si calcolano le aree dei rettangoli di base Δx e altezza $f(a + k\Delta x)$, e infine si sommano:

$$\sum_{k=1}^{n} \Delta x f(a + k \Delta x).$$

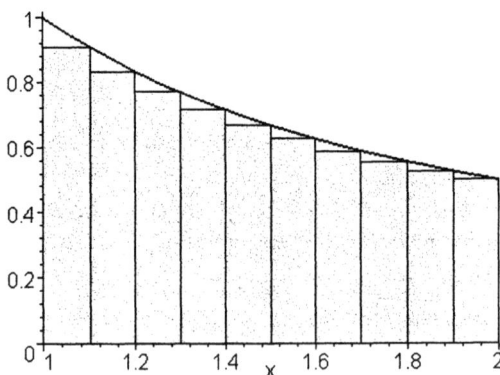

Si osserva subito che il fattore costante Δx può essere portato fuori dal segno di sommatoria, semplificando i calcoli.

Tanto maggiore è n, tanto migliore sarà l'approssimazione.

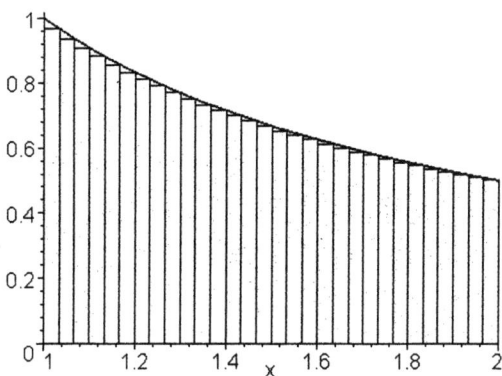

Per l'esempio proposto l'area risulta circa uguale a 0.69 (che numero è? ci torneremo alla fine).

A questo punto possiamo implementare sulla TI-92, per la funzione $f(x)$, l'algoritmo proposto, nella funzione di nome area, che prende in ingresso gli estremi a, b e il numero n di intervalli.

```
area(a,b,n)
Func
Local dx,k
(b-a)/n→dx
approx(dx*Σ(f(a+k*dx),k,1,n))
EndFunc
```

Cominciamo l'analisi dalle funzioni più semplici; sia $f: x \to x^2$.

```
■ x² → f(x)                    Done
■ area(0,1,10)                 .385
■ area(0,1,20)                 .35875
■ area(0,1,30)                 .350185
■ area(0,1,300)                .335002
area(0,1,300)
```

Come si vede l'algoritmo converge lentamente. Possiamo migliorarlo, come subito qualcuno suggerisce.

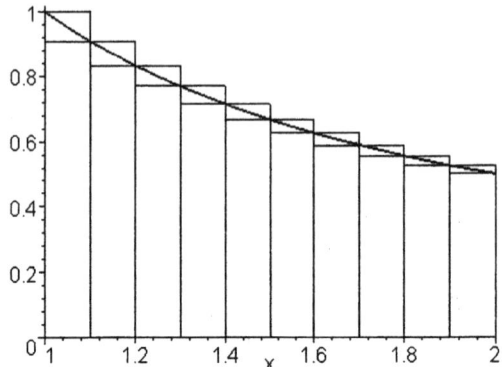

Si calcolano le aree dei rettangoli inscritti (per una funzione decrescente si fa variare k da 1 a n: gli americani usano il termine *rightbox*) e dei rettangoli circoscritti (per una funzione decrescente si fa variare k da 0 a $n-1$: *leftbox*), dopodiché si fa la media. Tale metodo è equivalente a calcolare l'area dei trapezi di basi $f(a + k\Delta x)$ e $f(a + (k+1)\Delta x)$, e altezza Δx.

$$\Delta x \sum_{k=1}^{n} f(a+k\,\Delta x) + \Delta x \sum_{k=0}^{n-1} f(a+k\,\Delta x) =$$
$$\Delta x \left(f(a) + f(b) + \sum_{k=1}^{n-1} 2*f(a+k\,\Delta x) \right).$$

Modifichiamo dunque il programma area.

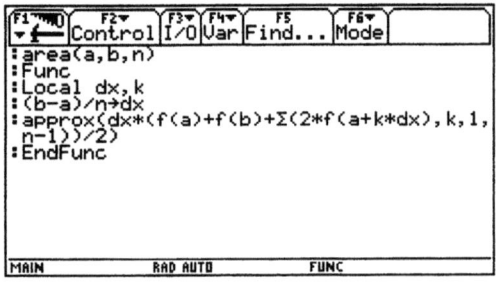

Questo algoritmo converge più rapidamente.

```
┌F1──┐┌F2▼─┐┌F3▼─┐┌F4▼─┐┌F5───┐┌F6▼────┐
│▼ ┌─┤│Algebra│Calc│Other│PrgmIO│Clean Up│
└───┘└───┘└───┘└───┘└────┘└───────┘

■ x² → f(x)                        Done
■ area(0,1,10)                     .335
■ area(0,1,20)                   .33375
■ area(0,1,30)                   .333519
■ area(0,1,100)                  .33335
area(0,1,100)
MAIN        RAD AUTO      FUNC 5/30
```

Ci siamo quindi dotati di uno strumento potente, con il quale si può iniziare un lavoro di ricerca.

Approssimiamo le aree sottese da x^2 negli intervalli [0,1], [0,2], [0,3].

```
┌F1──┐┌F2▼─┐┌F3▼─┐┌F4▼─┐┌F5───┐┌F6▼────┐
│▼ ┌─┤│Algebra│Calc│Other│PrgmIO│Clean Up│
└───┘└───┘└───┘└───┘└────┘└───────┘

■ x² → f(x)                        Done
■ area(0,1,100)                  .33335
■ area(0,2,100)                  2.6668
■ area(0,3,100)                  9.00045
■ area(0,4,100)                  21.3344
area(0,4,100)
MAIN        RAD AUTO      FUNC 5/30
```

Possiamo come al solito mettere i dati ottenuti in tabella, e formulare congetture su un'espressione generale per

$$\int_0^b x^2 \, dx.$$

```
┌F1──┐┌F2────┐┌F3──┐┌F4────┐┌F5──┐┌F6▼─┐┌F7──┐
│▼ ┌─┤│Plot Setup│Cell│Header│Calc│Util│Stat│
└───┘└──────┘└────┘└──────┘└────┘└────┘└────┘
DATA
     c1      c2       c3    c4    c5
1    1     .33335
2    2    2.6668
3    3    9.0005
4    4    21.334
5
6
7
r5c2=
MAIN        RAD AUTO      FUNC
```

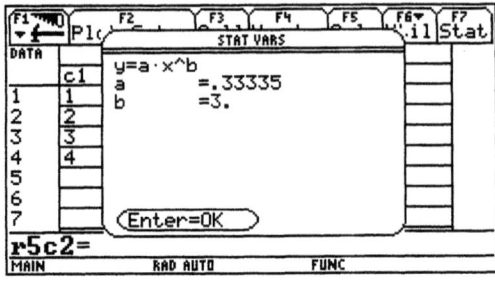

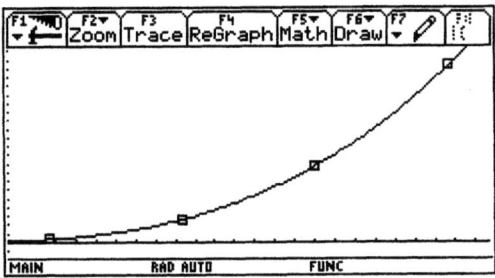

Si ottiene in modo molto convincente la seguente relazione:

$$\int_0^b x^2 \, dx = \frac{1}{3} b^3,$$

e più in generale

$$\int_a^b x^2 \, dx = \int_0^b x^2 \, dx - \int_0^a x^2 \, dx = \frac{b^3 - a^3}{3}.$$

Alcuni studenti lavorano in questo modo; altri preferiscono generalizzare in forma simbolica. È questa attività che mi interessa ora.

Si tratta di calcolare per la funzione $f(x) = x^2$ la somma (*rightbox*: è la più semplice per i calcoli simbolici)

$$S(n) = \Delta x \sum_{k=1}^{n} f(a + k \, \Delta x)$$

dove $\Delta x = (b - a)/n$, e aumentare indefinitamente (far tendere a ∞) n. Senza perdere in generalità possiamo porre $a = 0$, da cui $\Delta x = b/n$.

Risulta

$$S(n) = \Delta x \sum_{k=1}^{n} f(k\,\Delta x)$$

$$= \Delta x \sum_{k=1}^{n} (k\,\Delta x)^2$$

$$= \Delta x \sum_{k=1}^{n} k^2 \,\Delta x^2$$

$$= \Delta x^3 \sum_{k=1}^{n} k^2$$

Ecco che ci torna utile un risultato che avevamo trovato: la somma dei primi n quadrati perfetti è:

$$\sum_{k=1}^{n} k^2 = \frac{n(n+1)(2n+1)}{6}.$$

Con la TI-92:

```
┌F1─┐┌F2──┐┌F3──┐┌F4───┐┌F5────┐┌F6──────┐
│ ▼ ││Algebra││Calc││Other││PrgmIO││Clean Up│
└───┘└────┘└────┘└─────┘└──────┘└────────┘

■ x² → f(x)                         Done
■ b/n → dx                           b/n
          n
■ dx³ · Σ (k²)      b³·(n + 1)·(2·n + 1)
         k=1       ─────────────────────
                          6·n²
dx^3*Σ(k^2,k,1,n)
MAIN          RAD AUTO        FUNC 3/30
```

Al tendere di n all'infinito l'espressione

$$\frac{(n+1)(2n+1)}{6n^2}$$

tende a 1/3. Non è stata svolta, a questo punto, la teoria dei limiti, ma devo dire che non ci sono stati problemi ad accettare questo fatto; in qualche modo il concetto di limite, almeno dal punto di vista empirico, è stato digerito. D'altra parte calcoli

210   M. Impedovo

come i seguenti risultano convincenti:

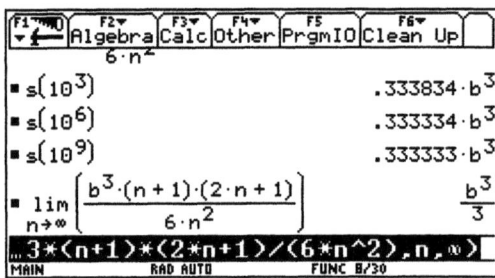

Inoltre si può anche usare la TI-92 come scatola nera, e iniziare a formalizzare la notazione dei limiti:

Quindi

$$S(n) \to b^3/3,$$

e possiamo concludere con il risultato già trovato sperimentalmente.

$$\int_a^b x^2\, dx = \int_0^b x^2\, dx - \int_0^a x^2\, dx = \frac{b^3 - a^3}{3}.$$

In modo analogo possiamo porci il problema dell'area sottesa da $f(x) = x^3$.

e arrivare al risultato

$$\int_a^b x^3\, dx = \frac{b^4 - a^4}{4}.$$

Ancora, con $f(x) = x^4$:

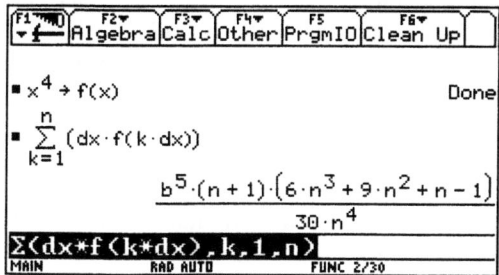

si ottiene il risultato

$$\int_a^b x^4 \, dx = \frac{b^5 - a^5}{5}.$$

Anche lo studente meno fantasioso nota a questo punto la regolarità, e propone la legge generale

$$\int_a^b x^n \, dx = \frac{b^{n+1} - a^{n+1}}{n+1}.$$

Vorrei fare un'osservazione relativa al simbolo

$$\int_a^b f(x) \, dx:$$

perché non abbandonarlo senza rimpianti? È un simbolo didatticamente inopportuno, il dx suona come inutile orpello agli studenti (e in effetti lo è: deve la sua fama all'integrazione delle funzioni composte, ed è l'unico caso in cui assume un significato); anche richiamare l'analogia con

$$\sum_{k=1}^n f(a + k \, \Delta x) \Delta x$$

è inopportuno (a meno di non tuffarsi nell'*Analisi non standard*). Potremmo sostituire i simboli di integrazione indefinita e definita rispettivamente con le notazioni

$$\text{int}(f, x) \text{ e } \text{int}(f, x, a, b).$$

In modo analogo è inopportuno e in definitiva sbagliato il simbolo $\frac{dy}{dx}$; fortunatamente per la funzione derivata esiste il convincente simbolo $f'(x)$ e $f'(x_0)$ per la derivata in un punto.

Torniamo alla formulazione della legge generale

$$\text{int}(x^n, x, a, b) = \frac{b^{n+1} - a^{n+1}}{n+1}.$$

Uno studente (è sempre lui, lo spregiudicato) mi chiede se questa legge vale anche per $n \in \mathbf{Z}$.

Per esempio, possiamo applicarla a $f(x) = 1/x$, la funzione del lavoro di gruppo iniziale? No, evidentemente: si annulla il denominatore $n + 1$. E allora? Quale congettura di carattere generale possiamo fare per la funzione $x \to 1/x$?

Devo dire che solo un allievo particolarmente bravo ha osservato, nell'espressione

$$\int_a^b x^n \, dx = \frac{b^{n+1} - a^{n+1}}{n+1},$$

la presenza del concetto di derivata di una funzione, e ha formulato, in modo confuso, il teorema fondamentale del calcolo integrale: se $F'(x) = f(x)$

$$\int_a^b f(x)\,dx = F(b) - F(a).$$

La classe si è mostrata convinta dalla ragionevolezza dell'ipotesi e (fatto davvero inusuale) ha richiesto una dimostrazione! In effetti che cosa c'entri la derivata con un problema di area è a prima vista incomprensibile. Il fatto che sia nato spontaneamente un bisogno di dimostrazione è un evento secondo me di notevole portata didattica: lo studente "vede" una proprietà, ma "non ci crede", ha bisogno di un'argomentazione che leghi i due concetti per lui così distanti.

La lezione è terminata con la richiesta a gran voce di verificare il risultato del lavoro di gruppo iniziale. Se tutto quello che si è fin qui svolto è sensato, allora per calcolare

$$\text{int}(1/x, x, 1, 2)$$

occorre trovare una funzione la cui derivata sia $1/x$. Avevamo già incontrato l'ipotesi che la derivata di $\ln(x)$ fosse $1/x$, quindi

$$\text{int}(1/x, x, 1, 2) = \ln(2) - \ln(1) \approx 0.69.$$

Un successo!

9.8. Integrazione numerica: il metodo di Simpson (o delle parabole)

Per l'approssimazione dell'integrale definito abbiamo utilizzato prima il metodo dei rettangoli e poi il più efficiente metodo dei trapezi. In ogni caso abbiamo approssimato trapezoidi con poligoni, e archi di curva con segmenti. È possibile approssimare archi di curva con archi di parabola? Poiché la parabola risulta la funzione polinomiale non lineare più semplice, e poiché conosciamo l'integrale definito di una funzione quadratica, possiamo chiederci se è possibile approssimare il trapezoide compreso tra $a + k\Delta x$ e $a + (k+1)\Delta x$ con un arco di parabola. In effetti sappiamo che per individuare univocamente una funzione quadratica occorrono tre punti. Dunque procediamo in questo modo: data la funzione f calcoliamo la parabola che passa per i punti di f di ascisse

$$a, a + \Delta x, a + 2\Delta x$$

e calcoliamo l'area sottesa da questa nell'intervallo $[a, a + 2\Delta x]$; poi calcoliamo la parabola che passa per i punti di f di ascisse

$$a+2\Delta x, a + 3\Delta x, a + 4\Delta x$$

e ne calcoliamo l'area sottesa, e così via fino alla parabola per i punti di f di ascisse

$$a + (n - 2) \Delta x, a + (n - 1) \Delta x, a + n\Delta x$$

(quindi n deve essere necessariamente un numero pari).

Infine sommiamo tutte le aree così ottenute. A semplificare i calcoli viene in aiuto il seguente teorema.

Teorema. Data la funzione quadratica $g(x)$ che passa per i punti

$$(x_0 - h, y_1), (x_0, y_2), (x_0 + h, y_3)$$

risulta

$$\text{int}(g(x), x, x_0 - h, x_0 + h) = \frac{h}{3}(y_1 + 4y_2 + y_3).$$

Svolgiamo la dimostrazione con la TI-92.

Cerchiamo innanzitutto il polinomio di secondo grado che passa per i punti $(x_0 - h, y_1), (x_0, y_2), (x_0 + h, y_3)$; utilizziamo la funzione **polinomi**. Poiché le variabili **y1, y2**, ... sono predefinite nella calcolatrice, utilizziamo f_1, f_2, f_3.

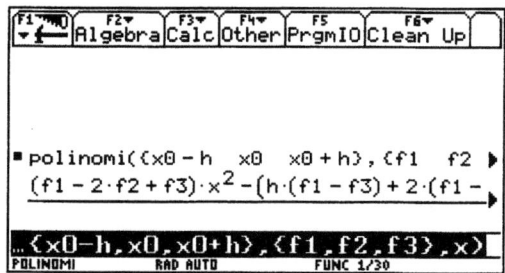

Calcoliamo ora l'integrale definito di tale polinomio tra $x_0 - h$ e $x_0 + h$.

Come volevasi dimostrare.
Ora dobbiamo sommare le aree ottenute da a a b. Otteniamo

$$\frac{h}{3}(f(a)+4f(a+h)+f(a+2h)+f(a+2h)+4f(a+3h)+f(a+4h)+\ldots)=$$

$$\frac{h}{3}\left(f(a)+f(b)+\sum_{\substack{k=1 \\ k\,dispari}}^{n-1} 4f(a+kh)+\sum_{\substack{k=1 \\ k\,pari}}^{n-2} 2f(a+kh)\right).$$

Possiamo finalmente implementare il programma **simpson** (tale algoritmo è noto infatti come *metodo di Simpson*). L'unica difficoltà consiste nel tener conto dell'indice pari e dell'indice dispari.

```
simpson(a,b,n)
Func
Local  h,k
(b-a)/n→h
approx(h/3*(f(a)+f(b)+4*Σ(f(a+(2*k-1)*h),
k,1,n/2)+2*Σ(f(a+2*k*h),k,1,n/2-1)))
EndFunc
```

Confrontiamo i tre metodi (rettangoli, trapezi, parabole) sul classico integrale int($\sin(x)$, x, 0, $\pi/2$).

Gli errori relativi sono i seguenti:
− 7.6% per il metodo dei rettangoli
− 0.2% per il metodo dei trapezi
− 0.0003% per il metodo delle parabole.

10. Fenomeni periodici ed equazioni parametriche

La TI-92 è particolarmente ricca dal punto di vista delle possibilità grafiche. In particolare, in modalità `Parametric` essa offre la possibilità di **simulare** moti di punti materiali. Si può ottenere la simulazione della **foto stroboscopica** di un moto, scegliendo opportunamente gli intervalli di tempo. Ecco nell'ordine un moto rettilineo uniformemente accelerato, un moto parabolico, e un moto armonico.

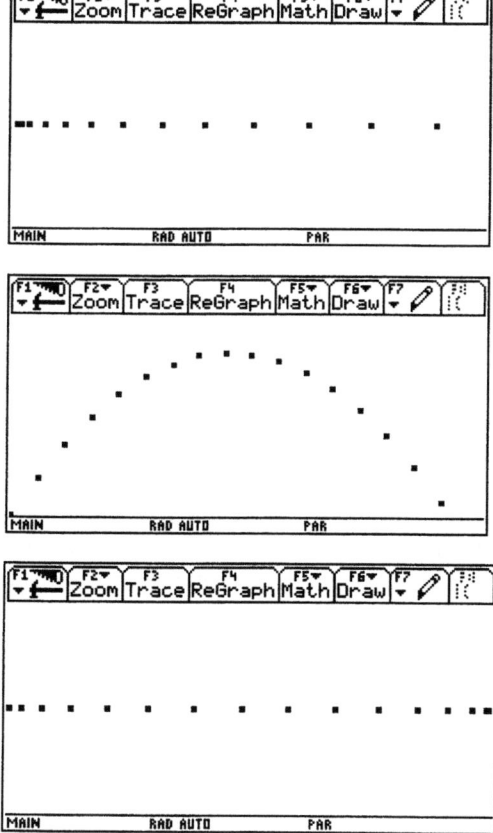

È possibile anche visualizzare più moti contemporaneamente. Molto efficace è la rappresentazione del moto armonico come proiezione sull'asse x di un moto circolare uniforme.

216 M. Impedovo

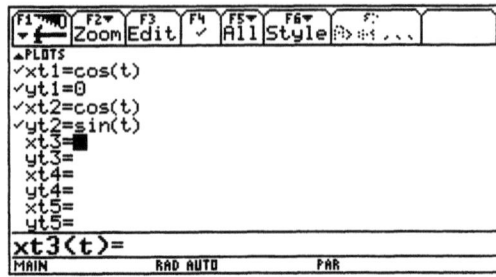

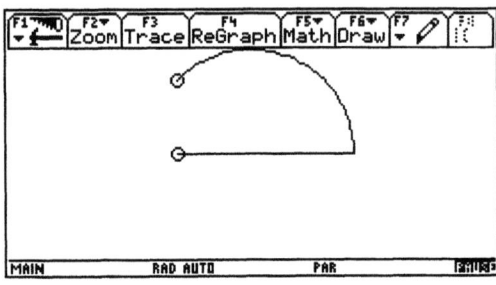

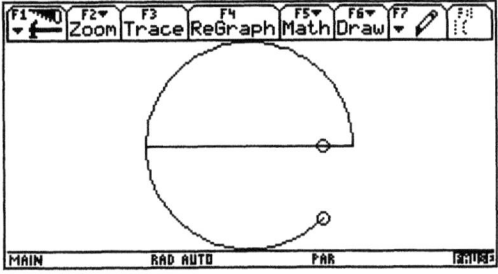

In questo modo è possibile fornire una visualizzazione delle relazioni che legano una funzione goniometrica al suo argomento.

Per esempio: come simulare il moto delle lancette di un orologio?

Esse ruotano entrambe in senso orario (occorrerà perciò cambiare segno all'argomento); l'una (quella dei minuti) ha velocità angolare 12 volte maggiore rispetto all'altra. Inoltre vogliamo che partano dalla posizione verticale, cioè dall'angolo $\pi/2$ e non dall'angolo 0. Le equazioni parametriche potrebbero essere le seguenti.

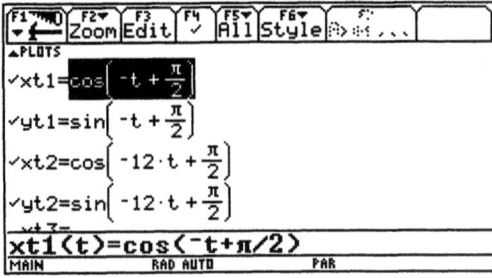

Fenomeni periodici ed equazioni parametriche 217

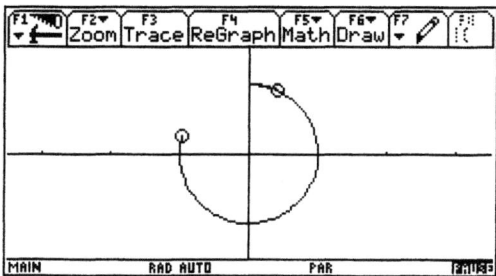

Le equazioni parametriche sono molto importanti per descrivere un moto, e porgono direttamente le coordinate del punto mobile in funzione del tempo. In tal modo è possibile studiare il moto relativo di un punto rispetto a un altro. Un problema molto interessante, anche storicamente, è quello di capire il moto dei pianeti del Sistema Solare rispetto ad un osservatore sulla Terra. Rispetto ad un osservatore solidale con il Sole i moti appaiono semplici: in prima approssimazione sono moti circolari (ellittici ma con eccentricità trascurabile), uniformi (se trascuriamo le variazioni di velocità) e concentrici.

Per esempio possiamo simulare il moto della Terra e di Marte, sapendo che Marte dista dal Sole circa 1.5 U.A., e che il suo periodo di rivoluzione è circa 1.9 anni, quindi la sua velocità angolare è 1.9 volte minore di quella terrestre.

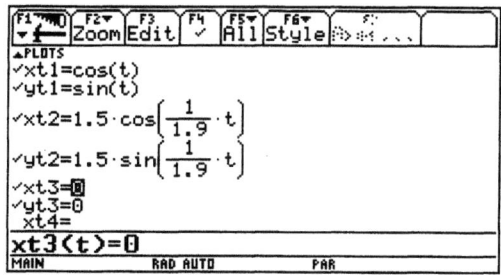

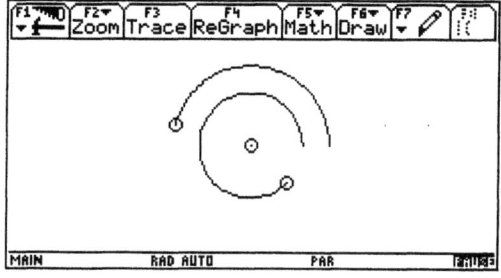

Ma cosa vediamo dalla Terra? Qual è il moto di Marte proiettato sulla volta celeste?

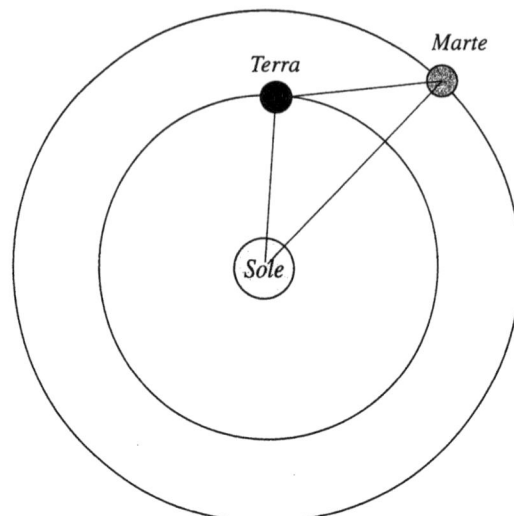

Per saperlo è sufficiente calcolare le componenti del vettore Terra-Marte, mediante la differenza tra le componenti di Marte e quelle della Terra rispetto al Sole.

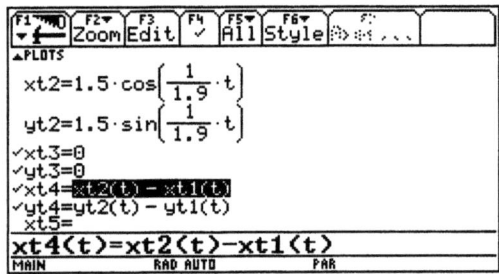

Nel grafico seguente la Terra è ferma al centro.

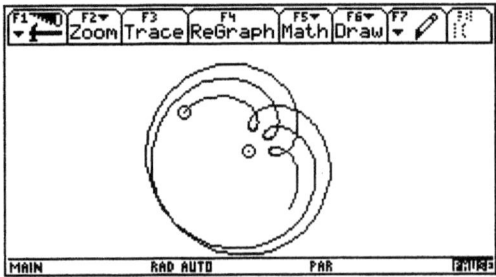

Si tratta di un moto non facile da prevedere; gli anelli costituiscono il cosiddetto *moto retrogrado* del pianeta, che normalmente avanza da ovest a est sulla sfera celeste, e a intervalli regolari rallenta e inverte il moto. Tolomeo riuscì, mediante gli epicicli, a dare una descrizione di tali moti.

Un altro moto interessante è quello della Luna. Dalla Terra è (quasi) un moto circolare uniforme. Ma qual è il moto della Luna visto dal Sole? Si tratta di descrivere un moto circolare uniforme (la Luna intorno alla Terra) che abbia per centro un punto che a sua volta si muove di moto circolare uniforme (la Terra intorno al Sole); la velocità angolare della Luna intorno alla Terra è circa 12 volte maggiore (compie un giro in circa 1 mese) rispetto alla velocità angolare della Terra intorno al Sole. La distanza r della Luna dalla Terra è enormemente minore della distanza Terra-Sole: per avere un grafico apprezzabile poniamo $r = 0.2$ U.A. Le equazioni parametriche potrebbero essere le seguenti:

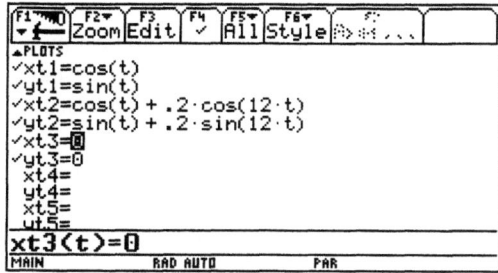

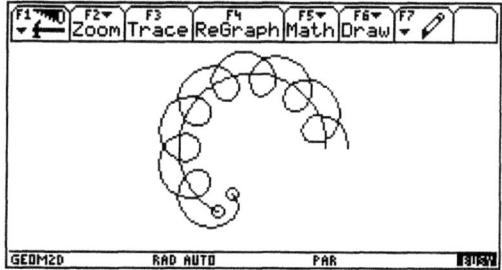

Al diminuire di r gli anelli diventano più piccoli, fino a che la curva non è più intrecciata. I grafici seguenti illustrano le traiettorie per $r = 0.1$ e $r = 0.05$.

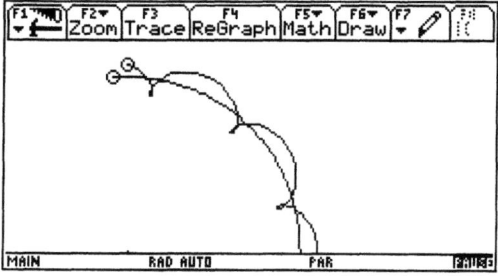

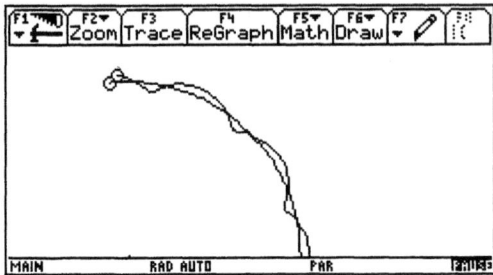

In realtà la distanza Terra-Luna è circa 0.00256 U.A.; per un raggio così piccolo la traiettoria lunare rispetto ad un osservatore sul Sole ha concavità costantemente rivolta verso il Sole (non è facile da immaginare): la Luna entra ed esce dal cerchio dell'orbita terrestre senza cambiare concavità.

La **cicloide** è la traiettoria seguita da un punto P che si muove su una circonferenza che rotola senza strisciare. Supponiamo che la circonferenza abbia inizialmente centro nel punto $(0,1)$ e raggio 1, e seguiamo il moto del punto P inizialmente nell'origine.

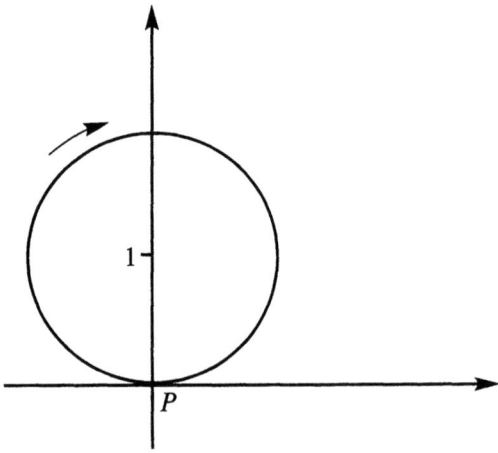

Con riferimento alla figura, si tratta di sommare due moti: il primo è circolare uniforme intorno al punto $(0,1)$, con raggio 1; l'altro rettilineo uniforme nella direzione dell'asse x, con velocità lineare uguale alla velocità angolare (ovviamente misurata in rad/s).

Moto circolare uniforme: $[\cos(-t-\pi/2), 1 + \sin(-t-\pi/2)]$
Moto rettilineo uniforme: $[t,0]$.
Le equazioni parametriche della cicloide sono quindi
$$s = [t + \cos(-t-\pi/2), 1 + \sin(-t-\pi/2)]$$
$$= [t-\sin(t), 1-\cos(t)].$$

Fenomeni periodici ed equazioni parametriche 221

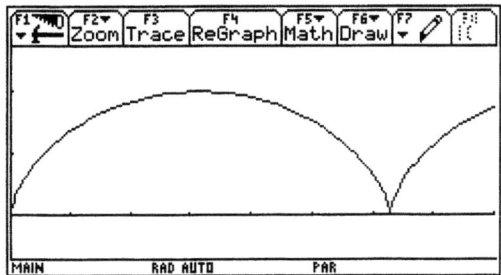

Le equazioni parametriche sono utili anche per tracciare ellissi (in generale coniche).

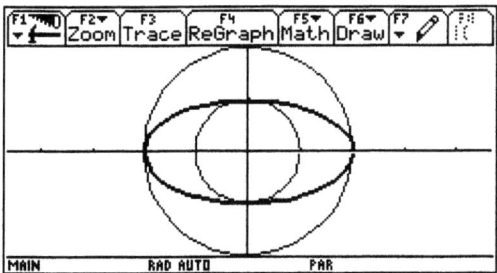

In effetti l'equazione cartesiana

$$\frac{x^2}{a^2}+\frac{y^2}{b^2}=1$$

e le equazioni parametriche

$$\begin{cases} x = a\cos(t) \\ y = b\sin(t) \end{cases}$$

sono due modi diversi di guardare lo stesso oggetto: le equazioni cartesiane sono senz'altro utili per determinare le intersezioni con rette o altre curve, le equazioni parametriche mettono in luce l'aspetto cinematico. Inoltre si possono tracciare archi di circonferenza e archi di ellissi: è sufficiente limitare in ambiente WINDOW il valore del parametro t.

Anche dal punto di vista del calcolo infinitesimale le equazioni parametriche sono utili: la derivata dy/dx della curva $[x(t),y(t)]$ è semplicemente $y'(t)/x'(t)$ e l'integrale $\int y\, dx$ diventa

$$\int y(t)d(x(t)) = \int y(t)x'(t)dt.$$

Per esempio l'area del cerchio $[r\cos(t), r\sin(t)]$ si calcola facilmente mediante l'integrale

$$\left| \int_0^{2\pi} r\sin(t)\, d(r\cos(t)) \right| = r^2 \int_0^{2\pi} \sin^2(t)dt$$

Insomma, si possono organizzare parecchie attività sfruttando le equazioni parametriche, e così collegare in modo didatticamente proficuo fisica e matematica. Il lavoro che segue ne è un esempio.

10.1. La velocità di un pianeta intorno al sole

Classe terza, si parla di ellissi nell'ora di matematica e nell'ora di fisica: l'ellisse come luogo geometrico e l'ellisse descritta dai pianeti intorno al Sole. Utilizzando CABRI ho mostrato una delle più classiche costruzioni geometriche dell'ellisse, come luogo dei punti E che hanno costante (uguale a $2a$) la somma delle distanze da due punti F_1 e F_2 (distanti tra loro $2f$, con $a > f > 0$): si costruisce la circonferenza di centro F_1 e raggio $2a$.

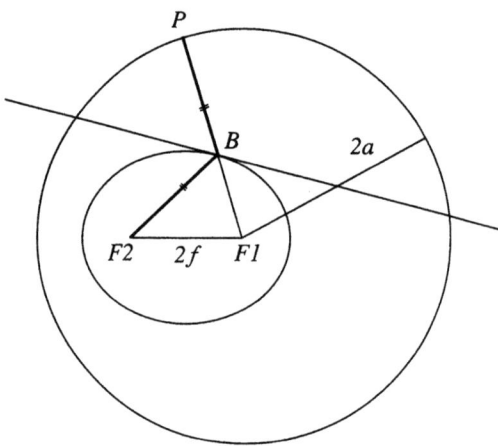

Su questa si fissa un punto P; l'asse del segmento PF_2 interseca il raggio PF_1 in E. Risulta

$$\overline{EF_1} + \overline{EF_2} = \overline{EF_1} + \overline{EP} = 2a.$$

Dunque al variare di P sulla circonferenza il punto E descrive l'ellisse di fuochi F_1 e F_2 e asse maggiore $2a$.

Utilizzando il comando *Animazione* di CABRI si può far muovere P di moto circolare uniforme. Incuriosisce il fatto che, mentre P si muove di moto uniforme sulla circonferenza di centro F_1 e raggio $2a$, il punto E si muove sull'ellisse di moto non uniforme, apparendo più veloce quando transita vicino a F_2 e più lento quando transita vicino a F_1.

Abbiamo allora eseguito la stessa costruzione nell'ambiente Geometry della TI-92, abbiamo animato (F7 Animation) il punto P sulla circonferenza, dopo aver messo in modalità F7 Trace il punto E.

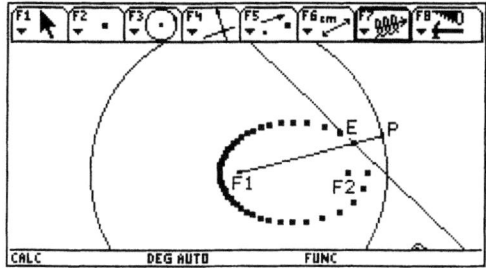

In questo modo si simula una fotografia stroboscopica: il moto lascia la traccia della propria traiettoria ad intervalli di tempo regolari.

Come si vede, se P ruota di moto circolare uniforme (è quanto accade empiricamente in Geometry quando si sottopone ad animazione un punto), il punto E ruota di moto non uniforme sull'ellisse. In particolare E è più veloce quando transita vicino a F_2 (i punti della traccia sono più distanti) e più lento vicino a F_1.

Questo è quanto accade per un pianeta (o una cometa; in generale per un oggetto del sistema solare) soggetto alla forza centrale di attrazione gravitazionale del Sole; la velocità del pianeta al perielio e all'afelio è inversamente proporzionale alla sua distanza dal Sole.

La costruzione è risultata quindi utile per visualizzare in prima approssimazione la seconda legge di Keplero.

Problema: in questa costruzione la velocità di E è effettivamente quella che caratterizza l'orbita di un pianeta?

Enuncio il problema in quarta. Decidiamo di mettere tutto sul piano cartesiano, con $F_1(0,0)$, $F_2(2f,0)$, $E(r\cos\theta, r\sin\theta)$ e di determinare l'equazione dell'ellisse.

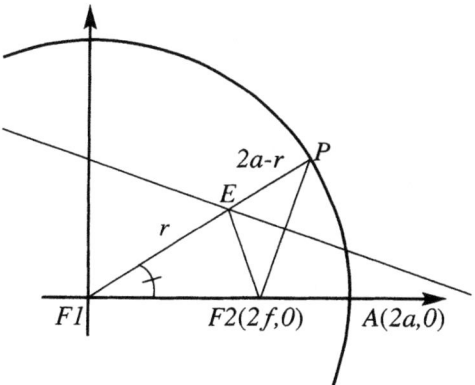

Risulta:

$$\overline{EP} = \overline{EF_2}$$

$$(2a-r)^2 = r^2 + 4f^2 - 4fr\cos(\theta)$$

$$4a^2 - 4ar + r^2 = r^2 + 4f^2 - 4fr\cos(\theta)$$

$$r = \frac{a^2 - f^2}{a - f\cos(\theta)}.$$

224   M. Impedovo

Ricordando che $e = f/a$ è l'*eccentricità* dell'ellisse e dividendo numerat
denominatore per a^2 risulta

$$r = a\frac{1-e^2}{1-e\cos(\theta)}.$$

Abbiamo trovato l'**equazione polare** di una conica, che è un ellisse se $0 <$
(è il nostro caso), una parabola se $e = 1$, un'iperbole se $e > 1$. Con la TI-92 p(
mo tracciarne il grafico, impostando i grafici in modalità POLAR.

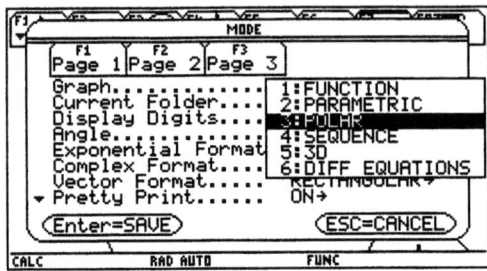

Poniamo per comodità $a = 2$ e $f = 1$, da cui $e = 1/2$.

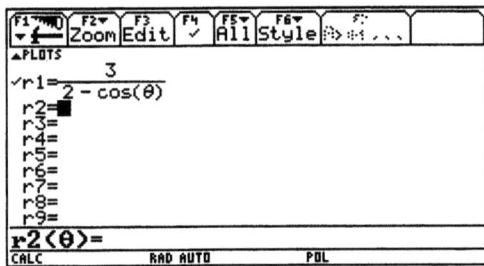

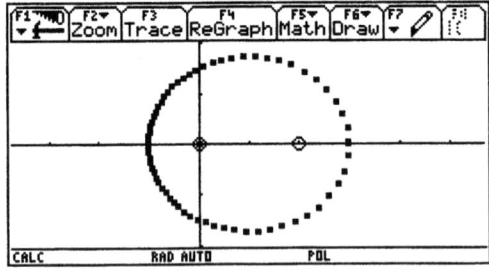

L'obiettivo raggiunto è stato quello di mostrare un'applicazione signific
delle equazioni di una curva in forma polare. Una volta accertato che la ve
muta lungo la traiettoria, sorge il problema di verificare quale sia il rapporto
velocità massima (al perielio, con $\theta = 0$) e minima (all'afelio, con $\theta = \pi$).

Propongo la questione in quinta. Non è difficile impostare il problema con
92.

Se il punto P si muove lungo la circonferenza di moto uniforme possiamo porre $\theta = \omega t$, e per semplificare $\omega = 1$ rad/s. Le coordinate cartesiane di E sono E ($r\cos(t)$, $r\sin(t)$), dove

$$r(t) = a \frac{1-e^2}{1-e\cos t}.$$

Possiamo allora ricavare le coordinate del punto E in funzione del tempo.

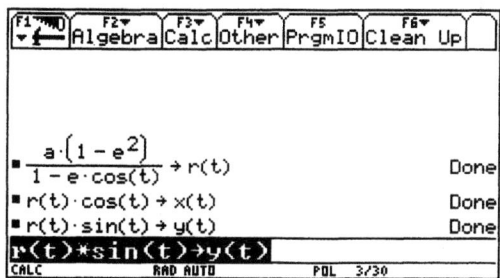

Le componenti del vettore velocità di E si ottengono derivando rispetto al tempo le coordinate di E:

$$\mathbf{v} = \left[\frac{d}{dt}x(t), \frac{d}{dt}y(t) \right].$$

Il modulo della velocità si ottiene calcolando il modulo di $\mathbf{v}$.

Come si vede il rapporto delle velocità massima e minima è uguale a

$$\frac{v_{max}}{v_{min}} = \frac{a(1+e)}{a(1-e)},$$

e poiché $e = f/a$:

$$\frac{v_{max}}{v_{min}} = \frac{a+f}{a-f}.$$

Ma $a + f$ è la distanza massima dal Sole, e $a - f$ è la distanza minima. Il rapporto delle velocità è uguale al rapporto delle distanze massima e minima dal Sole.

Per esempio nel caso di Giove, la cui orbita intorno al Sole ha eccentricità $e = 0.048$, il rapporto tra velocità massima e velocità minima risulta

$$\frac{1+0.048}{1-0.048} \cong 1.1;$$

essendo le eccentricità dei pianeti molto basse, velocità massima e velocità minima non sono molto differenti.

Per la cometa di Halley invece, che ha eccentricità uguale a 0.97, risulta

$$\frac{1+0.97}{1-0.97} \cong 65.7$$

cioè la velocità al perielio è circa 66 volte maggiore che all'afelio.

10.2. Dal grafico di $f(x)$ al grafico di $A \cdot f(B \cdot (x + C)) + D$

Partiamo da un problema di modellizzazione di un fenomeno periodico: l'ora di levata del Sole in funzione del giorno dell'anno.

Alle nostre latitudini il Sole si alza sull'orizzonte in un orario variabile tra le 4.30 e le 7.30. Supponendo che il fenomeno sia sinusoidale, determinare una funzione f che, in funzione della data, stabilisca l'ora di levata del Sole.

Il problema è un pretesto per osservare come varia il grafico di una funzione al variare di alcuni parametri semplici; in particolare sono interessato a mostrare come si passa dal grafico di $f(x)$ al grafico di

$$Af(x), f(Bx), f(x + C), f(x) + D.$$

Cerchiamo dunque una funzione sinusoidale che oscilli tra 4.5 e 7.5 con periodo di 365 giorni, che tocchi il valore minimo 4.5 il giorno 21 giugno (in prima approssimazione, il solstizio d'estate).

Partiamo dalla sinusoide $\sin(x)$. Perché oscilli tra 4.5 e 7.5, cioè tra $6 - 1.5$ e $6 + 1.5$, essa deve avere ampiezza $A = 1.5$, e valor medio 6.

La funzione $1.5 \sin(x)$ oscilla tra -1.5 e 1.5; ecco i grafici di $\sin(x)$ e $1.5\sin(x)$ nell'intervallo $[0, 2\pi]$.

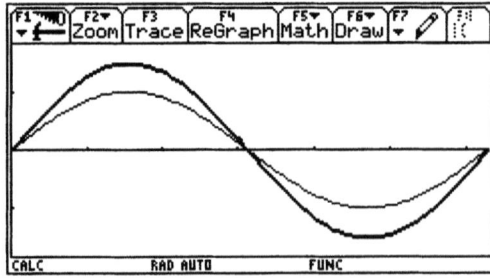

La funzione $1.5\sin(x) + 6$ oscilla tra 4.5 e 7.5.

Fenomeni periodici ed equazioni parametriche

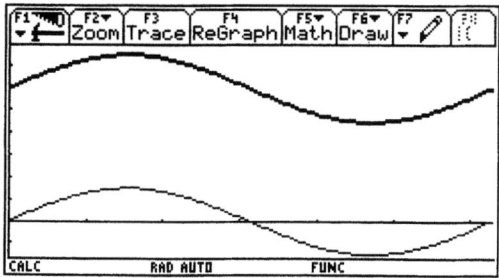

Ora dobbiamo cambiare il periodo: sin(x) ha periodo 2π, a noi serve un periodo $T = 365$ giorni. Il periodo di sin(Bx) è $2\pi/B$; ecco per esempio i grafici di sin(x), sin(2x), sin(0.7x) nell'intervallo [0,2π].

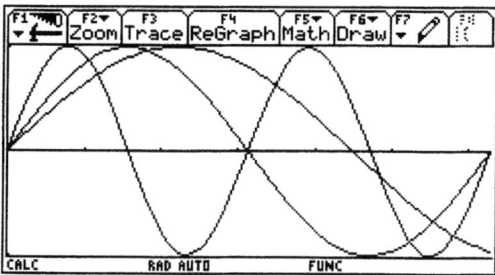

La funzione sinusoidale di periodo 365 è dunque $\sin\left(\dfrac{2\pi}{365}x\right)$, e quella di periodo 365, ampiezza 1.5 e valor medio 6 è

$$x \to 1.5 \sin\left(\frac{2\pi}{365}x\right) + 6.$$

Resta ancora da traslare la funzione lungo l'asse x. Sappiamo che il grafico di $f(x + C)$ si ottiene da quello di $f(x)$ per una traslazione di vettore [$-C$,0].
Ecco per esempio le sinusoidi sin(x), sin(x + 0.3), sin(x − 1).

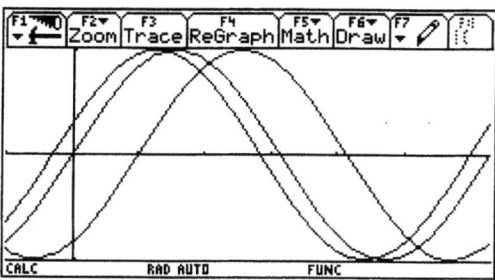

Supponiamo di fissare l'origine dell'asse x alla mezzanotte del 31 dicembre, in modo che il 1 gennaio sia il giorno 1, e il 31 dicembre sia il giorno 365. Vogliamo

228   M. Impedovo

traslare l'origine (che corrisponde all'equinozio di primavera) al 21 marzo, quindi al giorno 80. La funzione richiesta è infine

$$x \to 1.5 \sin\left(\frac{2\pi}{365}(x-80)\right) + 6.$$

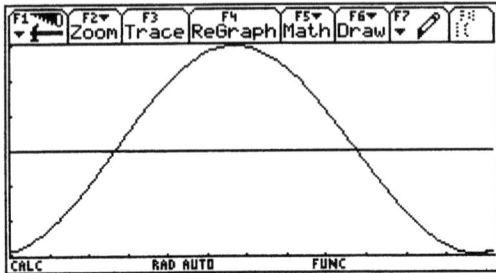

In ambiente Table possiamo valutare l'ora di levata del Sole durante l'anno.

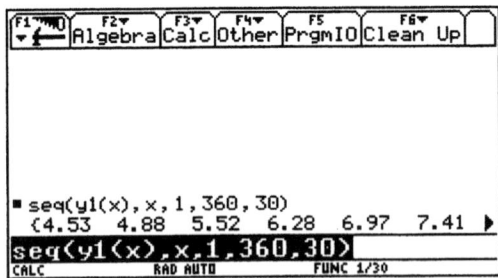

Oppure, in ambiente Home, valutare la funzione per diversi argomenti.

L'ambiente grafico della TI-92, data una funzione $f(x)$, offre la possibilità di definire funzioni come $f(-x)$, $-f(x)$, $f(kx)$, $hf(x)$, $f(x+h)$, $f(x)+k$, e così via; infatti in Y = Editor una volta memorizzata una funzione in y1(x) è possibile definire y1(-x), -y1(x), y1(2x), 2y1(x), y1(x + 1), y1(x)+ 1, e così via.

Fenomeni periodici ed equazioni parametriche

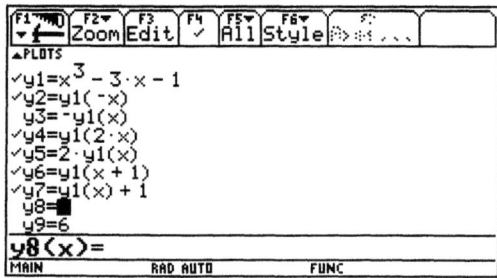

Inoltre con F6 Style è possibile tracciare le curve con diversi stili (linea, punti, quadratini pieni o vuoti, in spessore, ...) per mettere in evidenza le differenze.

Ecco per esempio i grafici di $f(x) = x^3 - 3x - 1$ (in spessore) e di $f(-x)$ nel rettangolo $[-2.5, 2.5] \times [-9, 9]$.

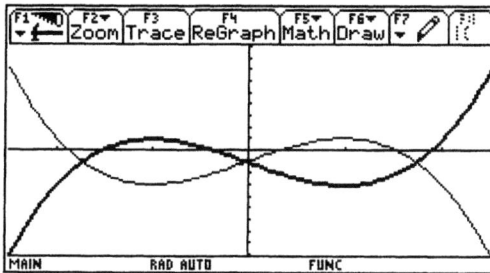

$f(x)$ e $-f(x)$:

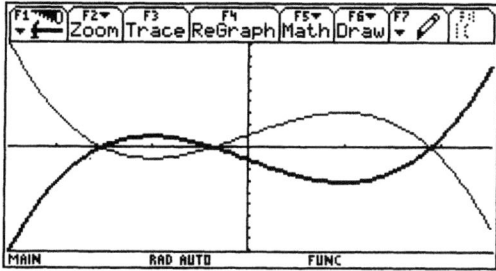

$f(x)$ e $|f(x)|$:

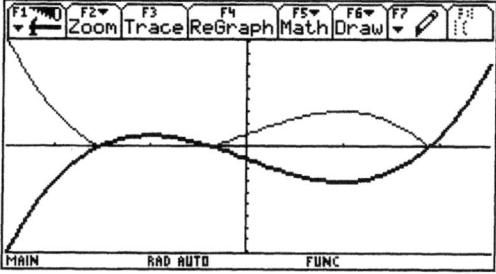

$f(x)$ e $f(|x|)$:

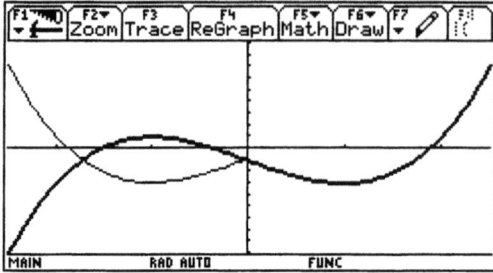

10.3. Un moto quasi armonico: la biella

Una delle attività più interessanti svolte in quarta da un gruppo di studenti riguarda l'analisi del moto della biella collegata ad un pistone.

Il problema è nato in fisica, dopo l'analisi del rendimento di un motore a scoppio. È sorta la curiosità di analizzare il meccanismo articolato che trasforma un moto rettilineo in un moto circolare (o viceversa).

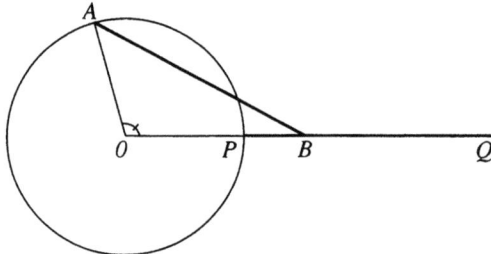

L'asta AB, di lunghezza $2r$, ha l'estremo A che si muove di moto circolare uniforme su una circonferenza di raggio r, e l'estremo B che si muove di moto rettilineo periodico sul segmento PQ. L'ascissa di B è una funzione dell'angolo $\angle POA$. Ponendo $r = 1$ e $x(O) = 0$ l'ascissa di B oscilla tra $x(P) = 1$ e $x(Q) = 3$.

Il lavoro è iniziato con la visualizzazione di tale movimento articolato usando l'ambiente Geometry della TI-92. Mediante il comando F7 Animation è possibile visualizzare il movimento dell'asta; contemporaneamente viene aggiornata l'ascissa di B (nelle figure seguenti è stato posto $r = 1/2$).

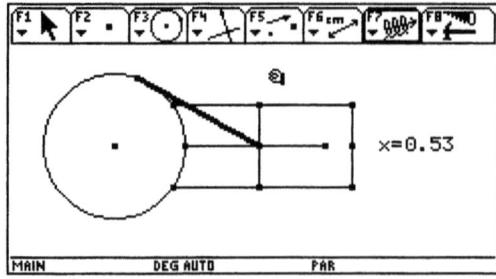

Fenomeni periodici ed equazioni parametriche

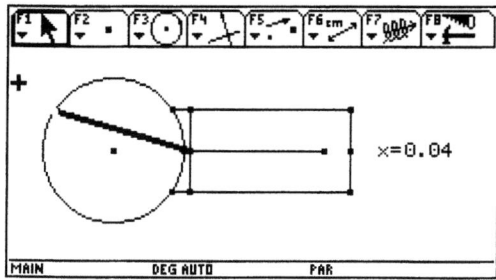

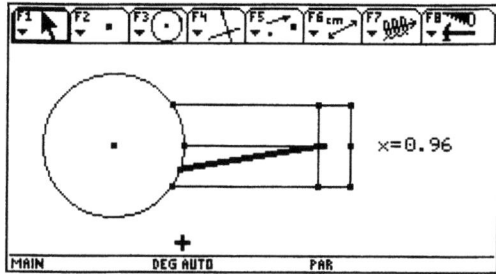

Il problema sorto a questo punto è stato il seguente: se A si muove di moto circolare uniforme, il moto del punto B sul segmento PQ è un moto armonico?

Indichiamo con α l'angolo $\angle POA$: allora $\overline{OH} = \cos(\alpha)$, $\overline{AH} = \sin(\alpha)$, e

$$\overline{HB} = \sqrt{4 - \sin(\alpha)^2} \, ;$$

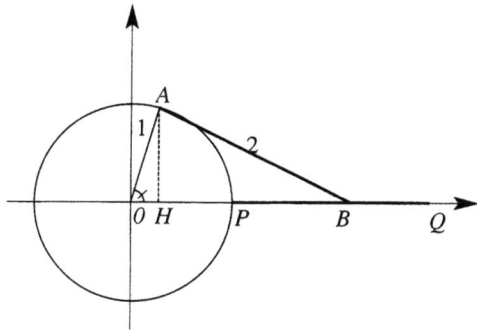

ponendo uguale a 1 rad/s la velocità angolare di A, $\alpha = t$, e l'ascissa x di B è

$$x = \cos(t) + \sqrt{4 - \sin(t)^2}.$$

Analizziamo con la TI-92 la funzione

$$y = \cos(x) + \sqrt{4 - \sin(x)^2}$$

nel rettangolo $[0, 2\pi] \times [0, 3]$.

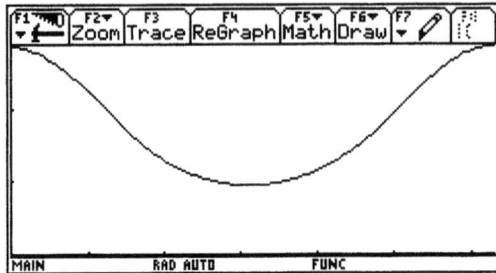

Non è una sinusoide, anche se ci assomiglia. Tracciando la funzione nell'intervallo $0 \leq x \leq 4\pi$ lo si vede meglio:

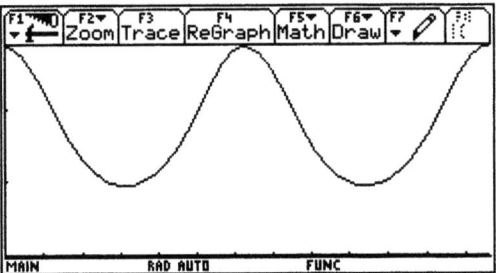

la concavità nel punto di massimo è diversa che nel punto di minimo. Possiamo confrontare tale funzione con la sinusoide $2 + \cos(x)$ che oscilla tra 1 e 3 con lo stesso periodo e fase.

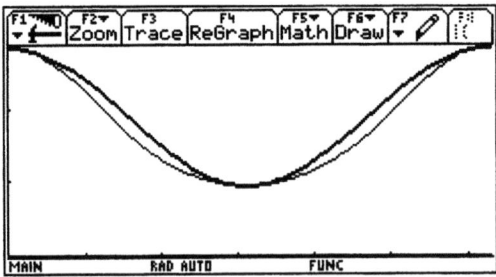

È possibile confrontare i due moti che avvengono simultaneamente. In modalità `Function, Parametric` si pone

`xt1(t)` $= \cos(t)+\sqrt{4-\sin(t)^2}$,
`yt1(t)` $= 0$,
`xt2(t)` $= 2 + \cos(t)$,
`yt2(t)` $= 1$.

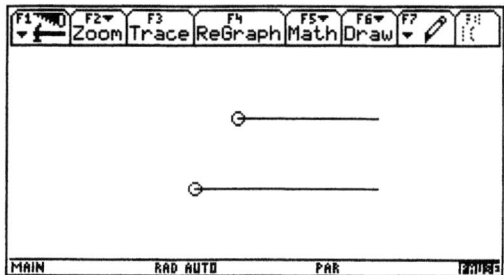

Gli studenti hanno a questo punto avuto un'idea originale: cosa succede se si aumenta la lunghezza dell'asta? Se si generalizza sulla lunghezza d di AB si ottiene per B l'ascissa

$$y = \cos(t) + \sqrt{d^2 - \sin(t)^2}.$$

Ecco cosa accade rispettivamente per aste di lunghezza $d = 2.5$ e $d = 3$.

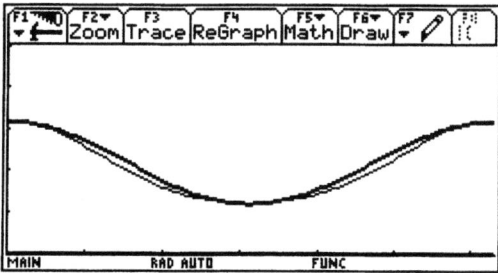

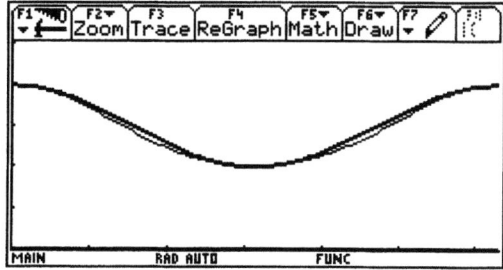

Morale: il moto periodico di una biella può essere reso arbitrariamente simile ad un moto armonico pur di aumentare la lunghezza dell'asta. Per $d = 4$ la differenza tra i due moti è praticamente indistinguibile.

L'ultimo problema affrontato, relativamente al caso iniziale $d = 2$ è stato di determinare l'istante di massima velocità del punto B. Gli studenti hanno calcolato la derivata di y1(x) e l'hanno memorizzata in y2(x), poi hanno tracciato i due grafici.

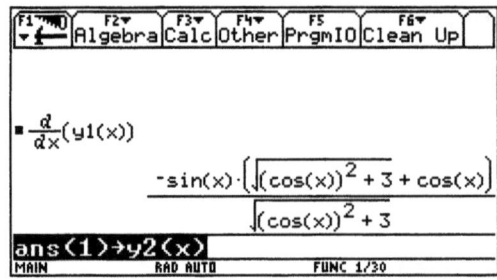

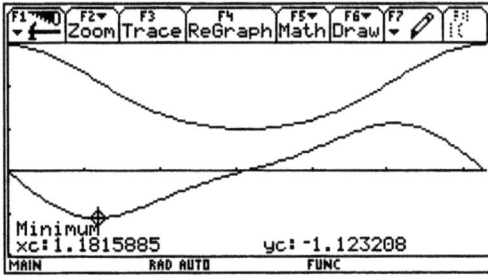

La velocità è massima in modulo quando il punto A ha coordinata angolare circa 1.18 rad = 67.7°, e per la posizione simmetrica 5.10 rad = 292.3°.
Analizzando la figura realizzata nell'ambiente Geometry si intuisce che la velocità di B è massima quando l'asta AB è tangente in B alla circonferenza.

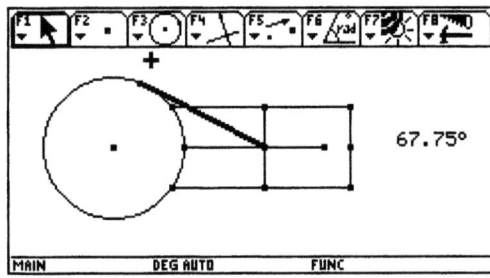

11. Equazioni differenziali

La TI-92 (il modello *Plus*) possiede in ambiente Home il comando F3 Calc, deSolve per la risoluzione simbolica e numerica delle equazioni differenziali ordinarie e possiede un ambiente grafico (Mode, Graph, Diff Equations) dedicato alla risoluzione grafica delle equazioni differenziali.

Ecco per esempio la soluzione simbolica delle equazioni differenziali

$$x' = x$$
$$x' = \sin(x)$$
$$x'' = k,$$

dove con le variabili x, x', x'' abbiamo indicato rispettivamente una funzione della variabile indipendente t, la sua derivata prima, la sua derivata seconda.

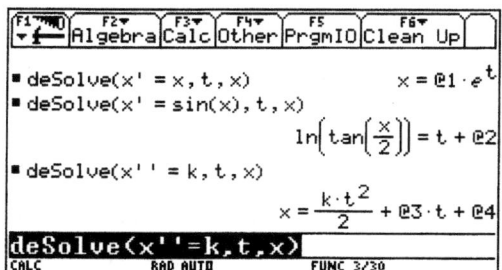

Le costanti @1, @2, ... sono costanti arbitrarie di integrazione introdotte in modo automatico dalla TI-92.

Un classico teorema ci assicura che, sotto certe ipotesi di regolarità, data l'equazione differenziale

$$x'(t) = f(t, x),$$

per ogni punto (t_0, x_0) del piano t - x passa una ed una sola funzione soluzione dell'equazione differenziale.

Quindi una equazione differenziale ammette in generale infinite soluzioni; è possibile individuare una soluzione fissando una condizione iniziale. Per esempio nell'equazione

$$x' = x$$

imponiamo che al tempo $t_0=0$ la funzione $x(t)$ valga 1, poi che valga 5, poi che valga a.

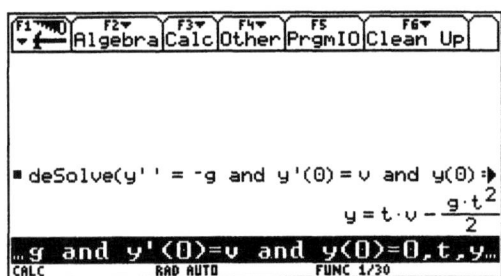

L'equazione differenziale

$$x'' = k$$

è l'equazione del moto unidimensionale di un corpo soggetto ad una forza costante, che produce un'accelerazione costante k; le costanti @3 e @4 che compaiono nella soluzione rappresentano rispettivamente la velocità iniziale e la posizione iniziale al tempo $t_0 = 0$.

Risolviamo il problema di determinare la posizione di un corpo lanciato verso l'alto con velocità iniziale v, e soggetto alla sola forza di gravità.

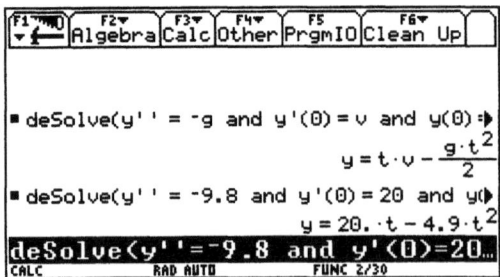

Un esempio numerico potrebbe essere il seguente: determinare l'equazione del moto di un corpo lanciato verso l'alto con velocità iniziale 20 m/s, a partire dal punto di ordinata 0.

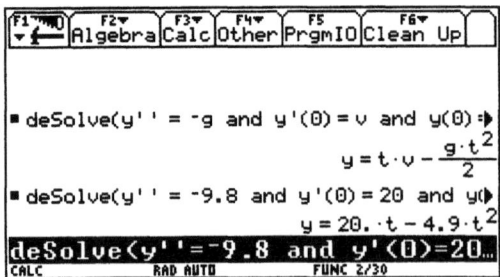

Vediamo come rappresentare graficamente la soluzione. Dopo aver impostato Mode, Graph, Diff Equations, in ambiente Y = Editor compaiono le variabili t0, y1', yi1, y2', yi2, ...;

Equazioni differenziali 237

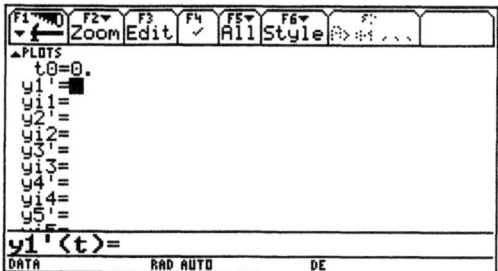

il valore t0 indica l'istante che viene preso in considerazione per fissare le condizioni iniziali yi1, yi2, ...; y1 rappresenta la funzione di t, e y1' la sua derivata. Nel nostro caso y1(t) è la posizione in funzione del tempo, e y1'(t) è la velocità; yi1 è la posizione iniziale all'istante t0. Per risolvere un'equazione differenziale del secondo ordine come $y'' = k$, poniamo y1' = y2. Ora y2' rappresenta la derivata di y1', cioè la derivata seconda di y1, e quindi y2' è l'accelerazione del moto e y2i è la velocità iniziale al tempo t0.

Fissiamo t0 = 0, y1' = y2, y2' = -9.8. La posizione iniziale è yi1 = 0 e la velocità iniziale è yi2 = 20.

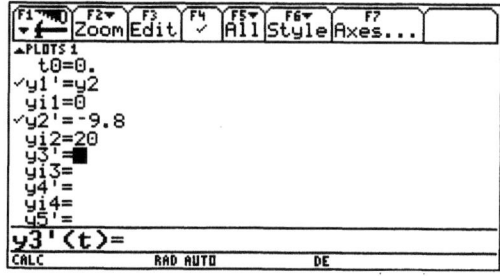

Vogliamo dunque rappresentare graficamente la soluzione $y(t)$ dell'equazione differenziale

$$\begin{cases} y'' = -9.8 \\ y'(0) = 20 \\ y(0) = 0. \end{cases}$$

Con F1 Format impostiamo il tipo di rappresentazione Fields, FLDOFF che permette di rappresentare non un campo ma singole soluzioni, e con F7 Axes, Time stabiliamo di rappresentare sull'asse x il tempo e sull'asse y la posizione.

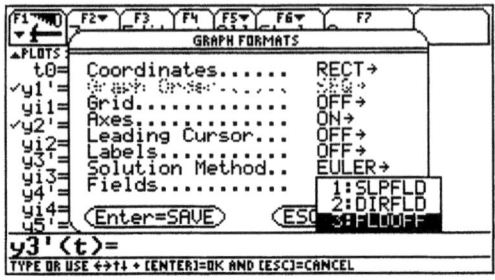

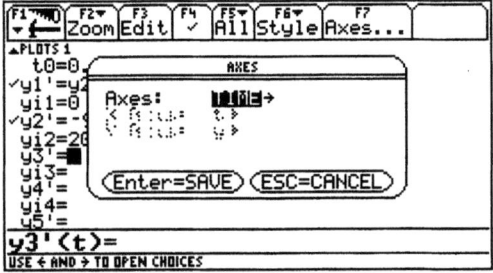

In ambiente Window stabiliamo i valori iniziali e finali rispettivamente: per il tempo (tmin e tmax) tra 0 e 4 s, e lo stesso per xmin e xmax dato che vogliamo il tempo sull'asse x, la posizione tra 0 e 25 m.

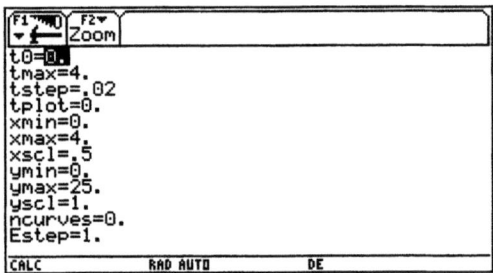

Finalmente osserviamo il grafico: possiamo scegliere tra la rappresentazione della posizione, della velocità, o (è il nostro caso) di entrambe.

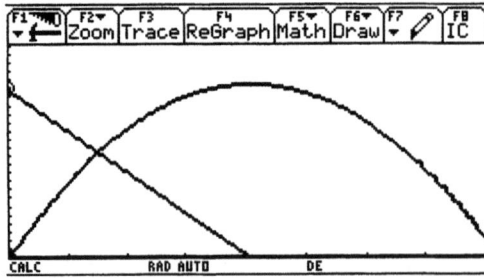

La parabola rappresenta il moto nel piano *s-t*, la retta è la velocità nel piano *v-t*. Come si vede la velocità decresce linearmente e vale 0 nell'istante in cui il punto raggiunge l'altezza massima, poi diventa negativa.

È possibile vedere contemporaneamente più soluzioni, e quindi confrontare moti soggetti alle stesse forze ma con condizioni iniziali differenti: è sufficiente usare le liste nelle condizioni iniziali. Ecco per esempio l'impostazione della stessa equazione differenziale con le due distinte condizioni iniziali:

$$y(0) = 0 \quad e \quad y'(0) = 20$$
$$y(0) = 10 \quad e \quad y'(0) = 5.$$

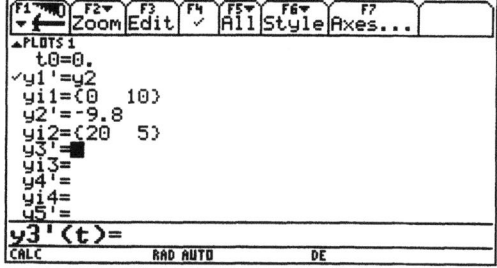

Stiamo confrontando due moti con diversa posizione iniziale (uno parte da quota 0, l'altro da quota 10 m) e diversa velocità iniziale (20 m/s per l'uno, 5 m/s per l'altro).

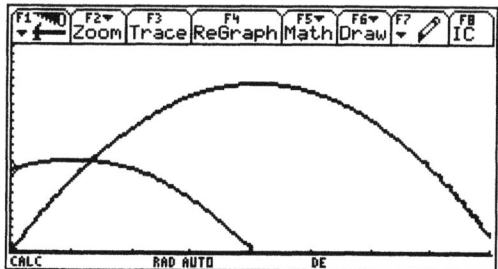

Il grafico mostra che circa a 0.7 s dall'inizio del moto i due punti materiali hanno la stessa posizione.

Oppure, con [F7] Axes, Custom, X Axis: y, Y Axis: y' è possibile rappresentare la velocità in funzione della posizione.

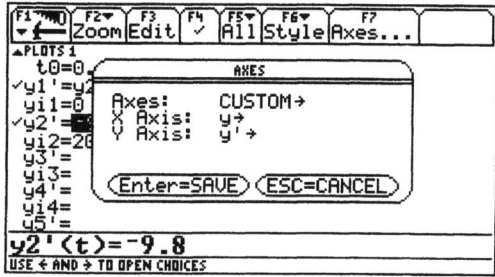

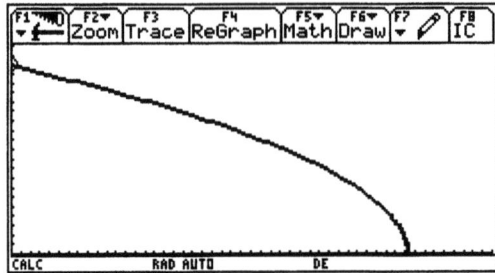

Come si vede la velocità non decresce linearmente ma dipende dalla posizione secondo una legge del tipo

$$v(y) = \sqrt{v(0)^2 - 2gy}.$$

11.1. Modelli di popolazione

Uno degli argomenti che si presta in modo naturale ad essere trattato mediante equazioni differenziali, anche a livello secondario, è quello che riguarda le crescite (o decrescite) delle popolazioni (uomini, animali, batteri, ...) in funzione del tempo.

Sia $n(t)$ la funzione (che noi supponiamo continua, anche se i valori che essa assume sono necessariamente discreti) che descrive il numero di individui di una popolazione al tempo t. La funzione $n'(t)$ descrive allora la velocità di crescita (o di decrescita se è negativa) della popolazione.

Il modello di Malthus

Il modello più semplice per la funzione $n(t)$ è quello secondo cui velocità di crescita di una popolazione è proporzionale (secondo un certo fattore costante k) al numero di individui che la compone; si suppone in questo caso che le risorse siano illimitate, che non ci siano competizioni tra gli individui, che le morti siano in numero trascurabile: è il caso per esempio di una popolazione di batteri almeno in una fase iniziale. L'equazione differenziale che risolve il problema è

$$n'(t) = k\, n(t)$$

dove la costante k determina la rapidità di crescita e la condizione iniziale è data dal numero $n(t_0)$ di individui presenti al tempo t_0.

Vediamo la risoluzione simbolica.

Equazioni differenziali

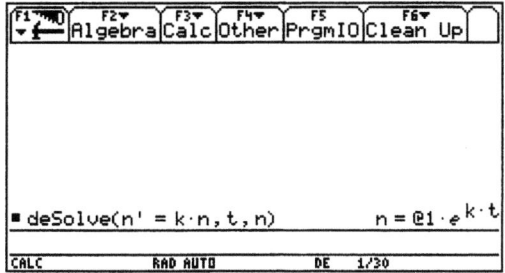

La costante @1 è il numero n_0 di individui all'istante $t = 0$. Come sappiamo, una funzione proporzionale alla propria derivata è una funzione esponenziale. Un modo per dare significato a k consiste nel valutare l'intervallo di tempo Δt necessario al raddoppiarsi della popolazione.

$$n(t_2) = 2n(t_1)$$

$$n_0 e^{kt_2} = 2n_0 e^{kt_1}$$

$$e^{k(t_2 - t_1)} = 2$$

$$k(t_2 - t_1) = \ln(2)$$

$$\Delta t = \frac{\ln(2)}{k}.$$

Quindi il fattore di crescita k è inversamente proporzionale al *tempo di raddoppio*.

Le infinite soluzioni dipendono (oltre che dal parametro k) dalla costante @1, che è determinata dall'entità iniziale $n_0 = n(t_0)$ della popolazione.

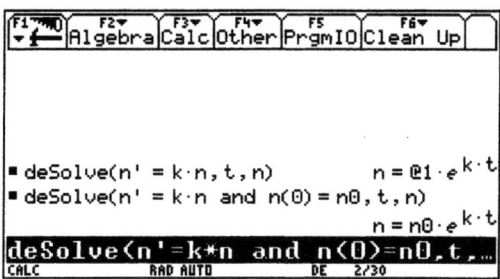

Ecco i grafici di due soluzioni particolari nella finestra [0,5] per il tempo e [0,10000] per n (rispettivamente $n_0 = 250$ e 1000), per un fattore di crescita $k = 1.2$.

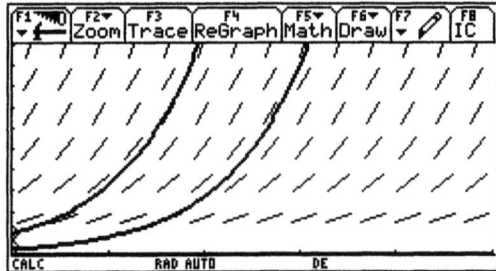

La figura rappresenta il campo di direzioni delle soluzioni nel piano n-t; si tratta di una rappresentazione qualitativa molto efficace (occorre impostare per le equazioni differenziali del primo ordine F1 Format, Fields, SLPFLD): per ogni punto (t_0, n_0) del piano passa una ed una sola curva, il cui andamento qualitativo è indicato dal campo delle direzioni; è possibile tracciare in questo campo una o più soluzioni particolari. Il precedente grafico mostra che il tasso di crescita è relativamente basso per un basso numero iniziale di individui, e cresce rapidamente con il crescere della popolazione.

La figura seguente mostra la stessa equazione, con le stesse condizioni iniziali, nella stessa finestra, ma con un fattore di crescita $k = 0.4$.

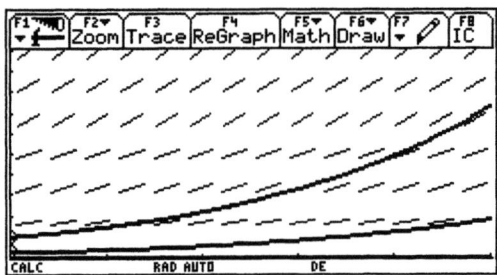

L'equazione logistica

Il modello della crescita esponenziale non è affidabile per descrivere popolazioni consistenti, se non in una fase iniziale del loro sviluppo. Con l'aumentare degli individui aumenta l'inquinamento globale del sistema; se le risorse non sono illimitate, poiché devono essere suddivise tra un numero crescente di individui, la sopravvivenza diventa più difficile. Un modello più raffinato di popolazione considera il fattore di crescita k non costante al variare di n, ma decrescente (linearmente, in prima approssimazione) all'aumentare della popolazione. Ponendo per esempio

$$k(n) = a - bn,$$

con a e b costanti positive, si ottiene l'equazione differenziale *logistica*:

$$n'(t) = an - bn^2.$$

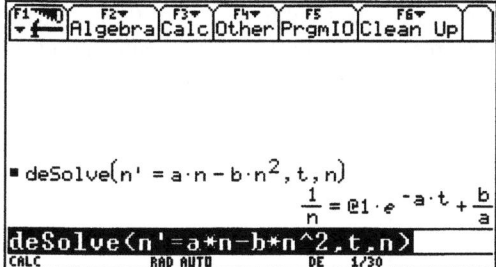

La soluzione generale è

$$n(t) = \frac{1}{ce^{-at} + \dfrac{a}{b}}.$$

Ponendo la condizione iniziale $n(0) = n_0$ otteniamo

$$c = \left(\frac{1}{n_0} - \frac{b}{a}\right).$$

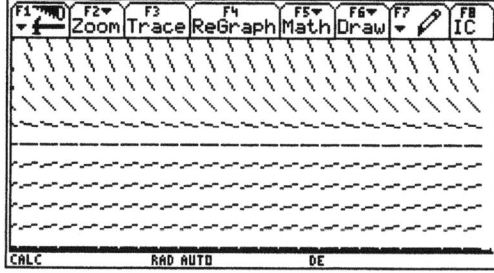

L'equazione $n' = an - bn^2$ differisce dal modello di Malthus per il termine negativo che quantifica la limitazione che l'affollamento produce alle possibilità di crescita. Solitamente la costante b è piccola, in modo che il termine bn^2 sia trascurabile per n piccolo, e diventi significativo all'aumentare di n.

Vediamo il campo di direzioni delle soluzioni per $a = 1$ e $b = 0.001$, nella finestra $[0,7] \times [0,2000]$.

Come si vede c'è una soluzione asintotica, $n = 1000$, a cui tendono tutte le soluzioni, indipendentemente dal numero iniziale di individui. Se $n_0 < 1000$ le soluzioni sono crescenti, se $n_0 > 1000$ sono decrescenti. Nella figura seguente sono tracciate alcune soluzioni, con valori iniziali 50, 300, 750, 1250, 1800.

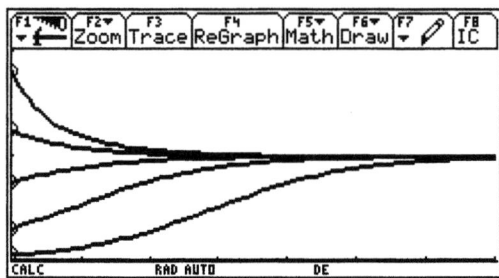

Analizzando l'equazione differenziale $n' = n(a - bn)$ si osserva che la funzione costante $n = a/b$ è una soluzione particolare (la sua derivata è nulla), e dalla soluzione generale

$$n(t) = \frac{1}{ce^{-at} + \frac{b}{a}}$$

si osserva che per $t \to +\infty$ risulta $n(t) \to a/b$ indipendentemente da c.

Quindi se il fattore di crescita è una funzione lineare decrescente con la consistenza della popolazione, essa tende in ogni caso a stabilizzarsi rapidamente intorno al valore a/b.

Un'applicazione molto interessante della equazione logistica (riportata da Franco Conti in *Calcolo, Teoria e applicazioni*, McGraw-Hill 1993) riguarda la crescita di una popolazione di insetti della specie *Drosophila Melanogaster*, molto importanti nelle ricerche attuali di genetica e di microbiologia perché hanno una capacità riproduttiva molto rapida, ed è quindi possibile analizzare in breve tempo significative mutazioni genetiche. La serie di dati analizzata è la seguente.

t (giorni)	0	9	12	15	18	21	25	27	29	33	36	39
$n(t)$	22	39	105	152	225	390	499	547	618	791	877	938

Ecco il grafico per punti.

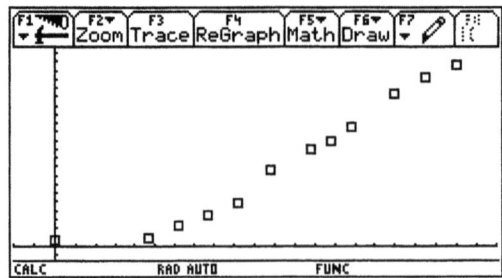

La TI-92 possiede, tra i diversi modelli di curve da adattare ai dati anche il modello logistico,

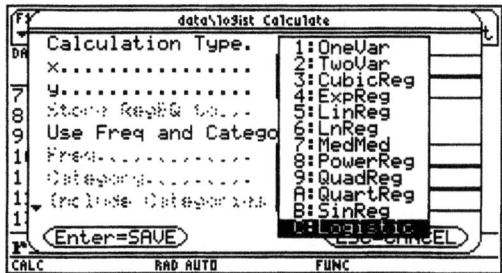

che fornisce la soluzione dell'equazione logistica nella forma

$$n(t) = \frac{a}{1+be^{ct}} + d.$$

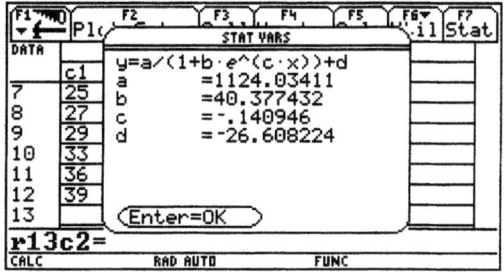

La soluzione che cerchiamo è circa

$$n(t) = \frac{1124}{1+40e^{-0.14t}} - 27$$

e si adatta molto bene i dati.

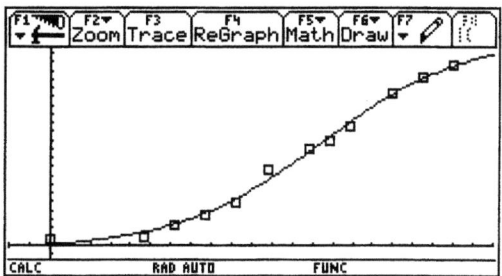

Il valore asintotico a cui tende la popolazione si ottiene calcolando il limite per $t \to +\infty$, che è circa 1100.

11.2. Il falso isocronismo del pendolo

Dice Paul Feyerabend nel suo *Contro il metodo*:

> "L'idea di un metodo che contenga principi fermi, immutabili e assolutamente vincolanti come guida nell'attività scientifica si imbatte in difficoltà considerevoli quando viene messa a confronto con i risultati della ricerca storica. Troviamo infatti che non c'è una singola norma, per quanto plausibile e per quanto saldamente radicata nell'epistemologia, che non sia stata violata in qualche circostanza. Diviene evidente anche che tali violazioni non sono eventi accidentali, che non sono il risultato di un sapere insufficiente o di disattenzioni che avrebbero potuto essere evitate. Al contrario, vediamo che tali violazioni sono necessarie per il progresso scientifico. In effetti, uno tra i caratteri che più colpiscono nelle recenti discussioni sulla storia e la filosofia della scienza è la presa di coscienza del fatto che eventi e sviluppi come l'invenzione dell'atomismo nell'Antichità, la rivoluzione copernicana, l'avvento della teoria atomica moderna (teoria cinetica; teoria della dispersione; stereochimica; teoria quantistica), il graduale emergere della teoria ondulatoria della luce si verificarono solo perché alcuni pensatori o *decisero* di non lasciarsi vincolare da certe norme metodologiche "ovvie" o perché *involontariamente le violarono*. Questa libertà di azione, lo ripeto, non è solo un *fatto* della storia della scienza. Esso è sia ragionevole sia *assolutamente necessario* per la crescita del sapere. Più specificamente, si può dimostrare quanto segue: data una norma qualsiasi, per quanto "fondamentale" o "necessaria" essa sia per la scienza, ci sono sempre circostanze nelle quali è opportuno non solo ignorare la norma, ma adottare il suo opposto. Per esempio, ci sono circostanze nelle quali è consigliabile introdurre, elaborare e difendere ipotesi ad hoc, o ipotesi che contraddicano risultati sperimentali ben stabiliti e universalmente accettati, o ipotesi il cui contenuto sia minore rispetto a quello delle ipotesi alternative esistenti e adeguate empiricamente, oppure ancora ipotesi autocontraddittorie ecc."

Uno degli esempi riportati da Feyerabend per avvalorare la propria "teoria anarchica della conoscenza" riguarda la legge di Galileo della caduta libera: il moto di caduta libera non è uniformemente accelerato, dato che il considerare costante l'accelerazione di gravità è in contraddizione (logica) con la teoria newtoniana della gravitazione, secondo cui l'accelerazione di gravità aumenta, seppure impercettibilmente, avvicinandosi al suolo.

Ciononostante per la nostra *scienza normale* le due teorie coesistono pacificamente (per fortuna, dice Feyerabend: non esiste alcun metodo, "*qualsiasi cosa può andar bene*"), se non dal punto di vista logico almeno dal punto di vista sperimentale.

Qualcosa di analogo accade per la *legge di isocronismo del pendolo*: per "piccole" oscillazioni il moto del pendolo è armonico e il periodo di oscillazione non dipende dall'ampiezza delle oscillazioni stesse.

Lo strappo tra l'analisi matematica delle forze in gioco e l'evento fisico avviene nel momento in cui si ricava un'equazione differenziale del moto non integrabile (il cui integrale non è esprimibile mediante funzioni elementari):

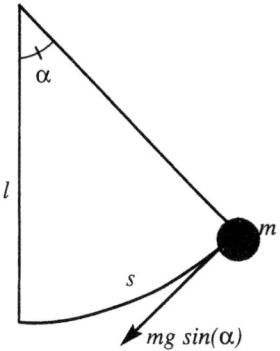

$$s''(t) = -g \sin\left(\frac{s(t)}{l}\right),$$

dove $s(t)$ è la lunghezza dell'arco al tempo t, e quindi $s(t)/l$ è la misura in radianti dell'angolo α.

Nella misura in cui l'ampiezza α dell'oscillazione può essere confusa con il seno di α, si cambiano le regole del gioco e l'equazione differenziale diventa più abbordabile:

$$s''(t) = -\frac{g}{l} s(t).$$

È ben vero che $\sin(\alpha)$ può essere confuso con α (in radianti!) al di sotto di certe ampiezze. Proviamo a tabulare α, $\sin(\alpha)$, e l'errore relativo che si commette scambiando $\sin(\alpha)$ con α.

DATA	x(deg)	x(rad)	sin(x)	err%
	c1	c2	c3	c4
2	5.	.0872665	.0871557	.1270368
3	10.	.1745329	.1736482	.5095058
4	15.	.2617994	.258819	1.151516
5	20.	.3490659	.3420201	2.060027
6	25.	.4363323	.4226183	3.245021
7	30.	.5235988	.5	4.719755
8	35.	.6108652	.5735764	6.501104

r8c1=35.

Come si vede anche per ampiezze di 30° si ha un errore relativo inferiore al 5%. Tuttavia la legge di isocronismo del pendolo è, dal punto di vista logico, in contraddizione con le leggi della dinamica. Forse proprio il fatto che la prima equazione differenziale non sia risolubile in termini di funzioni elementari ha fatto dimenticare che il periodo di un pendolo dipende in modo significativo dall'ampiezza di oscillazione.

La possibilità che oggi abbiamo di utilizzare strumenti potenti di approssimazione muta in qualche modo i paradigmi del concetto di *risolubilità*: con la Computer Algebra è possibile risolvere quella equazione differenziale, nello stesso modo in cui noi abbiamo sempre considerato risolubile l'equazione $x^2 = 2$.

Proviamo dunque a risolvere l'equazione differenziale

$$s''(t) = -g \sin\left(\frac{s(t)}{l}\right).$$

Poniamo $g = 9.8$ m/s², e $l = 1$m, in modo che s sia oltre che la lunghezza dell'arco l'ampiezza in radianti dell'angolo. Si sa che per $l = 1$ m il pendolo armonico batte (circa) il secondo. Infatti il periodo del pendolo ("indipendentemente" dall'ampiezza dell'oscillazione se questa è piccola, nel senso che la differenza è impercettibile) è

$$T = 2\pi\sqrt{\frac{l}{g}} \cong 2.01\,\text{s}$$

e passa due volte per il punto di equilibrio durante un'oscillazione completa.

L'equazione diventa

$$s'' = -9.8 \sin(s).$$

Implementiamola sulla TI-92 e proviamo a risolverla in forma simbolica.

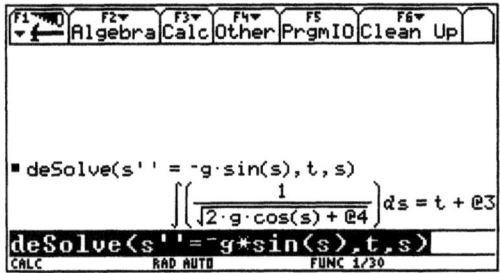

In effetti la soluzione ci viene fornita dipendente da un integrale: non ne sappiamo molto più di prima.

Vediamo allora la soluzione grafica. Impostiamo in y1 la funzione posizione $s(t)$, con posizione iniziale $s(0) = \pi/12$, e in y2 la funzione velocità, con velocità iniziale $s'(t) = 0$. Risulta quindi $s''(t) = y2'(t) = 9.8\sin(y1)$.

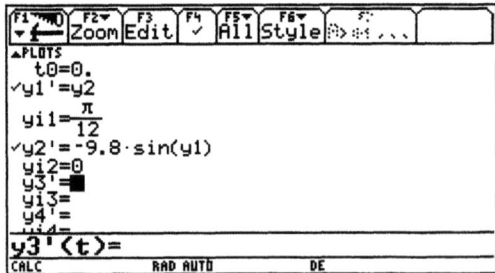

Supponiamo dunque di allontanare il pendolo di un angolo $\alpha = \pi/12$ dalla verticale e, con velocità iniziale nulla, lasciarlo libero. Ecco il grafico della posizione (in spessore) e della velocità in funzione del tempo, nel rettangolo $[0,2]\times[-1,1]$ (cioè nei primi 2 secondi).

Equazioni differenziali   249

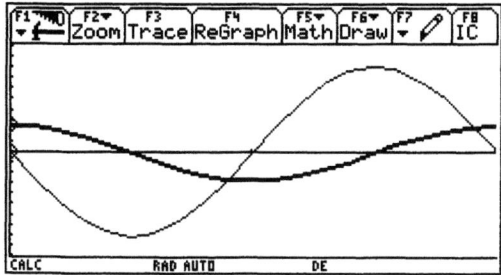

Sia la posizione che la velocità sembrano avere un andamento sinusoidale. Vediamo cosa accade per un angolo iniziale di π/2 (il filo del pendolo viene portato in posizione orizzontale); dobbiamo allargare la finestra di visualizzazione, dato che la velocità ora oscilla tra valori decisamente più elevati, al rettangolo [0,2]×[– 5,5].

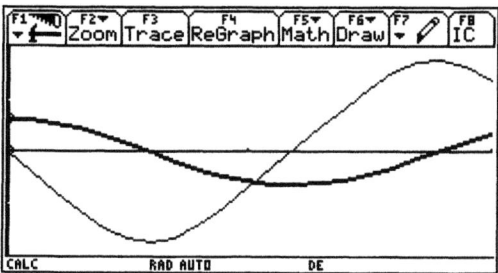

La velocità non ha più un aspetto sinusoidale: la pendenza rimane pressoché costante per un intervallo abbastanza lungo.

Con F3 T r a c e è possibile valutare il modulo della velocità massima, quando il pendolo transita dalla posizione di equilibrio.

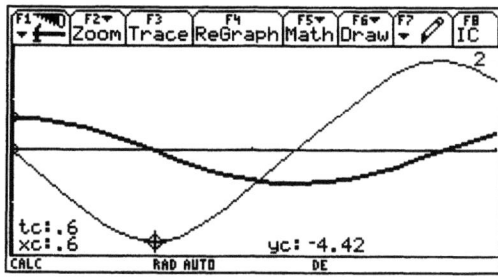

La velocità massima è circa 4.42 m/s.

Vogliamo ora analizzare la differenza tra la soluzione dell'equazione *reale*

$$s'' = -9.8\sin(s)$$

e la soluzione dell'oscillatore armonico

$$s'' = -9.8\,s,$$

per valutare le differenze tra i due moti all'aumentare dell'angolo iniziale $s(0) = \alpha_0$.
Implementiamo dunque in y3 e in y4 l'equazione $s'' = -9.8\,s$.

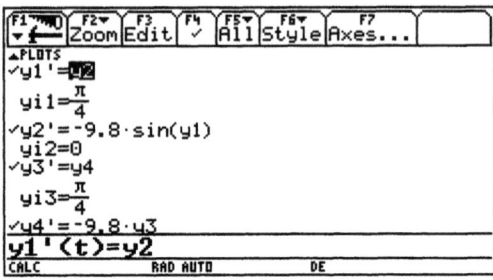

Vediamo separatamente i grafici delle posizioni e delle velocità.

Posizione per $\alpha_0 = \pi/4$, nell'intervallo di tempo [0, 8 s].

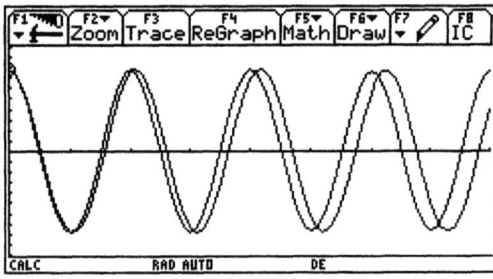

Posizione per $\alpha_0 = \pi/2$, nell'intervallo di tempo [0, 8 s].

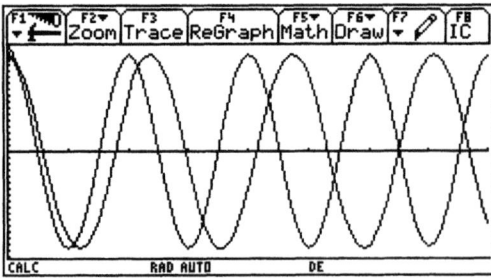

L'oscillazione reale perde progressivamente terreno rispetto all'oscillazione armonica. Dopo tre oscillazioni è in ritardo di circa 0.3 s per $\alpha_0 = \pi/4$, e di più di un secondo per $\alpha_0 = \pi/2$.

Velocità per $\alpha_0 = \pi/4$, nell'intervallo di tempo [0, 4 s] e di velocità [−3 m/s, 3 m/s] (in spessore l'oscillazione armonica).

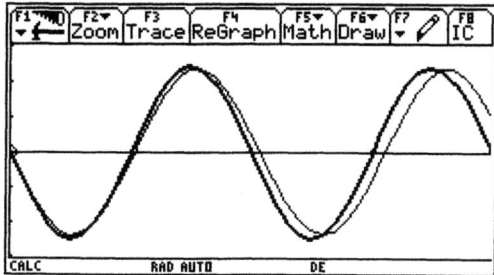

Velocità per $\alpha_0 = \pi/2$, nell'intervallo di tempo [0, 4 s] e di velocità [−5 m/s, 5m/s].

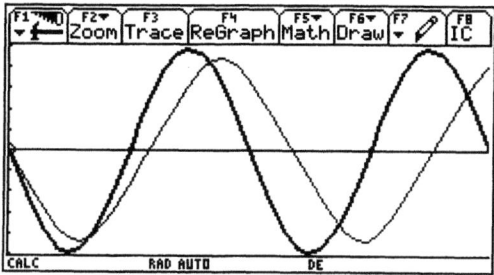

Mentre per $\alpha_0 = \pi/4$ una oscillazione avviene senza grandi variazioni di velocità tra i due moti, e i massimi delle velocità sono quasi gli stessi, per $\alpha_0 = \pi/2$ si nota già una sensibile differenza, circa 0.5 m/s, tra le rispettive velocità massime.

Valutiamo ora, per angoli crescenti da 0 a $\pi/2$, cosa accade nel primo quarto di periodo, cioè dall'inizio del moto all'istante in cui il pendolo transita dalla posizione di equilibrio.

$\alpha_0 = \pi/6$, rettangolo [0, 0.6]×[0, 0.55]:

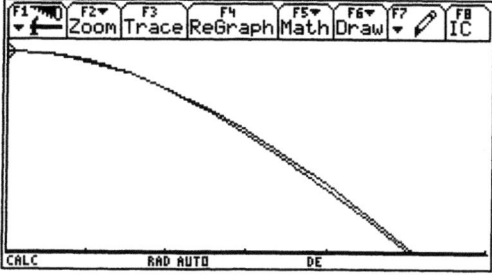

$\alpha_0 = \pi/3$, rettangolo $[0, 0.6] \times [0, 1.2]$:

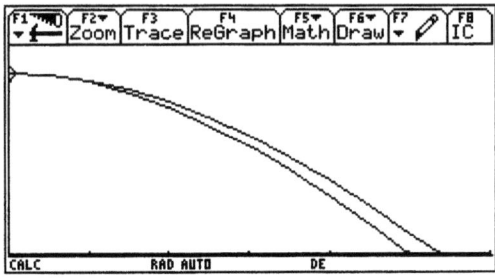

$\alpha_0 = \pi/2$: rettangolo $[0, 0.6] \times [0, 1.7]$:

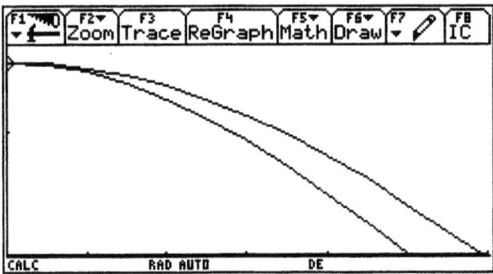

Infine svolgiamo un'analisi numerica. Nelle tabelle seguenti sono mostrate le posizioni del pendolo reale (colonna y1) e dell'oscillatore armonico (colonna y2) a partire dall'istante iniziale, circa ogni 7 centesimi di secondo. In questo modo sulla TI-92 sono visualizzabili le posizioni dell'oscillatore armonico dalla posizione angolare α_0 (istante iniziale) alla posizione angolare 0 (punto più basso della traiettoria).

$\alpha_0 = \pi/6$:

t	y1	y3
0.	.5236	.5236
.07168	.51105	.51046
.14336	.47391	.47167
.21505	.41388	.40923
.28673	.33369	.32628
.35841	.2371	.22698
.43009	.12873	.1163
.50177	.01398	-.00016

t=0.

$\alpha_0 = \pi/3$:

t	y1	y3
0.	1.0472	1.0472
.07168	1.0254	1.0209
.14336	.96069	.94341
.21505	.8548	.81859
.28673	.71104	.65268
.35841	.53458	.45407
.43009	.33265	.23274
.50177	.11448	-.00018

t=0.

$\alpha_0 = \pi/2$:

t	y1	y3
0.	1.5708	1.5708
.07168	1.5456	1.5314
.14336	1.4701	1.4151
.21505	1.3446	1.2279
.28673	1.1701	.97908
.35841	.94936	.68111
.43009	.68803	.34914
.50177	.39507	-.00023

t=0.

Come si vede, il ritardo sul primo quarto di oscillazione aumenta notevolmente all'aumentare dell'angolo. Mentre per l'oscillatore armonico il tempo necessario per un quarto di periodo è sempre

$$T = 2\pi\sqrt{\frac{l}{g}} \cong 0.502 \text{ s}$$

per l'oscillazione reale nel caso peggiore, cioè $\alpha_0 = \pi/2$, si ha un ritardo di 0.09 s, pari al 18%. Per $\alpha_0 = \pi/3$ il ritardo è solo di 0.036 s, pari al 7%, e per $\alpha_0 = \pi/6$ il ritardo è di 0.009 s, pari al 2%.

La possibilità di affidare ad una calcolatrice i complessi calcoli di approssimazione ci ha consentito di analizzare un problema intrattabile con carta e penna. La scelta degli angoli iniziali, del rettangolo di visualizzazione, delle funzioni da tabulare impone una limpida comprensione del problema da parte degli alunni, che devono in modo autonomo (si configura qui la piccola comunità matematica) compiere delle scelte ragionevoli. Per esempio, qualcuno ha proposto di studiare che cosa accade per angoli iniziali superiori a $\pi/2$, fino a π. Per un angolo iniziale di π e velocità iniziale nulla si ha naturalmente una posizione di equilibrio (anche se instabile): dal punto di vista matematico la posizione in funzione del tempo dovrebbe essere una funzione costante di valore π.

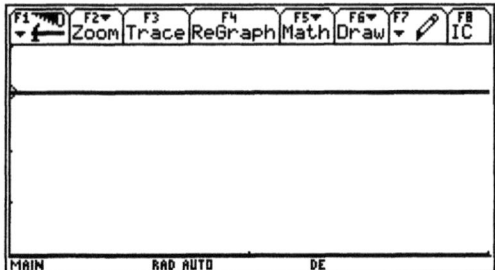

Verificare questo risultato suggerito dall'intuizione è per gli studenti una piacevole sorpresa: non è l'insegnante che stabilisce la correttezza della congettura, è uno strumento, esterno alla dinamica studente-insegnante, e perciò "neutrale". Come in tutte le relazioni la presenza di un polo neutro rispetto alle dinamiche interpersonali costituisce un punto di riferimento oggettivo e prezioso quando l'obiettivo è non solo di rendere l'allievo più autonomo, ma anche di riconciliarlo con una disciplina, la matematica, nella quale il valore semantico degli oggetti è troppo spesso seppellito sotto cumuli di cattiva sintassi.

Conclusioni

L'utilizzo sistematico della TI-92 in classe ha prodotto alcuni mutamenti significativi nei comportamenti degli studenti.

Dal punto di vista operativo vorrei citarne uno per tutti: l'aumento di precisione e coscienza nell'uso dei numeri negativi. È sorprendente che nell'insegnamento delle operazioni in $\mathbb{Z}$ sia stato sempre utilizzato uno stesso simbolo (il segno "meno") per due contesti semantici del tutto differenti: nell'operazione

$$-2-5$$

il primo è un simbolo unario (l'opposto di) e il secondo è un simbolo binario. In tutti i programmi di manipolazione simbolica i simboli in uscita sono diversi (inevitabilmente, dato che hanno diverso significato). Sulle vecchie calcolatrici il compito del "meno unario" era svolto dal tasto +/−, che era posposto e fungeva da interruttore: applicato ad un numero lo mutava nel suo opposto. Sulla TI-92 ci sono due tasti distinti. Il simbolo unario è più piccolo, e posto in alto a sinistra dell'espressione a cui si riferisce.

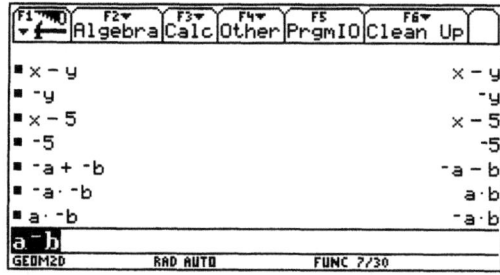

Ho provato a proporre agli allievi una notazione algebrica in cui si tenesse conto di tale distinzione, per esempio usando per l'opposto un trattino in alto a sinistra:

$$^-2-5.$$

Il miglioramento nelle abilità di base è stato netto: gli alunni hanno presto deciso (con ragione) di omettere le parentesi in espressioni come le seguenti

$$^-2-{}^-5, \qquad ^-2\cdot{}^-5,$$

guadagnando in comprensione personale e in chiarezza di esposizione.

Ma il mutamento più vistoso riguarda l'aumento di interesse e di coinvolgimento da parte degli alunni tradizionalmente più deboli o più demotivati nei confronti dell'attività scolastica in generale e della matematica in particolare. Alcune dichiarazioni degli studenti (per esempio: "ho potuto controllare i miei risultati, e quando erano sbagliati capivo perché", "finalmente la matematica mi sembra che abbia qualche significato, non è una cosa incomprensibile che bisogna fare senza sapere perché") lasciano intravedere un miglioramento della capacità di padroneggiare la disciplina e di dominare i problemi; tale miglioramento è accompagnato da un sorprendente aumento di senso nell'attività svolta: la matematica sembra più concreta e ricca di significato.

La TI-92 mette a disposizione un agile ambiente di programmazione: nel lavoro in classe è diventata un'abitudine porsi il problema se un certo calcolo potesse essere trasformato in programma. Il "fare matematica" si è quindi arricchito di un nuovo aspetto: la risoluzione algoritmica di un problema (per esempio determinare l'equazione di una parabola per tre punti) e la sua conseguente implementazione sulla macchina. La libreria della TI-92 (e in generale di un computer algebra system) è talmente vasta che la programmazione risulta facile e potente. Questa attività consente di ottenere diversi risultati: arricchire la libreria di funzioni disponibili (e questo, oltre a far risparmiare tempo ed energie, porta alla possibilità di porsi problemi più avanzati, non dovendo perdere tempo in calcoli), e soprattutto dare allo studente l'occasione di costruirsi da sé gli strumenti del proprio apprendimento.

Uno degli ambienti che più spesso sono stati utilizzati (a riprova del desiderio di dare senso agli oggetti matematici) è stato DATA/MATRIX EDITOR. Se si ha una tabella di dati, che esprime la relazione tra due grandezze, oppure i risultati di un esperimento in laboratorio di fisica, oppure una variabile statistica, è facilissimo mettere i dati in una tabella e vederne subito il grafico; allora l'analisi di **come** una grandezza cresce (o decresce) rispetto ad un'altra è diventato uno dei problemi più interessanti, in tutte le classi.

L'esempio del moto parabolico e del bersaglio mette in luce la possibilità di approfondire un problema fisico avendo a disposizione un potente strumento numerico e grafico che facilita il nascere di congetture.

Alla tradizionale attività scolastica si aggiunge in modo naturale un tema che dovrebbe essere ormai patrimonio di qualunque preparazione scientifica: ricavare da una tabella di dati sperimentali la curva che meglio li approssima.

Mi pare che l'insegnamento sia in generale più efficace; è come avere a disposizione, oltre alla lavagna, una "superlavagna" che svolge calcoli, traccia grafici, analizza tabelle, programma, costruisce figure geometriche più velocemente e con maggior precisione di quanto un insegnante possa fare alla lavagna. Inoltre, come abbiamo visto, lo strumento automatico di calcolo è visto spesso dagli studenti come una sorta di secondo insegnante imparziale e oggettivo; l'alunno ha la possibilità di controllare ciò che l'insegnante afferma, e la TI-92 è stata spesso un terzo polo nella dinamica studente-insegnante.

L'esperienza più bella è stata comunque quella di veder tornare un briciolo di luce negli occhi ad alunni profondamente demotivati, rassegnati, che vedono la scuola e la matematica come una dolorosa e insensata necessità; questi studenti hanno messo in campo una buona dose di energia e di intelligenza che sembravano sepolte. Dal canto loro gli alunni migliori hanno mostrato di saper utilizzare il nuovo strumento con sorprendente autonomia, approfondendo da soli gli argomenti e ponendosi nuovi problemi.

In moltissime occasioni l'insegnante ha ascoltato i propri studenti per apprendere.

Bibliografia essenziale

Armstrong, M.A.: Groups an Symmetry. New York: Springer-Verlag 1988
Barozzi, G.C., Cappuccio, S.: Le calcolatrici grafiche nell'insegnamento della matematica. Bologna: Pitagora Editrice 1977
Cayley, A.: The Newton-Fourier imaginary problem. Cambridge 1879
Childs, L.: Algebra: un'introduzione concreta. Pisa: ETS Editrice 1989
Citrini, L., Castagnola, E., Impevodo M.: Matematica. Strutture e funzioni. Milano: Einaudi scuola 1995
Conti, F.: Calcolo. Milano: McGraw-Hill 1993
Davis, P.J., Hersch, R.: L'esperienza matematica. Boston: Birkäuser 1985
Dodson, C.T.J., Gonzales, E.A.: Experiments in Mathematics using Maple. Berlin: Springer-Verlag 1995
Ferrad, J.M., Lemberg, H.: Mathématiques concrètes, illustrées par la TI-92 et la TI-89. Paris: Springer-Verlag 1998
Feyerabend, P.: Contro il metodo. Milano: Feltrinelli 1975
Lay, D.: Linear Algebra. Reading: Addison-Wesley Pubblishing Company 1975
Mandelbrot, B.: Gli oggetti frattali. Torino: Einaudi 1987
Poincaré, J.H. Scienza e metodo. Torino: Einaudi 1997
Young, R.: Excursions in Calculus. Dolciani Mathematical Expositions Number 13, The Mathematical Association of America 1992

Indice analitico

Algoritmo di Newton, 187
Analisi non standard, 211
Angolo convesso tra due vettori, 30
Approssimazione lineare, 180
Autovalore, 87
Autovettore, 87

Baricentro, 33
Berkeley, 121

Cayley, 196
Campo di direzioni, 242
Cerchio di convergenza, 168
Cicloide, 220
Circocentro, 33
Coefficiente
    – angolare, 117
    – di correlazione lineare, 127
Coseno, 127
CrossP, 60
Cumsum, 151

DeSolve, 235
Differenza di potenziale, 203
Direttrice, 119
Disuguaglianza di Cauchy-Schwarz, 129
DotP, 31

Equazione/i
    – parametriche, 26
    – polare di una conica, 224
Equinozio, 228

Factor, 143
Funzione potenza, 132

Fuoco, 119

Galileo, 246
GetType, 28

Isonometrie
    – dirette, 43
    – inverse, 43
Keplero, 131

Leftbox, 206
Leibniz, 121
Liste, 25

Mandelbrot, 199
Matrici, 25
    – ortogonali, 68
Media aritmetica, 111
Mediana, 112
Metodo
    – dei trapezi, 206
    – di Simpson, 212
Minimi quadrati, 108
Molteplicità di uno zero, 182
Moto
    – armonico, 215
    – parabolico, 97
    – retrogrado, 218

Newton, 121
Norm, 31
Norma di un vettore, 31
Numeri complessi, 192

Ortocentro, 33
Ottava, 138

Parallelismo, 29
Perpendicolarità, 29
Polinomi di Lagrange, 160
PolyEval, 35, 145
Prodotto
 – scalare, 29
 – vettoriale, 60
Proiezione parallela, 92
PropFrac, 144

Quoziente, 143

Randpoly, 148
Rapporto incrementale, 120
Resto, 143
Rightbox, 206

Scala temperata, 138
Seq, 121

Simult, 34, 156
Sistemi lineari, 5
Solve, 10
Struttura frattale, 192

Tempo di raddoppio, 241
Teorema
 – di equivalenza, 7
 – di identità dei polinomi, 150
 – di Ruffini, 145
 – fondamentale dell'algebra, 194
Tolomeo, 218
Traccia di una matrice, 87

Valore medio di una funzione, 200
Velocità media in un moto armonico, 201
Vettori, 25
Zeros, 10

MIX
Papier aus verantwortungsvollen Quellen
Paper from responsible sources
FSC® C105338

If you have any concerns about our products,
you can contact us on
ProductSafety@springernature.com

In case Publisher is established outside the EU,
the EU authorized representative is:
**Springer Nature Customer Service Center GmbH
Europaplatz 3, 69115 Heidelberg, Germany**

Printed by Libri Plureos GmbH
in Hamburg, Germany